新工科建设·智能化物联网工程与应用系列教材

无线定位系统

/ 梁久祯 / 编著

电子工业出版社

Publishing House of Electronics Industry

北京·BEIJING

内 容 简 介

无线定位技术可分为广域网定位技术和无线局域网定位技术，本书全面涉及了这两个方面的内容。广域网定位分为卫星定位和基站蜂窝移动定位；无线局域网定位主要包括 Wi-Fi 定位、ZigBee 定位、UWB 定位、CSS 定位技术等。本书内容涉及无线跟踪定位技术的原理、设计和工程实践，重点介绍了该领域的前沿热门技术，包括无线传播理论、信号探测方法、TOA 测量技术、跟踪算法的性能测评、定位系统的基础理论、常见定位方法、定位精度、传感器网络定位技术、非视距传播技术等。各章内容为：绪论、卫星定位、蜂窝通信网络定位、Wi-Fi 定位、ZigBee 网络定位、UWB 定位技术、CSS 定位。

本书可作为物联网相关专业高年级选修课教材，也可用于相关专业研究生的参考书。

图书在版编目（CIP）数据

无线定位系统 / 梁久祯编著. —北京：电子工业出版社，2013.2
物联网工程与技术规划教材
ISBN 978-7-121-19445-0

Ⅰ. ①无… Ⅱ. ①梁… Ⅲ. ①无线电定位—高等学校—教材 Ⅳ. ①TN95

中国版本图书馆 CIP 数据核字（2013）第 011395 号

策划编辑：章海涛
责任编辑：周宏敏
印　　刷：北京虎彩文化传播有限公司
装　　订：北京虎彩文化传播有限公司
出版发行：电子工业出版社
　　　　　北京市海淀区万寿路 173 信箱　邮编　100036
开　　本：787×1092　1/16　印张：13.75　字数：380 千字
版　　次：2013 年 2 月第 1 版
印　　次：2021 年 7 月第 12 次印刷
定　　价：52.00 元

前　言

随着微电子技术、通信技术和计算机技术的快速发展，无线定位作为传感网和物联网的重要应用，越来越受到人们的关注，与此相关的理论和技术在学术界引起研究热潮。近年来，国内外出现了大量的文献展开对无线定位方面的研究，主要围绕无线定位系统的精度、实时性、稳定性、低功耗、低成本等方面进行研究并取得了一系列重要研究成果。但是在国内学术界和教育界系统介绍这些研究成果与内容的图书还比较少见，为了进一步系统开展这方面的研究和人才培养，急需出版系统介绍无线定位系统方面的图书。

2010年教育部为了应对国家战略发展新兴产业对人才需求方面的需要，批准率先在35所高校开设物联网工程和传感网技术专业，同时也对我国新一代信息技术人才培养提出了新的要求。作为教育部物联网工程专业"卓越工程师"培养示范单位，深感有义务和责任为物联网工程专业编写新的教材和参考书，特别是专业核心课程与专业方向选修课程的参考教材丛书。在这样一个实际需求和专业建设背景的推动之下，我们结合自己的研究工作，选择编写了这本无线定位方面的参考教材。

作为物联网技术应用的重要技术之一，无线定位系统有着极其现实的应用价值和市场需求。江南大学物联网技术应用教育部工程研究中心将无线定位作为其中的一个重要研究方向，在研究中心的技术平台和各方面资源支持下，无线定位研究小组经过两年多深入细致的准备工作，包括内容选材、应用案例、实验验证、习题组织、统筹编排等，基本完成了书稿第一版本的撰写工作。同时本教材作为物联网工程专业3年级第2学期的专业选修课讲义，于2013年春季开始试用，书中所有案例和大部分习题经过了实验验证。

全书分为7章，内容涉及无线跟踪定位技术的基本概念、原理、设计和工程实践，重点介绍了该领域的前沿热门技术内容，包括无线传播理论、信号探测方法、TOA测量技术、跟踪算法的性能测评、定位系统的基础理论、常见定位方法、定位精度、传感器网络定位技术、非视距传播技术等。本书内容主要基于研究小组近年来在无线定位方面的研究工作及研究生开展无线定位研究的成果，各章内容主要包括：绪论、卫星定位、蜂窝通信网络定位、Wi-Fi定位、ZigBee网络定位、UWB定位技术、CSS定位。书中不但包括了对经典算法的描述、数学公式推导等，也提出了一些算法的改进，还给出了大量作者或研究生参与完成的实验操作与应用系统等。

参与编写本书的人员有：梁久祯、林浩、薛猛、盛开元、郑栋、钱雪忠。其中梁久祯主要负责全书内容选材、统稿和第1~3章的编写，林浩负责第4章的编写，薛猛负责第5章的编写，盛开元负责第6章的编写，郑栋负责第7章的编写，钱雪忠负责全书的审稿。本书在编写过程中得到了教育部工程研究中心（物联网技术应用）实验平台的支持，江苏省优势学科（物联网工程与技术）研究平台的支持，物联网工程专业教育部"卓越工程师"培养计划示范单位的支持，在此对所有支持单位和个人表示感谢！还有电子工业出版社章海涛老师的勉励和支持，特别是周宏敏老师的编辑工作，在此对他们的辛勤工作表示感谢。

本书为任课教师提供配套的教学资源（包含电子教案），需要者可登录华信教育资源网站（http://www.hxedu.com.cn），注册之后进行免费下载或发邮件到 unicode@phei.com.cn 咨询。

目　　录

第1章　绪论 ··· 1

1.1　无线定位系统的历史与现状 ··· 1

　　1.1.1　无线定位的起源 ·· 2

　　1.1.2　无线定位发展现状 ··· 4

　　1.1.3　无线定位系统的应用 ·· 5

1.2　无线定位系统的基本分类 ··· 5

　　1.2.1　卫星定位系统 ·· 6

　　1.2.2　蜂窝定位系统 ·· 6

　　1.2.3　无线局域网定位系统 ·· 7

1.3　无线定位系统的主要研究内容 ··· 8

　　1.3.1　无线定位算法及性能评价 ··· 8

　　1.3.2　无线网络协议 ··· 10

　　1.3.3　无线定位系统相关技术 ··· 11

1.4　本书的内容编排 ··· 11

习题 ·· 12

参考文献 ·· 13

第2章　卫星定位 ··· 13

2.1　卫星定位测量基础 ··· 13

　　2.1.1　卫星定位系统概述 ··· 15

　　2.1.2　卫星定位系统空间与时间系统 ··· 16

　　2.1.3　卫星运行轨道及受摄运动 ·· 17

2.2　卫星信号及测量原理 ··· 17

　　2.2.1　卫星信号成分与调制技术 ·· 19

　　2.2.2　导航电文格式 ··· 20

　　2.2.3　卫星星历 ·· 20

　　2.2.4　卫星信号接收机工作基本原理 ··· 22

2.3　卫星定位方法及定位误差 ··· 22

　　2.3.1　静态定位 ·· 23

　　2.3.2　动态定位 ·· 24

　　2.3.3　定位误差 ·· 25

2.4　卫星定位应用实例 ··· 25

　　2.4.1　系统总体设计方案 ··· 27

　　2.4.2　车辆调度中心设计 ··· 28

　　2.4.3　智能终端设计 ··· 30

习题 ·· 30

参考文献 ·· 30

第 3 章　蜂窝通信网络定位 ······31

3.1　蜂窝技术概述 ······31

　3.1.1　蜂窝技术的需求与发展 ······31

　3.1.2　现有蜂窝定位技术 ······33

3.2　蜂窝定位方法与误差 ······33

　3.2.1　基本定位方法 ······34

　3.2.2　误差来源 ······34

3.3　GSM 网络的电波特征与定位实例 ······38

　3.3.1　GSM 网络电波特征值 ······39

　3.3.2　基于手机定位的交通 OD 数据获取技术 ······39

习题 ······40

参考文献 ······47

第 4 章　Wi-Fi 定位 ······47

4.1　Wi-Fi 基础 ······48

　4.1.1　IEEE 802.11 系列标准概述 ······48

　4.1.2　Wi-Fi 网络成员与结构 ······48

　4.1.3　Wi-Fi 信道 ······50

　4.1.4　Wi-Fi MAC 帧格式 ······51

　4.1.5　Wi-Fi 扫描 ······51

4.2　无线信道：传播与衰落 ······53

　4.2.1　概述 ······55

　4.2.2　大尺度衰落 ······55

　4.2.3　小尺度衰落 ······56

4.3　位置指纹法 ······58

　4.3.1　概述 ······59

　4.3.2　位置指纹数据库 ······59

　4.3.3　搜索空间缩减技术 ······60

　4.3.4　位置估算方法 ······62

　4.3.5　位置估算方法的优化 ······65

4.4　Loc 定位研究工具集 ······70

　4.4.1　工具集概述 ······71

　4.4.2　Loclib ······71

　4.4.3　Loctrace ······72

　4.4.4　Loceva ······73

　4.4.5　Locana ······74

4.5　HTML5 GeoLocation 定位实例 ······75

习题 ······77

参考文献 ······81

第 5 章　ZigBee 网络定位 ······82

5.1　ZigBee 概述 ······84

　　　　5.1.1　起源 ·· 84

　　　　5.1.2　技术简介 ··· 85

　　　　5.1.3　自组网通信 ··· 86

　　　　5.1.4　ZigBee 产品 ··· 87

　　　　5.1.5　ZigBee 网络 ··· 89

　　5.2　ZigBee 协议 ··· 92

　　　　5.2.1　物理层与媒体访问控制层 ··· 93

　　　　5.2.2　网络层协议及组网方式 ·· 94

　　　　5.2.3　应用层 ·· 96

　　　　5.2.4　其他 ··· 97

　　5.3　基于 ZigBee 的 TLM 定位算法 ··· 98

　　　　5.3.1　定位算法 ··· 98

　　　　5.3.2　TLM 定位算法设计 ·· 99

　　　　5.3.3　算法仿真及结果 ·· 100

　　5.4　ZigBee 网络定位应用实现 ··· 103

　　　　5.4.1　ZigBee 传感网络的建立 ·· 103

　　　　5.4.2　基于 ZigBee 技术的煤矿井定位系统设计 ······························· 133

　　习题 ·· 137

　　参考文献 ·· 138

第 6 章　UWB 定位技术 ··· 139

　　6.1　UWB 简介 ··· 139

　　　　6.1.1　UWB 的定义 ·· 139

　　　　6.1.2　UWB 的发展与现状 ·· 140

　　　　6.1.3　UWB 技术的主要特点 ·· 141

　　　　6.1.4　UWB 的关键技术 ··· 141

　　　　6.1.5　UWB 与其他近距离无线通信技术的比较 ······························· 144

　　6.2　UWB 定位技术 ··· 145

　　　　6.2.1　UWB 的定位方法 ··· 145

　　　　6.2.2　基于时间的 UWB 测距技术 ··· 145

　　　　6.2.3　基于时间的 UWB 测距技术的主要误差来源 ··························· 147

　　　　6.2.4　UWB 信号时延估计方法 ·· 148

　　　　6.2.5　UWB 定位算法实现 ·· 152

　　　　6.2.6　其他形式的 UWB 定位 ·· 155

　　6.3　UWB 定位应用 ··· 156

　　　　6.3.1　UWB 定位应用现状 ·· 156

　　　　6.3.2　UWB 定位应用实例 ·· 159

　　　　6.3.3　UWB 定位应用进一步研究方向 ·· 164

　　6.4　本章小结 ·· 165

　　习题 ·· 165

　　参考文献 ·· 166

第 7 章　CSS 定位 ··· 168

7.1　CSS 技术概述 ··· 168

    7.1.1　Chirp 信号与脉冲压缩理论 ··· 168

    7.1.2　CSS 的发展及技术特点 ··· 171

    7.1.3　CSS 无线定位技术与其他技术方案的比较 ·· 174

7.2　CSS 信号时延估计 ··· 177

    7.2.1　基于匹配滤波器的时延估计 ·· 177

    7.2.2　基于高阶累积量的时延估计 ·· 178

7.3　非视距传播问题 ··· 182

    7.3.1　非视距识别 ··· 183

    7.3.2　非视距误差抑制 ··· 186

7.4　CSS 定位应用实现 ··· 188

    7.4.1　实验平台介绍 ·· 188

    7.4.2　CSS 测距实验 ··· 195

    7.4.3　CSS 定位实验 ··· 202

习题 ··· 207

参考文献 ··· 207

第1章

绪 论

无线定位是指利用无线电波信号的特征参数估计特定物体在某种参考系中的坐标位置。其最初是为了满足远程航海导航和军事领域精确制导等要求而产生的，20 世纪 70 年代全球定位系统（GPS）的出现使得定位技术产生了质的飞跃，定位精度可达到数十米范围。近年来，定位技术开始应用于蜂窝网系统设计、信道分配、切换、E-911 紧急援助、交通监控与管理领域。随着数据业务和多媒体业务的快速增加，在短距离高速率无线通信的基础上，人们对位置信息感知的需求也日益增多，尤其在复杂环境中，如机场大厅、展厅、仓库、超市、图书馆、地下停车场、矿井等，常常需要确定移动终端或其持有者、设施与物品的位置信息，进而用于监控管理、安全报警、指挥调度、物流、遥测遥控和紧急救援等需求。然而，由于信号极易受到遮挡和多路径等传播因素的影响，在城市密集城区和室内封闭空间无法保证有效覆盖，因此对短距离高精度无线室内定位技术的研究和标准化工作可为最终实现室内外定位的平滑过渡和无缝连接提供有力的技术支持。

1.1 无线定位系统的历史与现状

1.1.1 无线定位的起源

20 世纪 80 年代以来，随着人们对智能交通运输系统的需要及蜂窝移动通信系统的出现，对无线电定位技术有了新的要求。美国在 1991 年开始实施的智能运输系统通信标准中，提出了通过移动通信网提供定位业务的要求。1996 年，美国联邦通信委员会（FCC，Federal Communications Commission）强制要求所有无线业务提供商，在移动用户发出紧急呼叫时，必须向公共安全服务系统提供用户的位置信息和终端号码，以便对用户实施紧急救援工作，并要求到 2001 年 10 月，67%的呼叫定位精度达到 125 m。该委员会于 1998 年、1999 年两次对标准进行了修改与补充，1998 年提出了定位精度在 400 m 以内的概率不低于 90%的服务要求，1999年 12 月，FCC99-245 将 E-911 的需求做了进一步的修改和细化，不仅对网络设备和手机生产商、网络运营商等对定位技术在网络设备和手机中的实施和支持提出了明确要求和目标安排，而且根据定位的类型不同，对定位精度做出了更明确的规定：基于蜂窝网络的定位，要求定位精度在 100 m 以内的概率不低于 67%，在 300 m 以内的概率不低于 95%；基于移动台的定位，要求定位精度在 50 m 以内的概率不低于 67%，150 m 以内的概率不低于 95%。到 2001 年 10 月 1 日，由于技术实现的难度，定位精度并没有达到 FCC 定位精度为 125 m，满足这个定位精度的概率不小于 67%的要求，但是 FCC 的这一规定明确了提供 E-911 定位服务将是今后各种蜂窝网络，特别是 3G（3rd-generation，第三代移动通信技术）网络必备的基本功能。此外，欧洲和日本也在计划满足相应的要求[4]。

由于政府的强制性要求和市场本身的驱动，各国主要大公司均就 GSM、IS-95 和 3G 等网络开始制定各自的定位实施方案。特别是 3GPP（3rd Generation Partnership Project，第三代合作伙伴计划）和 3GPP2 上对定位的要求更具体化，促使国际上出现了基于蜂窝网络的无线定位技术的研究热潮。从检索的国际最新研究资料来看，目前虽然出现了一些新的定位方法和技术，但若仅依赖于蜂窝网络资源（即不改动移动终端），要完全满足 E-911 定位需求的要求还有一定差距，特别是要求在不影响系统其他主要性能指标的前提下高效、可靠地提供对移动台的定位功能还有许多问题有待深入研究[5]。

1.1.2　无线定位发展现状

自 E-911 定位需求颁布以来，移动台定位技术在国外受到高度重视和深入研究，近来在 IEEE 有关期刊和会议上，特别是在 VTC 上发表了大量研究论文，也出现了不少定位技术的发明专利及一些专门从事定位技术研究与开发的公司。各大跨国公司，如 Motorola、Nokia、QUALCOMM、Samsung 等，积极开展对基于 GSM、IS-95 和第三代移动通信系统中 WCDMA 和 CDMA2000 等网络采用的定位技术的研究。目前，研究的内容涉及蜂窝网络移动台定位技术的方方面面，并且侧重于如下研究：基本定位方法和技术的研究，定位算法的研究，TDOA/TOA 检测技术的研究，抗非视距传播，多径和多址干扰技术的研究，数据融合技术的研究，定位技术实施方法的研究，定位系统的性能评估等[6]。

近年来，世界各国都在这方面积极开展研究，美国更在这一领域占据先机。休斯公司、利顿公司和美国空军实验室等部门在这一领域做了大量、有效的研究工作，基本完成定位与跟踪的理论基础研究，已经进入到飞行试验和工程应用的阶段。美国洛克希德-马丁公司的"沉默的哨兵"系统以及英国防御研究局研究的利用信号的无源探测定位系统是其中的突出代表。"沉默的哨兵"系统自身不发射电磁信号，而是利用商业 FM 广播信号和 TV 信号对空中目标进行探测和定位，不仅消除了常规低频雷达在探测目标时来自 TV 广播、FM 无线电台和蜂窝电话发射台的干扰，而且具有与 C 波段跟踪雷达相当的定位精度。英国防御研究局研究的无源探测定位系统是一种双基系统，利用英国 BBC 的发射机发射的 TV 信号作为系统的照射源对空中目标进行探测和定位，以常规方法用卡尔曼滤波器获得多普勒频移和方位信息，再用扩展卡尔曼滤波器根据所获信息对目标定位和测速。这是一个与美国的"沉默的哨兵"系统完全不同的探测定位系统。此外，俄罗斯和以色列等国家在无源定位与跟踪技术方面也都有很多突破。

按照探测目标的方式，定位技术可以分为有源定位和无源定位。有源定位系统是通过主动发射电磁波来探测目标，定位精度高但极易受到敌方的干扰和攻击，特别是反辐射导弹的出现和使用对雷达等有源探测设备的战场生存状况提出了严峻的挑战。为了弥补有源定位方法的缺陷，人们在积极改进有源定位性能的同时也开始了无源定位问题的探索和研究。因此，对辐射源的无源定位具有重要的军事意义，引起世界各国的重视[7]。

在无线定位系统中，AOA（Angle of Arrival，到达角度）定位技术、TOA（Time of Arrival，到达时间）定位技术、TDOA（Time Difference of Arrival，到达时差）定位技术、FDOA（Frequence Difference of Arrival，到达频差）定位技术、AOA/TDOA 联合定位技术和 TDOA/FDOA 联合定位技术等都是常用的基本定位技术。另外，卡尔曼滤波作为重要的最优估计理论，也被经常用于动态目标的跟踪系统中。

当前，基于无线传感器网络的定位系统所采用的定位方法主要有基于测距（range-based）和无需测距（range-free）两种。无需测距的系统在硬件成本和功耗上较低，但是以牺牲定位精度为代价，在很多精度需求较高的项目中难以应用。基于测距的定位方法目前主要有 RSSI、TOA、TDOA、AOA 等。TDOA 和 AOA 分别利用多个信号到达目标节点的时间差和角度来计算其位置信息，但这两种方法的硬件系统设备复杂、成本较高，不适合广泛的实际应用。RSSI 是一种理论上比较理想的算法，它的原理是根据理论和经验模型，将传播损耗转化为距离。目前，国内外均有不少关于基于定位系统的研究，定位误差为 0.5～1.5 m，但多为模拟，少有实际可用的系统产生。TOA 是利用无线信号在两个节点间的传播延时来计算物理距离的一种方法。但是没有改进过的算法对节点间的时钟同步有着苛刻的要求，而且微小的时钟漂移（clock drift）都会转化成为很大的测量误差，所以一直未被广泛应用[8]。

UWB（Ultra-WideBand，超宽带）脉冲由于具有极高的带宽，持续时间短至纳秒级，因而具有很强的时间分辨能力。为了充分利用 UWB 时间分辨能力强的特点，使用基于信号到达时间估计的测距技术最适合于 UWB 无线定位[9]。

角度定位在 20 世纪 40 年代就得以应用于电子对抗领域。当时人们利用简单的测向设备对目标进行多次测向，然后运用人工作图的方式来确定目标位置。一般来说，辐射源的角度变化慢、范围小，是最可靠的测量参数之一，特别是在现代战争高强度复杂电磁环境下，角度测量参数几乎成为唯一可靠的辐射源参数。因此，角度定位一直是定位方法研究的主要内容，人们在角度的定位原理、定位算法、定位精度分析、最佳布站分析、跟踪滤波及虚假定位消除等方面做了大量的工作，并取得了一定的成果。但是，由于角度定位方法对测向精度及其敏感以及虚假定位消除等方面的不足，因此目前角度定位很少单独使用，通常与其他定位技术联合使用，以提高定位精度。

时差定位（即 TDOA）的研究源于 20 世纪 60 年代，并在许多方面取得了令人瞩目的成就，已成为现代高精度无线定位技术中的主要方法之一。时差定位是利用至少三个已知位置的观测站接收到的辐射源信号来确定辐射源的位置，任意两个观测站采集到的信号到达时间差确定了一个双曲面线，多个双曲面线相交即可确定目标的位置。由于测时精度的缘故，现有的无源时差定位要达到的相对定位精度一般采用基线距离长达数十公里的长基线系统。已知的有捷克的"TAMARA（塔玛拉）"系统及其改进型"VERA（维拉）"系统，俄罗斯的 VEGA85V6-A 三坐标无源定位系统，美国的 AN/TRQ-109 移动式无源定位系统，乌克兰的"恺甲"空情监视系统等。以上系统既可用来对机载、地面和海面电磁脉冲辐射源目标进行定位和跟踪，也可用做空情监视和航管系统的备份设备。

频差定位是收集接收机与目标之间因相对运动而产生的多普勒频移数据来对目标进行定位的一项新技术。任何具有相对运动的辐射源之间都会产生多普勒频率，这为频差定位提供了先决条件。对于运动目标而言，我们可以利用目标运动所引起的多普勒频率来确定目标的运动特性和位置；对于静止目标而言，我们可以人为地移动接收机使其与目标产生相对运动，利用运动产生的多普勒频率来确定目标的位置。频差受很多因素的影响，如载频、接收机平台和辐射源之间的相对位置、相对速度和速度方向等。

基于模式匹配的定位技术和基于指纹信息的定位技术已有大量研究，在这些定位技术中，相关信息对位置敏感，即这些信息能反映位置特征，通常在训练阶段（离线阶段）采集信息后送入数据库存储，在定位阶段（在线阶段）用于估计节点位置坐标。指纹数据库通常由来自不同参考节点和不同终端节点的接收信号强度构成，当然也可以是诸如平均附加时延、均方根时延扩展、最大附加时延、总接收功率、多径数等参数。该技术面临的主要问题是随着信道和环境的变化，指纹数据库存在不可靠因素，需要不断更新[1]。

1.1.3 无线定位系统的应用

自 20 世纪 40 年代定位技术初步应用于测绘和军事领域以来，特别是海湾战争以来，人们越来越认识到定位的重大作用。对于军用系统而言，它有助于提高武器的打击精度，为最终摧毁敌方提供有力的保障；就民用系统而言，可以为目标提供可靠的服务，起到安全保障作用。目前，无线定位技术已经广泛应用于社会生活的众多领域，成为各国在军事、国防、科技等领域较量的一个主要场所，也成为衡量一个国家综合实力的重要指标之一。

在军事领域，以目标被动式精确跟踪与定位为主要研究方向的辐射源无源定位技术正受到越来越广泛的重视。所谓无源定位，是指在不发射对目标照射的电磁波的条件下获取目标的位置。通过对辐射源信号的截获和测量，并利用相应的算法求解，无源定位系统即可获得目标的位置和轨迹。相对于雷达等有源探测系统，无源定位系统具有隐蔽性好、抗干扰能力强、作用距离远等优点，这对于提高侦察探测系统在现代化高强度电子战环境下的生存能力具有重要意义，因此被广泛应用于被动声呐、红外跟踪、空间飞行器系统的导航和定位之中。辐射源无源定位技术，因其在电子对抗中的巨大作用而备受重视，是各国重要的研究项目。

在民用领域，无线定位技术被广泛应用于海洋、陆地和空中交通运输的导航，并在地质勘探、资源调查、海洋测绘、海上石油作业、地震预测、气象预报等领域得到广泛应用。近年来，随着蜂窝移动通信技术的迅速发展，蜂窝无线定位技术越来越受到人们的重视。可以预见在未来几年内，基于无线定位技术的移动增值业务将越来越多地走进普通人的生活。

我国定位服务比北美、欧洲和亚太地区的主要移动通信运营商起步晚，2001 年北京移动首开位置服务先河，在国内率先推出手机位置服务业务。随后，中国联通于 2004 年在"定位之星"统一品牌下推出基于高精度定位的业务。2001 年至 2004 年 LBS 在中国的发展始终处于非常缓慢的增长阶段。2005 年至 2007 年是曾被誉为"中国 LBS 年"的高速发展年，但实际情况却再次让人失望，市场并没有出现人们想象中的"井喷"。直到 2010 年我国才真正步入 LBS 稳定发展期。国内的 LBS 应用如下[10]：

① 车辆导航。用户在车载导航仪的电子地图中设定目的地，车载导航仪通过接收 GPS/GPSOne 获取用户当前位置，在电子地图中显示，根据用户设定的规则为用户提供一条最优路径，并提供语音导航服务。

② 移动梦网。中国移动于 2001 年 5 月推出了移动梦网卡的位置服务，包括 SMS 和 WAP 两种方式。通过移动梦网中的位置服务选项获得以 SMS 形式存在的定位导航服务，文字短信获得用户当前位置，亲朋好友的当前位置，用户周边的饭店、娱乐、商场、加油站、停车场、医院、银行、邮电局等的查找。WAP 方式除了 SMS 的这三项服务外还设置了电子地图显示和行车路线的导航。

③ 定位之星。中国联通于 2004 年推出了基于 CDAM1X 网络的定位之星服务。该服务采用定位技术，可以为用户提供"亲情大搜索"、"导航之星"等多项业务。可以实现城市内或城市间大范围电子地图查找、路线导航、周边信息搜索、电子地图、E-mail 等多种服务。具体服务包括"出行导航"、"地点搜索"、"城市公交"、"行车指南"、"公共设施"等。

④ 亚运会移动资源智能调度系统。2010 年，亚运会期间，广州市推出了"亚运会移动资源

智能调度系统"，该系统覆盖了所有亚运参赛场馆，为所有参会车辆及警务用车提供准确定位、实时状态监控、统一指挥、及时调度和危机处理等服务。

⑤ 切客。切客源自英文 check in，他们是热衷于即时记录生活轨迹的都市潮人，利用移动互联网终端记录自己所在的位置，发现并探索身边的城市，并与他人分享此地的精彩。盛大网络于 2010 年 11 月 5 日启用了切客网的域名，为盛大用户提供切客服务。用户只需要打开手机客户端，手机就会自动识别使用者所在地，在摄像头捕捉到的真实影像旁显示所在地附近的位置信息标签，使用者只需用手指轻点屏幕，即可查找附近的位置信息标签，然后进行签到、发记录、拍照片、抢地主、得游票等一系列操作。

1.2 无线定位系统的基本分类

无线定位系统按照其所能覆盖的范围大小主要有 3 种方式，即卫星定位系统（Global Positioning System，GPS）、基站蜂窝定位系统（GPS+基站）和无线局域网定位系统。

1.2.1 卫星定位系统

卫星定位系统（GPS）即全球定位系统，简单地说，这是一个由覆盖全球的 24 颗卫星组成的卫星系统，可以保证任意时刻在地球上任意一点都可以同时观测到 4 颗卫星，保证卫星可以采集到该观测点的经纬度和高度，以便实现导航、定位、授时等功能。这项技术可以用来引导飞机、船舶、车辆及个人安全、准确地沿着选定的路线准时到达目的地。

GPS 是 20 世纪 70 年代由美国陆海空三军联合研制的新一代空间卫星导航定位系统，主要目的是为陆、海、空三大领域提供实时、全天候和全球性的导航服务，并用于情报收集、核爆监测和应急通信等军事目的，是美国独霸全球战略的重要组成。经过 20 余年的研究实验，耗资 300 亿美元，到 1994 年 3 月，全球覆盖率高达 98%的 24 颗 GPS 卫星星座已布设完成。

GPS 由 3 部分组成：空间部分——GPS 星座；地面控制部分——地面监控系统；用户设备部分——GPS 信号接收机。

GPS 技术具有高精度、高效率和低成本的优点，使其在各类大地测量控制网的加强改造和建立以及在公路工程测量和大型构造物的变形测量中得到了较广泛应用。

GPS 的前身为美军研制的一种子午仪卫星定位系统（Transit），1958 年研制，1964 年正式投入使用。子午仪卫星定位系统用 5～6 颗卫星组成的星网工作，每天最多绕地球 13 次，并且无法给出高度信息，在定位精度方面也不尽如人意。然而，子午仪卫星定位系统使得研发部门对卫星定位取得了初步的经验，并验证了由卫星系统进行定位的可行性，为 GPS 系统的研制埋下了铺垫。卫星定位显示出在导航方面的巨大优越性及子午仪卫星定位系统存在对潜艇和舰船导航方面的巨大缺陷，美国海陆空三军及民用部门感到迫切需要一种新的卫星导航系统。

为此，美国海军研究实验室（NRL）提出了名为 Tinmation 的用 12～18 颗卫星组成 10 000 km 高度的全球定位网计划，并于 1967 年、1969 年和 1974 年各发射了一颗试验卫星，在这些卫星上初步试验了原子钟计时系统，这是 GPS 系统精确定位的基础。

美国空军则提出了 621-B 的以每星群 4～5 颗卫星组成 3～4 个星群的计划，这些卫星中除 1 颗采用同步轨道外其余都使用周期为 24 小时的倾斜轨道。该计划以伪随机码（PRN）为基础传播卫星测距信号，功能强大，当信号密度低于环境噪声的 1%时也能将其检测出来。伪随机码的成功运用是 GPS 得以取得成功的一个重要基础。海军的计划主要用于为舰船提供低动态的二维定位，空军的计划是提供高动态服务，然而系统过于复杂。由于同时研制两个系统会造成巨大的开支，而且这两个计划都是为了提供全球定位而设计的，所以 1973 年美国国防部将两者合二为一，并由国防部牵头的卫星导航定位联合计划局（JPO）领导，还将办事机构设立在洛杉矶的空军航天处。该机构成员众多，包括美国陆军、海军、海军陆战队、交通部、国防制图局、北约和澳大利亚的代表。

1.2.2 蜂窝定位系统

要在蜂窝网建立能提供位置服务的全套定位系统，不仅需要获取用户位置信息的定位技术，还需要包括实现位置信息传输、治理和处理的功能实体及与服务提供商的软/硬件接口。完整的位置服务解决方案应建立在定位技术的基础上，是能开展定位增值业务的一整套软/硬件系统，主要功能模块包括：

- 位置获取和确定单元。GSM 规范中称为移动定位中心（SMLC），CDMA 规范中称为定位实体（PDE），SMLC/PDE 与多个定位单元（LMU）连接，获得定位参数并计算定位结果。
- 位置信息传输和接口单元。GSM 规范中称为移动定位中心网关（GMLC），CDMA 规范中称为移动定位中心（MPC），通过标准的软/硬件接口，将 SMLC/PDE 收到的定位数据传送到提供定位服务或有定位需求的实体进行处理。
- 基于位置信息的应用服务。即定位服务客户机（LCS Client），主要与 GMLC 或 MPC 连接，提供基于位置信息的各种服务。
- 业务承载平台。如地理信息系统集成，定位结果通常以图形化方式显示，这部分功能由本地电子地图、相关地理信息及相应软件完成。

不同的定位解决方案需要不同的系统软/硬件提供支持，通常采用以下指标衡量定位方案：① 提供完整的端到端位置服务能力；② 对未来移动通信系统的升级能力，包括核心网的接口升级能力及空中接口标准的兼容能力；③ 对定位技术的支持能力、定位精度及定位响应时间；④ 与现有业务平台的集成能力；⑤ 系统对未来业务的适应能力；⑥ 系统软/硬件实现的复杂度；⑦ 系统成本；⑧ 对网络负载的影响。

目前，市场上主要的定位系统提供商（包括诺基亚、爱立信、西门子等国际通信巨头）都利用自己丰富的设备制造经验、强大的系统集成能力、深厚的科研力量和雄厚的资金支持，分别推出了各具特色的移动定位解决方案。典型的定位平台有诺基亚移动定位平台 mCatch/ mPosition、爱立信移动定位系统 MPS 及西门子公司位置服务平台 LR2.0。

蜂窝网络基础设施的完善、移动终端功能的增强、互联网内容的丰富及无线应用的推广正在丰富人们的日常生活，也逐渐改变着人们的生活方式和消费习惯。作为未来移动数据的主要应用之一，基于位置信息的移动数据应用因能提供个性化服务，在世界范围内迅速发展，各种定位技术和定位解决方案不断涌现，但移动通信系统网络结构的复杂性、多种空中接口标准并存的现状及无线电波传播环境的复杂性都增加了实现高精度定位的难度。目前，各种定位技术都有不足，如何寻找精度更高、对网络和终端影响最小的定位技术仍是蜂窝定位研究领域的重要课题。

1.2.3 无线局域网定位系统

无线局域网定位目前主要有 4 种定位技术：ZigBee 定位技术、Wi-Fi 定位技术、UWB 定位技术和 CSS 定位技术。

1. ZigBee 定位技术

ZigBee 是 IEEE802.15.4 协议的代名词。这个协议规定的技术是一种短距离、低功耗的无线通信技术。这一名称来源于蜜蜂的八字舞，蜜蜂（bee）是靠飞翔和"嗡嗡"（zig）地抖动翅膀的"舞蹈"来与同伴传递花粉所在方位的信息，也就是说，蜜蜂依靠这样的方式构成了群体中的通信网络。其特点是近距离、低复杂度、低功耗、低数据速率、低成本，适用于自动控制和远程控制领域，可以嵌入各种设备。

简而言之，ZigBee 就是一种便宜的、低功耗的近距离无线组网通信技术。

2. Wi-Fi 定位技术

Wi-Fi 是一种可以将个人计算机、手持设备（如 PDA、手机）等终端，以无线方式互相连接的技术。Wi-Fi 是一个无线网络通信技术的品牌，由 Wi-Fi 联盟（Wi-Fi Alliance）所持有，目的是改善基于 IEEE802.11 标准的无线网络产品之间的互通性。基于两套系统的密切相关，也常有人把 Wi-Fi 当做 IEEE802.11 标准的同意词。本书也将混用 Wi-Fi 和 IEEE802.11 这两个名词，请读者注意区分。

3. UWB 定位技术

超宽带（UWB, Ultra WideBand）技术是一种使用 1 GHz 以上带宽且无须载波的最先进的无线通信技术，不需要价格昂贵、体积庞大的中频设备，因此冲击无线电系统的体积小、成本低，而且系统发射的功率谱密度可以非常低，甚至低于美国联邦通信委员会（FCC）规定的电磁兼容背景噪声电平，所以短距离超宽带无线电通信系统与其他窄带无线电通信系统可以共存。超宽带技术受到越来越多的关注，并成为通信技术的一个热点。

为了用于室内通信，美国联邦通信委员会（FCC）已经将 3.1～10.6 GHz 频带向 UWB 通信开放。IEEE802 委员会也已将 UWB 作为 PAN（Personal Area Network）的基础技术候选对象来探讨。UWB 技术被认为是无线电技术的革命性进展，巨大的潜力使得它在无线通信、雷达跟踪及精确定位等方面有着广阔的应用前景。

4. CSS 定位技术

CSS 即 Chirp Spread Spectrum（线性调频扩频技术），以前主要用于脉冲压缩雷达，能够很好地解决冲击雷达系统测距长度和测距精度不能同时优化的矛盾。CSS 应用于通信领域开始于 1962 年。Winkler 首先提出把 Chirp 信号应用到通信领域的想法，但是这仅仅是想法，并没有给出完整的系统实现方案。1966 年，Hata 和 Gott 独立地提出基于 CSS 的 HF 传输系统，利用了 CSS 技术对多普勒频移免疫的特性。需要注意的是，当时没有使用声表面波滤波器（SAW）来产生 Chirp 信号。1973 年，Bush 首次提出了使用 SAW 产生 Chirp 信号的方法。因为 SAW 是模拟设备，成本低廉，所以被 CSS 通信的研究者们广泛采用。

1.3 无线定位系统的主要研究内容

目前，无线定位系统研究的热点主要集中在定位算法及性能评价、无线网络协议和无线定位系统相关技术三方面。

1.3.1　无线定位算法及性能评价

1．无线定位的基本原理

对移动台位置的估计通常需要两步：第一步，测量并估计 TOA、TDOA、AOA 或 SS 等参数；第二步，利用估计的参数，采用相应的定位算法计算出 MS 的位置。根据所用参数的不同，无线定位可分为三种方法：圆周定位、双曲线定位和方位角定位。

2．影响精度的因素

由于移动通信系统的通信环境复杂多变，因此各种依赖于通信信号测量的定位技术都受到各种因素的影响，严重影响了定位精度。影响定位精度的主要因素包括：多径传播问题，非视距传播（NLOS）问题，CDMA 多址接入干扰，以及参与定位的基站数的限制。

3．衡量定位算法的性能指标

除了通用的估计精度指标，如均方误差（MSE，Mean Square Error）、均方根误差（RMSE，Root Mean Square Error）、累积分布函数（CDF，Cumulative Distribution Function）等，针对定位技术领域对定位结果的评价，也有特殊的评价指标，如克拉美罗下界（CRLB，Cramer-Rao Lower Bound）、圆误差概率/球误差概率（CEP/SEP，Circular Error Probability/Spherical Error Probability）、几何精度因子（GDOP，Geometric Dilution of Precision）、相对定位误差（RPE，Relative Position Error）。

1.3.2　无线网络协议

无线网络协议主要是指 IEEE802 系列的协议，下面就 WLAN 家族成员逐个说明。

1．IEEE802.11a 协议

IEEE802.11a 协议是在 1999 年制定完成的，其主要工作在 5 GHz 的频率下，数据传输速率可以达到 54 Mbps，传输距离为 10～100 m；采用了 OFDM（正交频分多路复用）调制技术，可以支持语音、数据、图像的传输，不过与 IEEE802.11b 协议不兼容。IEEE802.11a 协议凭借传输速度快、受干扰比较少（使用 5 GHz 工作频率）的特点，也被应用于无线局域网。但是因为价格比较昂贵且向下不兼容，所以目前市场上并不普及。

2．IEEE802.11b 协议

IEEE802.11b 协议是由 IEEE 于 1999 年 9 月批准的，该协议的无线网络工作在 2.4 GHz 频率下，最大传输速率可达 11 Mbps，可以实现在 1 Mbps、2 Mbps、5.5 Mbps 及 11 Mbps 之间的自动切换；采用 DSSS（Direct Sequence Spread Spectrum，直接序列展频技术），理论上在室内的最大传输距离可达 100 m，室外可达 300 m。目前，也称 IEEE802.11b 为 Wi-Fi。IEEE802.11b 协议凭借其价格低廉、高开放性的特点被广泛应用于无线局域网领域，是目前使用最多的无线局域网协议之一。在无线局域网中，IEEE802.11b 协议主要支持 Ad Hoc（点对点）和 Infrastructure（基本结构）两种工作模式，前者可以在无线网卡之间实现无线连接，后者可以借助于无线 AP，让所有无线网卡与之无线连接。

3．IEEE802.11e 协议

基于 WLAN 的 QoS 协议，通过 IEEE802.11a/b/g 协议能够进行 VoIP。也就是说，IEEE802.11e

是通过无线数据网实现语音通话功能的协议，将是无线数据网与传统移动通信网络进行竞争的强有力武器。

4. IEEE802.11g 协议

IEEE802.11g 协议于 2003 年 6 月正式推出，是在 IEEE802.11b 协议的基础上改进的协议，支持 2.4 GHz 工作频率及 DSSS 技术，并结合了 IEEE802.11a 协议高速的特点和 OFDM 技术。这样，IEEE802.11g 协议既可以实现 11 Mbps 传输速率，保持对 IEEE802.11b 的兼容，又可以实现 54 Mbps 高传输速率。随着人们对无线局域网数据传输的要求，IEEE802.11g 协议也已经普及到无线局域网中，与 IEEE802.11b 协议的产品一起占据了无线局域网市场的大部分。部分加强型的 IEEE802.11g 产品已经步入无线百兆时代。

5. IEEE802.11h 协议

IEEE802.11h 是 IEEE802.11a 的扩展，目的是兼容其他 5 GHz 频段的标准，如欧盟使用的 HyperLAN2。

6. IEEE802.11i 协议

IEEE802.11i 是新的无线数据网安全协议，已经普及的 WEP 协议中的漏洞将成为无线数据网络的一个安全隐患。IEEE802.11i 提出了新的 TKIP 协议，来解决该安全问题。

7. IEEE802.11n 协议

为了实现高带宽、高质量的 WLAN 服务，使无线局域网达到以太网的性能水平，IEEE802.11 任务组 N（TGn）应运而生。IEEE802.11n 标准至 2009 年才得到 IEEE 的正式批准，但采用 MIMO OFDM 技术的厂商已经很多，包括 D-Link、Airgo、Bermai、Broadcom 及杰尔系统、Atheros、思科、Intel 等，产品包括无线网卡、无线路由器等，而且已经在微机中大量应用。

8. WEP 协议

WEP（Wired Equivalent Protocol，有线等效协议）是为了保证 IEEE802.11b 协议数据传输的安全性而推出的安全协议，可以通过对传输的数据进行加密，从而可以保证无线局域网中数据传输的安全性。目前，市场上一般的无线网络产品支持 64/128 位甚至 256 位 WEP 加密，未来还会普及 WEP 的改进版本——WEP2。在无线局域网中要使用 WEP 协议，如果使用了无线 AP 首先要启用 WEP 功能，并记下密钥，然后在每个无线客户端启用 WEP 并输入该密钥，这样就可以保证安全连接。

为了便于对比，我们给出几种常用无线网协议的主要参数，见表 1-1。

表 1-1　几种常用的无线网络协议

协　　议	频　　率	信　　号	最大数据传输速率
IEEE802.11	2.4 GHz	FHSS 或 DSSS	2 Mbps
IEEE802.11a	5 GHz	OFDM	54 Mbps
IEEE802.11b	2.4 GHz	HR-DSSS	11 Mbps
IEEE802.11g	2.4 GHz	OFDM	54 Mbps
IEEE802.11n	2.4 GHz 或 5 GHz	OFDM	540 Mbps

1.3.3 无线定位系统相关技术

基于无线定位系统应用研究的问题很多，以室内定位系统为例，主要涉及以下几方面[2, 11]。

1. 光跟踪

光跟踪技术要求所跟踪目标和探测器之间线性可视，从而限制了应用范围。在视频监视系统中，往往在环境中安装多台摄像设备，连接到一台或几台视频监控器上，对观察对象进行实时动态的监控，有的甚至可以进行必要的数据存储。光跟踪技术也被应用于机器人系统，通过红外线摄像机和红外线发光二极管的一系列协同配合，达到定位的目的。但是要实现高精度的光跟踪技术，配备要求比较复杂。

2. 超声波定位

超声波定位系统由若干个应答器和一个主测距器组成，主测距器放置在被测物体上，在微机指令信号的作用下向位置固定的应答器发射同频率的无线电信号，应答器在收到无线电信号后同时向主测距器发射超声波信号，得到主测距器与各应答器之间的距离。当同时有三个或三个以上不在同一直线上的应答器做出回应时，可以根据相关计算确定出被测物体所在的二维坐标系下的位置。但是这类系统需要大量的底层硬件设施投资，成本太高，无法大面积推广。

3. 射频识别（Radio Frequency Identification，RFID）

典型的 RFID 系统包括：读卡器（Reader）、电子标签（Tag）、主机（Host）及数据库。当系统要进行物体识别工作时，主机通过有线或无线方式下达控制命令给 Reader，Reader 接收到控制命令后，其内部的控制器会通过 RF 收发器发送出某一频率的无线电波能量，当 Tag 内的天线感应到无线电波能量时，会传回含有自身种类识别码标志、制造商标志的识别资料给 Reader，最后传回主机进行识别与管理。RFID 系统用活性参考标签 Tag 替代离线数据采集，其动态参考信息能够实时捕捉环境变化，提高定位精度和可信度。活性参考标签 Tag 的应用免去了每个测试点数百次的人工数据采集，能更好地适应室内环境的波动，提高定位精度。

4. 蓝牙技术

蓝牙技术是一种短距离低功耗的无线传输技术，支持点到点的话音和数据业务。在室内安装适当的蓝牙局域网接入点，把网络配置成基于多用户的基础网络连接模式，就可以获得用户的位置信息，实现蓝牙技术定位的目的。采用蓝牙技术进行室内短距离定位，优点是容易发现设备，且信号传输不受视距的影响，缺点是目前蓝牙设备比较昂贵。

5. 传感器融合技术

现在有很多定位系统，如何能够在这个基础上得到单个系统不能达到的定位精度？这就需要传感器融合。例如，如果把几个基于不同误差分布的系统结合起来，就能获得更高的定位精度，它们之间的关联性越小，所获得的效果可能越明显。举一个具体的应用例子，机器人的定位，包括超声波、激光及摄像头，使用传感器融合组合定位，机器人运用和统计技术与多遥控设备配合来达到传感器融合。这些技术对普适计算中的定位系统有很大的参考意义。

6. Ad Hoc 定位感知技术

Ad Hoc 在网络方面研究的贡献就是不用关注基础设施和控制这样的方式来实现定位。在一个纯粹的定位系统中,所有的移动台都是网络的节点。通过和附近的移动台交互测量数据来补偿测量的方式,一组 Ad Hoc 终端就趋向于精确定位附近的所有节点的位置。这一组终端里面,每个节点都能得到自己与其他节点的相对位置,其中一些节点的绝对位置可以知道,那么所有的节点都能借此计算自己的绝对位置。三角定位法、场景分析、近邻定位法是室内定位采用的主要技术方式。Ad Hoc 系统采用廉价的定位标签,每个标签可以感知无线信号的衰减程度来估计彼此之间的距离。

1.4 本书的内容编排

本书的内容可以分为三部分:第一部分为总体概述(包括第 1 章);第二部分为大范围定位系统(包括第 2~3 章),主要介绍相关的原理和应用系统;第三部分为无线局域网定位部分(即第 4~7 章)。本书的重点在第 4、5 和 7 章。

第 1 章介绍无线定位系统的基本概念、发展历史、现状,无线定位系统的基本类型,无线定位系统研究的主要内容,以及无线定位系统的主要应用领域。

第 2~3 章介绍大范围定位系统,即卫星定位和基站蜂窝定位。第 2 章介绍大区域无线定位系统卫星定位系统,主要讲授 GPS 定位的基本测量基础,GPS 定位的基本测量原理,GPS 定位的基本方法,以及误差测量和评估技术。第 3 章讲述基站蜂窝通信网络定位系统,主要介绍蜂窝定位的基本原理,GPS+基站式定位的关键技术,以及当前蜂窝定位在智能手机上的应用(如位置服务)。

第 4~7 章重点介绍 4 种无线局域网络定位技术,即 Wi-Fi 定位技术、ZigBee 定位技术、UWB 定位技术、CSS 定位技术。第 4 章介绍目前广泛使用的 Wi-Fi 定位技术,内容涉及 Wi-Fi 定位原理,几种经典的定位算法,以及几种典型的室内传播模型和定位误差和精度评估标准。第 5 章介绍基于 ZigBee 的定位技术。ZigBee 因为在组网、低功耗及廉价等方面的优势被广泛采用,本章详细介绍 ZigBee 网络的基本概念、组网协议、基于 ZigBee 网络的无线定位实现及其室内定位应用。第 6 章简单介绍性能优良的 UWB(超宽带定位技术),重点讲述 UWB 信号调制和信道模型,UWB 定位方式,UWB 定位算法,以及 UWB 应用实例。第 7 章重点介绍性价比具有优势的短距离定位技术——CSS(Chirp Spread Spectrum,线性扩频序列),讲述 Chirp 扩频信号、CSS 技术特点、CSS 信号延时估计方法、CSS 定位方法及其原理。基于 CSS 的无线定位应用实现中会详细介绍实验平台的搭建、CSS 测距实验、基于 CSS 的室内定位实验的设计与实现。

习　题

1. 简述无线定位的起源。
2. 无线定位系统中有哪些常用定位技术?
3. 说说你所了解的无线定位系统的应用。
4. 无线定位分为哪三类?无线局域网定位又有哪 4 种定位技术?
5. 无线定位系统的主要研究内容是什么?
6. 无线定位的基本原理是什么?

7. 以室内定位系统为例，说明有哪些相关定位技术。

8. 无线网络协议有哪些？

参 考 文 献

[1]　毕晓伟. 无线定位技术研究. 重庆：重庆大学，硕士论文，2011.

[2]　叶蔚. 室内无线定位的研究. 广州：华南理工大学，硕士论文，2010.

[3]　蒙静. 基于 IR-UWB 无线室内定位的机理研究. 哈尔滨：哈尔滨工业大学，博士论文，2010.

[4]　徐日明. 基于 RSSI 的室内无线定位方案研究. 南京：南京航空航天大学，硕士论文，2010.

[5]　高鹏. 移动通信中混合定位技术的研究. 兰州：兰州理工大学，硕士论文，2008.

[6]　陈朝. 蜂窝网无线定位技术的分析和研究. 合肥：合肥工业大学，硕士论文，2008.

[7]　李兴伟. 无线定位系统关键算法研究. 南京：南京理工大学，2010.

[8]　卢翔. 基于无线传感器网络定位系统的分析和实现. 上海：复旦大学，博士论文，2009.

[9]　丁锐. 基于 UWB 信号时延估计的无线定位技术研究. 长春：吉林大学，博士论文，2009.

[10]　徐晓忻. 无线定位技术及位置服务应用的研究. 杭州：浙江大学，硕士论文，2012.

[11]　陈明权. 室内移动物体的无线定位研究与设计. 广州：广东工业大学，硕士论文，2011.

[12]　肖竹，王勇超，田斌，于全，易克初. 超宽带定位研究与应用：回顾和展望，电子学报，2011,39(1):133-141.

[13]　刘林. 非视距环境下的无线定位算法及其性能分析. 成都：西南交通大学，博士论文，2007.

[14]　刘林，范平志. 多径环境下多终端协作高精度定位算法. 成都：西南交通大学学报，2011, 46(4):676-680.

[15]　张岩. 基于 UWB 的无线定位技术研究. 济南：山东大学，硕士论文，2010.

[16]　张杰. ZigBee 无线定位跟踪系统的研究与设计. 武汉：武汉理工大学，硕士论文，2010.

[17]　廖丁毅. UWB 无线定位系统研究及 FPGA 实现. 桂林：桂林电子科技大学，硕士论文，2010.

[18]　郝明. 一种混合的无线定位技术的研究. 成都：电子科技大学，硕士论文，2011.

[19]　孙博. 基于直扩序列的多普勒无线定位技术研究. 哈尔滨：哈尔滨工业大学，硕士论文，2008.

第2章
卫 星 定 位

1957 年 10 月 4 日，世界上第一颗人造地球卫星发射成功，它使空间科学技术的发展迅速进入一个崭新的时代。随着人造地球卫星不断入轨运行，利用人造地球卫星进行定位测量已成为现实。GPS（Global Position System）卫星定位系统的出现，以其全天候、高精度、自动化、高效率等显著特点及其所独具的定位导航、授时校频、精密测量等多方面的强大功能，已成为卫星定位系统的事实标准，并将卫星定位技术引入众多的应用领域，引发了测绘、交通运输等行业的深刻变革。

卫星定位系统，因其有着极高的可用性和可靠性，可提供适用多种需要的定位精度，拥有广泛的应用领域，从而使得卫星定位技术成为最重要、最有效也最成熟的一种定位技术。本章将以 GPS 为例，讲述卫星定位系统测量基础、测量原理、定位方法及误差等内容。

2.1 卫星定位测量基础

本节介绍卫星定位系统中的基础部分，包括卫星定位系统的发展历程、卫星定位系统组成结构、定位测量采用的空间系统和时间系统、卫星轨道运动等内容。

2.1.1 卫星定位系统概述

1. 卫星定位系统的发展历程

20 世纪 60 年代卫星定位测量技术问世，并逐渐发展成为利用人造地球卫星解决大地测量问题的一项空间技术。追溯卫星定位测量技术的发展过程，大致可归结为三个阶段，即：卫星三角测量，卫星多普勒定位测量，GPS 卫星定位测量。

1966～1972 年间，美国国家大地测量局在美国和联邦德国测绘部门的协助下，应用卫星三角测量方法，测量了具有 45 个测站的全球三角网，并获得了 5m 的点位精度。但是，卫星三角测量资料处理过程复杂，定位精度难以提高，不能获得待定点的三维地心坐标，因此卫星三角测量技术逐渐退出历史舞台，卫星定位测量向更高阶段发展。

1958 年 12 月，美国海军开始研制美国海军导航卫星系统，于 1964 年建成并投入使用。该系统采用多普勒定位技术，在军事和民用方面取得了极大的成功，是导航定位史上的一次飞跃。我国也曾引进了多台多普勒接收机，应用于海岛联测、地球勘探等领域。但由于多普勒卫星轨道高度低、信号载波频率低，轨道精度难以提高，使得定位精度较低，难以满足大地测量、工程测量和天文地球动力学研究的要求。

为了提高卫星定位的精度，美国从 1973 年开始筹建全球定位系统 GPS。在经过了方案论证、系统试验阶段后，于 1989 年开始发射正式工作卫星，并于 1994 年全部建成，投入使用。GPS 系统能在全球范围内，向任意多用户提供高精度、全天候、连续、实时的三维测速、三维定位和授时。

2．卫星定位系统组成

卫星定位系统一般由三部分组成，即空间部分、地面监控部分和用户设备部分。

GPS 系统的空间部分是指 GPS 工作卫星星座。GPS 工作卫星由 24 颗卫星组成，其中 21 颗工作卫星，3 颗备用卫星，均匀分布在 6 个轨道上。卫星轨道平面相对地球赤道面的倾角为 55°。各个轨道平面的升交点（指当卫星轨道平面与地球赤道平面的夹角，即轨道倾角不等于零时，轨道与赤道面有两个交点，卫星由南向北飞行时的交点）赤经相差 60°，轨道平均高度为 20 200km，卫星运行周期为 11 小时 58 分（恒星时），同一轨道上各卫星的升交角距为 90°。GPS 卫星的上述时空配置，保证了在地球上的任何地点、在任何时刻均至少可以同时观测到 4 颗卫星，以满足精密导航和定位的需要。

GPS 系统的地面监控部分目前由 5 个地面站组成，包括主控站、信息注入站和监测站。主控站设在美国本土科罗拉多·斯平士的联合空间执行中心（CSOC）。主控站除协调、管理所有地面监控系统的工作外，主要任务还有根据各个监测站提供的观测数据推算编制各卫星的星历、卫星钟差和大气层修正参数，提供全球定位系统的时间基准，调整偏离轨道的卫星，启用备用卫星以取代失效的工作卫星等。注入站的主要任务是在主控站的控制下，将主控站推算和编制的卫星星历、钟差、导航电文和其他控制指令等注入到相应卫星的存储系统，并监测注入信息的正确性。监测站的主要任务是为主控站编算导航电文提供观测数据。整个 GPS 地面监控部分，除主控站外均无人职守，各站间用现代化的通信系统联系，在原子钟和计算机的驱动和精确控制下，各项工作实现了高度的自动化和标准化。

GPS 系统的用户设备部分由 GPS 接收机硬件、相应的数据处理软件、微处理机以及终端设备组成。GPS 接收机硬件包括接收机主机、天线和电源。它的主要功能是接收 GPS 卫星发射的信号，以获得必要的导航和定位信息及观测量，并经简单数据处理而实现实时导航和定位。GPS 软件是指各种后处理软件包，它通常由厂家提供，其主要作用是对观测数据进行精加工，以便获得精密定位结果。

3．卫星定位系统应用概述

目前主要的卫星定位导航系统（如 GPS 和 GLONASS）都是军方的产物。GPS 是美国国防部影响最为深远的计划之一，对战略战术产生了深远而巨大的影响，其孕育及整个发展过程都是为军事目的服务的，从单兵定位、弹道测量、靶场监测到空间防务、核爆探测，GPS 都发挥了巨大的作用。

民用航空是卫星定位导航系统重要的民用用户，在民航各方面的应用研究和试验几乎与卫星导航系统本身的发展同步进行。卫星导航的全球、全时、全天候、精密、实时、近于连续的特点，使它具有其他系统无法比拟的优点，并且彻底改变了传统的概念和方式。它可对民航飞机提供从导航到着陆、从地面到高空的一体化服务。用于航路导航，作为空中交通管制的一部分，可以改变航路上交通拥挤状况，改善高度分层，对飞机进行全程监视；用于进场着陆，不仅着陆设备简单，还可实现可变下滑道、曲线进场、多跑道同时工作；用于机场场面监护，可代替场面雷达管理各种机动车辆和飞机。

卫星定位导航系统是航天飞机等航空领域中最理想的定位导航系统。它能提供航天飞机的位置、速度和姿态参数，可以为航天飞机的起飞、在轨运行、再入过程及进场着陆提供连续服务。

美国已在这方面进行过多次实验，美国"亚特兰大"号航天飞机安装了两套GPS，可为航天飞机导航系统提供多种参数，提高了导航系统的精度和可靠性，并大大简化了系统复杂度。卫星定位系统还常用于低轨卫星和空间站的定轨，用差分GPS完成飞船的交会和对接。我国对GPS在航天领域的应用从20世纪80年代初就已开始跟踪研究，包括方案探讨、算法研究、仿真及硬件设备的改进等工作。可以肯定，利用国内外现有的设备对航天器进行定轨、制导及测控等，GPS等卫星定位系统可以获得其他方法无法达到的精度和方便程度。

海洋也是卫星定位导航系统的重要应用领域之一。在军事上，除了对各类舰艇进行导航之外，还可以完成海上巡逻、舰队调动与会合、海上军事演习和协同作战、武器发射、航空母舰的定位与导航和对舰载飞机的导引等。在民用方面，可以进行船只定位、海洋测量、石油勘探、海洋捕鱼、浮标设立、管道铺设、浅滩测量、暗礁定位、海港领航和水上交通管理等。GPS在航海方面拥有最早、最多的用户，从1980年以来，美、日、英、德、法等各国就已经进行了大量实验。在航海方面，目前尚无比GPS更为先进的定位导航系统，其开发和应用受到各国的极大重视，除一般应用外，GPS的各种精密定位方法可用于港口船舶监控、狭窄航道的船舶导航、海洋地球物理勘探、海上平台定位、航标和浮标等的设立以及与声呐系统一起为水下物体定位。

利用卫星定位系统，在一个点上采用长时间观测、多点联测或者事后处理的方法，可以达到厘米级的观测精度，从而为研究地球动力学、地壳运动、地球自转和极移、大地测量和地震监测等提供了新的观测手段。另外，一些特殊的处理方法，如卫星源射电干涉法、多次差分法、载波相位观测、双频接收机、平滑和滤波技术等，为大地测量，特别是公路、铁路、桥梁等设计施工提供了准确而又简便的测量手段。

陆地定位导航对卫星系统的要求最低，只需低动态、单或双通道接收机时序处理，因而对卫星系统的完善性要求比较低，并可利用地标、地形随时修正，还可以利用航位推算等附加信息。现在卫星定位系统已经广泛应用于车辆定位导航、行业车辆管理、列车监控、野外作业等领域，并与其他如蜂窝网络、Wi-Fi无线网络等通信和定位技术相结合，定位速度和精度都在不断改进，应用范围也在不断拓宽。

2.1.2 卫星定位系统空间与时间系统

卫星定位系统中，卫星作为高空已知点，其位置是不断随时间变化的，利用这些卫星进行测量定位时，必须给出卫星在某一瞬时时刻的确切位置，这便需要确定描述位置的空间系统和描述时刻的时间系统。本节讲述的空间和时间参考系及2.1.3节讲述的卫星轨道是描述卫星运动、处理导航定位数据、表示飞行器运动状态的数学和物理基础。

1. 卫星定位空间系统

在GPS定位导航中常会涉及多种坐标系。坐标系的适当选用在很大程度上取决于任务要求、完成过程的难易程度、计算机的存储量和运算速度、导航方程的复杂性等。一类常用坐标系是惯性坐标系，它是在空间固定的，与地球自转无关，对于描述各种飞行器的运动状态极为方便。严格说来，卫星及其他飞行器运动理论是根据牛顿引力定律，在惯性坐标系中建立起来的，而惯性坐标系统在空间的位置和方向应保持不变或仅作匀速直线运动。但是，实际上严格满足这一条件是困难的，在导航和制导中，惯性参考系一般都是通过观察星座近似定义的。另一类是与地球固连的坐标系，它对于描述飞行器相对于地球的定位和导航尤为方便。此外，还可能用到轨道坐标系、体轴系和游动方位系等。由于坐标轴的指向具有一定的选择性，因此常用"协议坐标系"指明国际上通过协议来确定的某些全球性坐标轴指向。

GPS 定位系统是建立在"全球大地系统"（WGS，World Geodetic System）的基础上，它是一种以地球质心为圆点与地球固连的坐标系，属于协议地球坐标系。全球大地参考系统的精度受技术水平的限制，也因相应的任务精度要求而定。1960 年，美国推出了 WGS60，以后又相继推出 WGS66 和 WGS72，其精度不断提高。1984 年，美国军用制图署（DMA）对地球进行新的测量和定义，推出了全球大地系统 WGS84，这一系统被 GPS 采用，成为 GPS 定位测量的基础。

不同的国家或地区根据本地区的地表情况按椭球面与本地区域大地水准面最吻合的原则建立起自己的大地系统，供本国或本地区使用。由于受观测资料的局限，定义的椭球参数不尽相同，在参考椭球的基础上建立起局部大地系统。我国目前使用的大地坐标系统主要是 1954 年北京坐标系（简称 BJ-54 系）和 l980 年国家大地坐标系。

在航空导航应用中，经常需要把定位结果与地图相比较，如机场的调度管理、地形匹配系统等。地图投影是通过把椭球面的点投影到一个平面上形成的。大地测绘成果通常以这个坐标形式给出，它也是地图绘制的基础。地图投影的方式很多，我国采用的是高斯-克吕格投影。它是一种横轴、椭圆梭面、等角投影，用一个椭球柱面与地球椭球在某一子午圈上相切，这条子午线叫做投影轴子午线，也就是高斯-克吕格投影直角坐标系的纵轴或横轴，地球的赤道面与椭圆柱面相交成一条直线，这条直线与轴子午线正交，就是平面直角坐标系的横轴或纵轴，把椭圆柱面展开，就得到以（x，y）为坐标的平面直角坐标系。高斯-克吕格投影原理图如图 2-1 所示。

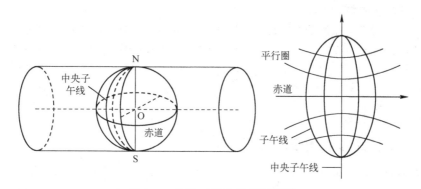

图 2-1　高斯-克吕格投影原理图

2．卫星定位时间系统

GPS 定位是建立在测定无线电信号传播延迟基础上的，把时间转换为距离量时纳秒级的时间误差都可能会引起米级的距离误差，这就要求时钟高度稳定和同步。从理论上而言，任何一个周期运动，只要它的周期是恒定的且是可观测的，都可以作为时间的尺度。实际上我们所能得到的时间尺度只能在一定精度上满足这一理论要求。

为了保证导航和定位精度，GPS 定位系统建立了专门的时间系统，简称 GPST。GPS 时间系统是由 GPS 星载原子钟和地面监控站原子钟组成的一种原子时系统，与国际原子时保持有 19s 的常数差，并在 GPS 标准历元 1980 年 1 月 6 日零时与 UTC 保持一致。

2.1.3　卫星运行轨道及受摄运动

应用卫星定位系统进行导航和定位，首先要知道卫星轨道参数，进而确定卫星在空间的位置坐标。对于单个接收机定位，定位误差与卫星轨道误差密切相关。在相对定位中，按照经验，相对基线误差等价于相对轨道误差。卫星轨道参数是作为卫星广播电文的一部分由卫星发送的，这些参数是在地面跟踪站对卫星观测几天之后，由地面主控制站进行预报计算得来并经注入站加载到卫星的，所以是预报值。在讨论卫星正常轨道运动时，通常进行以下假设：

（1）地球是一个质点或具有均匀密度分布的球，其引力场是对称的；

（2）卫星的质量与地球相比可以忽略；

（3）假定卫星在真空中运动，即没有大气阻力和太阳辐射压力作用在卫星上；

（4）没有太阳、月球和其他天体引力作用在卫星上（仅讨论二体问题）。

然而卫星轨道运动是地球引力和其他许多作用在卫星上的力产生的总结果，如太阳和月球引力，太阳辐射在卫星上的压力。对于低轨道卫星，大气阻力也是不可忽略的。要想获得卫星运动的精密轨道，就不能只考虑地球的质心引力作用，而必须顾及卫星运动中所受到的地球非质心引力及其他各种作用力的综合影响，这些力称为摄动力。卫星在地球质心引力和各种摄动力综合影响下的轨道运动，称为卫星的受摄运动，相应的卫星运动轨道称为摄动轨道或瞬时轨道。摄动轨道偏离正常轨道的差异，称为卫星的轨道摄动。卫星受到的摄动力来源有以下几种：

（1）地球体的非球性及其质量分布不均，即地球的非中心引力；

（2）太阳的引力和月球的引力；

（3）太阳的直接与间接辐射压力；

（4）大气的阻力；

（5）地球潮汐的作用力；

（6）磁力等。

在摄动力加速度的影响下，卫星运行的多普勒轨道参数不再保持为常数，而变为时间的函数。在上述各种摄动力中，大气阻力的影响主要取决于大气的密度、卫星的断面与质量之比以及卫星的速度。由于 GPS 卫星所处的高空大气密度甚微，以至其对卫星的阻力影响可以忽略。地球受日月引力的影响产生潮汐现象，而地球的潮汐又将对卫星的运动产生影响，所以地球潮汐的影响，可以认为是日月引力对卫星运动的一种间接影响，理论分析表明，对 GPS 卫星来说，这种影响也不明显。

2.2　卫星信号及测量原理

由卫星发射的卫星信号包含以下信息：

（1）卫星星历及卫星钟校正参量；

（2）测距时间标记，大气附加延时校正参量；

（3）与定位和导航有关的其他信息。

用户在接收和处理所接收的上述信号后，提取需要的信息，完成定位和导航的各种计算，并给出用户需要的结果。

2.2.1　卫星信号成分与调制技术

1. 卫星信号成分

用户接收机从卫星信号的时间标记上提取传播延时（即距离信息），从卫星信号载波的多普勒频移提取速度信息，星历、时钟及大气校正参量、时间标记等则由卫星以通信方式传送给用户，在 GPS 系统中将信息变成编码脉冲以数字通信方式来完成。考虑到保密通信和提高抗干扰能力，各卫星发射信号的区分选择及精密测距，将编码脉冲先调制到伪随机码上，即经伪随机码扩频，再对 L 波段的载频进行双相调制（或称为移相键控调制，BPSK），然后由卫星天线发射。由稳定钟频 5.115MHz 经倍频产生的两个载频 L_1 和 L_2，频率各为 154×10.23MHz 和 120×10.23MHz，由此便可以对电离层产生的时延进行双频校正。

每个卫星分配不同的 C/A 码，分配 P 码中各不同周期的部分段，C/A 码和 P 码的作用相当于测距中的定时信号，可用来接收多个卫星的信号，解释 C/A 码和 P 码就可以得到导航电文和星历等参数。

2．C/A 码与 P 码

GPS 卫星发射的测距码信号包括 C/A 码和 P 码，它们都是二进制伪随机噪声序列，具有特殊的统计性质。GPS 采用的伪随机噪声码（PRN，Pseudo Random Noise），简称伪随机码或者伪码。这种码序列的主要特点是不仅具有类似随机码的良好自相关特性，而且具有某种确定的编码规则，是周期性的、可人工复制的码序列。GPS 卫星发射的测距码信号原理见图 2-2。

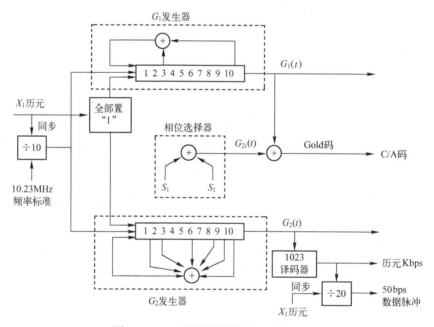

图 2-2　GPS 卫星发射的测距码信号原理

C/A 码由两个 10 级反馈移位寄存器组合产生，两个移位寄存器于每星期日子夜零时，在置"1"脉冲作用下全处于 1 状态。同时在频率为 $f_1=f_0/10=1.023$MHz 钟脉冲驱动下，两个移位寄存器分别产生码长为 $2^{10}-1=1023$b，周期为 1ms 的 m 序列 $G_1(t)$ 与 $G_2(t)$。这时 $G_2(t)$ 序列的输出不是在该移位寄存器的最后一个存储单元，而是选择其中两存储单元进行二进制相加后输出，由此得到一个与 $G_2(t)$ 平移等价的 m 序列 $G_{2i}(t)$，再将其与 $G_1(t)$ 进行模 2 相加，从而得到 C/A 码。由于 G_{2i} 可能有 1023 种平移序列，所以其分别与 $G_1(t)$ 相加后，将可能产生 1023 种不同结构的 C/A 码。C/A 码不是单纯的 m 序列，而是由两个具有相同码长和数码率但结构不同的 m 序列相乘所得到的组合码，称为戈尔德（Gold）序列。

C/A 码的码长、码元宽度、周期和数码率分别为：码长度 $2^{10}-1=1023b$；码元宽度为 $0.97752\mu s$，相应长度为 293.1m；周期 1ms；数码率 1.023Mbps。各个 GPS 卫星所使用的 C/A 码，其上述 4 项指标都相同但结构相异，这样既便于复制又容易区分。

P 码由两组各有两个 12 级反馈移位寄存器的电路产生，其基本原理与 C/A 码相似，但其线路设计细节远比 C/A 码复杂并且严格保密。P 码的码长约为 6.19×10^{12}，数码率为 10.23Mbps，若仍采用搜索 C/A 码的办法来捕获 P 码，即逐个码元依次搜索，当搜索速度仍为每秒 50 码元时，约需 10 631 250 天，是无法实现的。因此，一般都是先捕获 C/A 码，然后根据导航电文中给出的有关信息，便可容易地捕获 P 码。

3. 信号调制

带有导航信息的编码脉冲 $D(t)$ 先调制到伪码（P 码和 C/A 码）上，然后对 L 波段的载频 L_1 和 L_2 进行双相调制（BPSK）。在载频 L_2 只调制了一种伪码（P 码），而在载频 L_1 调制了两种伪码（P 码和 C/A 码），而且是采用正交调制方式进行的，以便分别对 P 码和 C/A 码解调。由于对载波信号采用了 BPSK 调制技术，使其频带变宽，对应 P 码和 C/A 码的频带宽度分别为 20.46MHz 和 2.016MHz。

将 $D(t)$ 调制到伪码 $P(t)$ 上，即将二者模 2 相加，或波形相乘，乘积码为 $D(t)P(t)$。编码脉冲 $D(t)$ 的频带被扩展，称为扩频。频谱展宽后，使单位频带内信号功率下降，从而减小了信号被检测和被窃听的可能性。另一方面，要将扩频信号恢复成编码脉冲信号，即解扩，必须在接收机中设置同样结构的伪码作为跟踪伪码。

2.2.2 导航电文格式

GPS 卫星的导航电文主要包括：卫星星历、时钟改正、电离层时延校正、卫星工作状态信息以及由 C/A 码转换到捕获 P 码的信息。导航电文同样以二进制码的形式播送给用户，因此又叫数据码，或称 D 码。

导航电文的基本单位是"帧"。一帧导航电文长 1500b，含 5 个子帧。而每个子帧又分别含有 10 个字，每个字含 30b 电文，故每一子帧共含 300b 电文。电文的播送速率为每秒 50b，所以报送一帧电文的时间为 30s，而一个子帧电文的持续播发时间为 6s。为了记载多达 25 颗 GPS 卫星的星历，规定子帧 4、5 各含有 25 页，子帧 1、2、3 与子帧 4、5 的每一页均构成一帧电文。每 25 子帧导航电文组成一个主帧。在每一帧电文中，1、2、3 子帧的内容每小时更新一次，而子帧 4、5 的内容仅在给卫星注入新的导航数据后才得以更新。

每一子帧开头的第一个字码是遥测字，作为捕获导航电文的前导。其中第 1～8 位为同步码（10001000），为各子帧编码脉冲提供同步起点。第 9～22 位为遥测电文，包括地面监控系统注入数据时的状态信息、诊断信息以及其他信息，以指示用户是否选择该颗卫星。第 23 和 24 位无实际意义，第 25～30 位为奇偶校验码。

每个子帧的第二个字码为交换字，它的主要作用是向用户提供捕获 P 码的 Z 计数。Z 计数位于交换字的第 1～17 位，表示自星期天零时至星期六 24 时 P 码子码 X_1 的周期重复数。X_1 的周期为 1.5s，因此 Z 计数的量程是 0～403200。知道了 Z 计数，也就知道了观测瞬间在 P 码周期中所处的准确位置，这样便可以迅速捕获 P 码。交换字的第 18 位，表明卫星注入电文后是否发生滚动动量矩缺载现象；第 19 位指示数据帧的时间是否与子码 X_1 的时钟信号同步；第 20～22 位为子帧识别标志；第 23 和 24 位无意义；第 25～30 位为奇偶校验码。

导航电文第 1 子帧的第 3～10 字码为数据块 I，它的内容主要包含：卫星的健康状况，数据周期，星期序号，卫星时钟校正参数，电离层校正参数等信息。导航电文的第 2 子帧和第 3 子帧构成数据块 II，它的内容为 GPS 卫星星历，这是 GPS 卫星为导航、定位所发送的主要电文，向用户提供用于计算卫星运行位置的信息。导航电文的第 4 子帧和第 5 子帧构成数据块 III，它向用户提供 GPS 卫星的历书数据，包括卫星的概略星历，卫星钟概略改正数，码分地址和卫星运行状态信息。用户根据这些信息，可以选择工作正常和位置适当的卫星，构成最佳观测空间几何图形，以此提高导航和定位的精度；并可根据已知的码分地址，较快地捕获所选择的观测卫星。

2.2.3 卫星星历

GPS 系统通过两种方式向用户提供卫星星历，一种方式是通过导航电文中的数据块 II 直接发射给用户接收机，通常称为预报星历；另一种方式是由 GPS 系统的地面监控站，通过磁带、网络、电传向用户提供，称为后处理星历。

预报星历是指相对参考历元的外推星历，参考历元瞬间的卫星星历（即参考星历），由 GPS 系统的地面监控站根据大约一周的观测资料计算而得。由于摄动力的影响，卫星的实际轨道将逐渐偏离参考轨道，且偏离的程度取决于观测历元与参考历元间的时间间隔。因此，为了保证预报星历的精度，采用限制外推时间间隔的方法。GPS 卫星的参考星历每小时更新一次，参考历元选在两次更新星历的中央时刻，这样由参考历元外推的时间间隔限制力为 0.5h。

由于 GPS 卫星的广播星历包含外报误差，因此它的精度受到限制，不能满足某些精密定位工作的要求。后处理星历是不含外推误差的实测精密星历，它由地面监测站根据实际精密观测资料计算而得。可向用户提供用户观测时刻的卫星精密星历，其精度目前为米级，将来可望达到分米级。但是，用户不能实时通过卫星信号获得后处理星历，只能在事后通过磁带、网络、电传等通信媒体向用户传递。

2.2.4 卫星信号接收机工作基本原理

GPS 信号接收机是用来接收、处理和测量 GPS 卫星信号的专门设备。由于 GPS 卫星信号的应用范围非常广泛，而信号的接收和测量又有多种方式，因此 GPS 信号接收机有许多种不同的类型。

尽管 GPS 信号接收机有许多种不同的类型，但其主要结构却大体相同，可分为天线单元和接收单元两大部分。天线单元的主要功能是将 GPS 卫星信号的非常微弱的电磁波能转化为电流，并对这种电流信号进行放大和变频处理；而接收单元的主要功能则是对经过放大和变频处理的电流信号进行跟踪、处理和测量，见图 2-3。

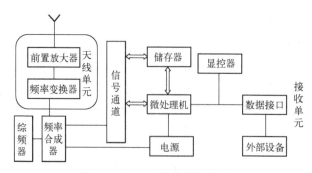

图 2-3 GPS 信号接收机原理

1．天线单元

GPS 信号接收机的天线单元由接收天线和前置放大器两部分组成。天线的基本作用是把来自卫星的微量能量转化为相应的电流量；而前置放大器则是将 GPS 信号电流予以放大，并进行变频，即将中心频率为 1575.42MHz（L_1 载波）与 1227.66MHz（L_2 载波）的高频信号变换为低一两个数量级的中频信号。

通常，GPS 信号接收机天线应满足以下基本要求：

（1）接收天线与前置放大器应密封为一体，以保障在恶劣的气象环境下也能正常工作，并减少信号损失；

（2）天线的作用范围应为整个上半天球，并在天顶处不产生死角，以保证能接收到自天空任何方向发来的卫星信号；

（3）天线需有适当的防护和防屏蔽措施，以尽可能减少来自各个方向的反射信号的干扰；

（4）天线的相位中心应保持高度稳定，并与其几何中心偏差尽可能小。

2．接收单元

GPS 信号接收机的接收单元主要由信号通道、储存单元、计算和显示控制单元、电源等 4 部分组成。

信号通道是接收单元的核心部分，由硬件和软件组合而成。每一个通道在某一时刻只能跟踪一颗卫星，当某颗卫星被锁定后，该卫星占据这一通道直到信号失锁为止。因此，目前大部分接收机均采用并行多通道技术，可同时接收多颗卫星的信号。对于不同类型的接收机，信号通道数目不等。信号通道有平方型、码相位型和相关型 3 种不同类型，它们分别采用不同的调制技术。

GPS 信号接收机内部的存储单元用于存储所翻译的 GPS 卫星星历、伪距观测量和载波相位观测量，以及各种观测站数据。在储存单元内通常还装有许多工作软件，如自测试软件、天空卫星预报软件、导航电文解码软件、GPS 单点定位软件等。

计算和显示控制单元由微处理器和显示器构成。微处理器是 GPS 信号接收机的控制部件，GPS 信号接收机的一切工作都是在微处理器的控制下自动完成的，其主要工作任务如下：

（1）开机后立即对各个信号通道进行检查并显示结果，检测、校正和存储各个信号通道的时延值；

（2）根据各通道跟踪环路所输出的数据码，解译出卫星星历，并根据实际测量得到卫星信号到达接收天线的传播时延，计算出测站的三维地心坐标，并按预置的位置更新率不断更新测站坐标；

（3）根据已经测得的测站近似坐标和卫星星历，计算所有在轨卫星的升降时间、方位和高角度；

（4）记录用户输入的测站信息，如测站名、天线高、气象参数等；

（5）根据预先设置的航路点坐标和测得的测站点近似坐标计算导航参数。

GPS 信号接收机一般都配备液晶显示屏向用户提供接收机工作状态信息，并配备控制键盘，用户可通过键盘控制接收机工作。

GPS 信号接收机一般采用蓄电池作为电源，机内往往配备锂电池，用于为 RAM 存储器供电，以防止关机后数据丢失。机外另配外接电源，通常为可充电的 12V 直流镍镉电池，也可采用普通汽车电瓶。

2.3 卫星定位方法及定位误差

从原理上讲，GPS 观测的是距离，通过所测量到的距离与位置之间的关系，反推出所要确定的位置在 WGS84 坐标系中的三维坐标。对于距离的测量，是通过测量信号的传输时间，或测量所收到的 GPS 卫星信号与接收机内部信号的相位差而导出。GPS 使用所谓的单向（one way）方法，需要使用两台时钟，一台在卫星上，而另一台在接收机内部。由于两台时钟存在误差，所测得的距离也有误差，因此，这种距离称为"伪距"（Pseudo Range）。GPS 提供的信息不仅可以利用伪随机码测伪距，还可以利用载波信号，进行载波相位测量和积分多普勒测量，并进行定位。载波相位测量具有很高的定位精度，广泛用于高精度测量定位。积分多普勒测量所需观测时间一般较长，精度并不很高，故未获广泛应用。

应用 GPS 卫星信号进行定位的方法，可以按照用户接收机天线在测量中所处的状态，分为静态定位与动态定位；或者按照参考点的位置，分为绝对定位和相对定位。

2.3.1 静态定位

如果在定位过程中，用户接收机天线处于静止状态，或者更明确地说，待定点在协议地球坐标系中的位置，被认为是固定不动的，那么确定这些待定点位置的定位测量就称为静态定位。进行静态定位时，由于待定点位置固定不动，因此可通过大量重复观测来提高定位精度。正是由于这一原因，静态定位在大地测量、工程测量、地球动力学研究和大面积地壳形变监测中获得了广泛的应用。随着快速解算整周待定值技术的出现，快速静态定位技术已在实际工作中大量使用，静态定位作业时间大为减少，从而在地形测量和一般工程测量领域内也获得广泛的应用。

根据参考点的不同位置，GPS 定位测量又可分为绝对定位和相对定位。绝对定位是以地球质心作为参考点，确定接收机天线（即待定点）在协议地球坐标系中的绝对位置。由于定位作业仅需使用一台接收机工作，所以又称为单点定位。单点定位作业工作和数据处理都比较简单，但其定位结果受卫星星历误差和信号传播误差影响较为显著，所以定位精度较低，适用于低精度测量领域，例如船只、飞机的导航，海洋捕鱼，地质调查等。如果选择地面某个固定点为参考点，确定接收机天线相对参考点的位置，则称为相对定位。由于相对定位至少使用两台以上的接收机，同步跟踪 4 颗以上 GPS 卫星，因此相对定位所获得的观测量具有相关性，并且观测量中所包含的误差也同样具有相关性。采用适当的数学模型，即可消除或者削弱观测量所包含的误差，使定位结果达到相当高的精度。

静态绝对定位是指在接收机天线处于静止状态下，确定测站的三维地心坐标。定位所依据的观测量是根据码相关测距原理测定的卫星至测站间的伪距。由于定位仅需要使用一台接收机，速度快，灵活方便，且无多值性问题等优点，广泛用于低精度测量和导航。GPS 静态绝对定位的精度受两类因素影响，一类是影响伪测距精度的因素，如卫星星历精度、大气层折射等；另一类则是卫星的空间几何分布。

静态绝对定位模式将两台接收机分别安置在基线的两端点，其位置静止不动，同步观测 4 颗以上的在轨卫星，确定基线两端点的相对位置。在实际工作中，常常将接收机数目扩展到 3 台以上，同时测定若干条基线，不仅提高了工作效率，而且增加了观测量，提高了观测成果的可靠性。

静态绝对定位由于受到卫星轨道误差，接收机时钟不同步误差以及信号传播误差等多种因素的干扰，其定位精度较低，2～3h 的 C/A 码伪距绝对定位精度约为±20m，远不能满足大地测量精密定位的要求。而静态相对定位，由于采用载波相位观测量以及相位观测量的线性组合技术，极大地削弱了上述各类定位误差的影响，其定位相对精度高达 10^{-6}～10^{-7}，是目前 GPS 定位测量中精度最高的一种方法，广泛应用于大地测量、精密工程测量以及地球动力学研究。

静态相对定位采用载波相位观测量为基本观测量，载波的波长短，测量精度远高于码相关伪距测量的测量精度，并且采用不同载波相位观测量的线性组合可以有效地削弱卫星星历误差、信号传播误差以及接收机时钟不同步误差对定位结果的影响。天线长时间固定在基线两端点上，可保证取得足够多的观测数据，从而可以准确确定整周未知数。上述这些优点，使得静态相对定位可以达到很高的精度。实践证明，在通常情况下，采用广播星历定位精度可达 10^{-6}～10^{-7}；如果采用精密星历和轨道改进技术，那么定位精度可以提高到 10^{-9}～10^{-10}。如此高的定位精度，是常规大地测量望尘莫及的。

当然，静态相对定位也存在缺点，即定位观测时间过长。在跟踪 4 颗卫星的情况下，通常要观测 1～1.5h，甚至更长的时间。长时间观测影响了 GPS 定位测量的功效，因此近年来又发展出一种整周未知数快速逼近技术，可以在短时间快速确定整周未知数，使得定位测量时间缩短到几分钟，为 GPS 定位技术开辟了更广阔的应用前景。

2.3.2 动态定位

与静态定位相反，如果在定位过程中，用户接收机天线处于运动状态，这时待定点位置将随时间变化，确定这些运动着的待定点的位置称为动态定位。例如，为了确定车辆、船舰、飞机和航天器运行的实时位置，就可以在这些运动着的载体上安置 GPS 信号接收机，采用动态定位方法获得接收机天线的实时位置。如果所求的状态参数不仅包括三维坐标参数，还包括物体的三维速度，以及时间和方位等参数，这种动态定位也可称为导航。

GPS 动态定位方法主要有：单点动态绝对定位法和实时差分动态定位法。随着 GPS 定位技术（包括仪器设备和数据处理）的不断完善，实时差分动态定位，从精度为米级的位置差分和伪距差分，发展到具有厘米级精度的实时动态（RTK，Real-Time Kinematic）定位技术，以及可以在较大区域范围内实现实时差分动态定位的广域差分法、增强广域差分法，GPS 动态定位技术有着极其广阔的应用领域。

GPS 绝对定位主要是以 GPS 卫星和用户接收机天线之间的距离为基本观测量，并利用已知的卫星瞬时坐标来确定接收机天线对应的点位在协议地球坐标系中的位置。动态绝对定位是确定处于运动载体上的接收机在运动的每一瞬间的位置。由于接收机天线处于运动状态，故天线点位是一个变化的量，因此确定每一瞬间坐标的观测方程只有较少的多余观测，甚至没有多余观测，且一般常利用测距码伪距进行动态的绝对定位。因此，其精度较低，一般只有几十米的精度，在美国政府选择可用性（SA，Selective Availability）政策影响下，其精度甚至低于百米，通常这种定位方法只用于精度要求不高的飞机、船舶以及陆地车辆等运动载体的导航。

虽然动态绝对定位作业简单，易于快速实现实时定位，但是由于定位过程中受到卫星星历误差、钟差及信号传播误差等诸多因素的影响，其定位精度不高，限制了其应用范围。由于 GPS 测量误差具有较强的相关性，因此可以在 GPS 动态定位中引入相对定位作业方法，即 GPS 动态相对定位。该作业方法实际上是两台 GPS 接收机，将一台接收机安设在基准站上固定不动，另一台接收机安置在运动的载体上，两台接收机同步观测相同的卫星，通过在观测值之间求差，以消除具有相关性的误差，提高定位精度。而运动点位置是通过确定该点相对基准站的相对位置实现的，这种定位方法也叫差分 GPS 定位。

动态相对定位分为以测距码伪距为观测值的动态相对定位和以载波相位伪距为观测值的动态相对定位。测距码伪距动态相对定位，由安置在点位坐标精确已知的基准接收机测量出该点到 GPS 卫星的伪距 D_0，该伪距中包含卫星星历误差、钟差、大气折射误差等各种误差的影响。此时，由于基准接收机的位置已知，利用卫星星历数据可以计算出基准站到卫星的距离 D_1，伪距 D_1 也同样包含相同的卫星星历误差，如果将两个距离求差，即 $D=D_0-D_1$，则 D 中包含钟差、大气折射误差，当运动的信号接收机与基准站相距不太远时，两站的误差具有较强的相关性。因而，如果将距离差值作为距离改正参数传递给用户信号接收机，用户便得到一个伪距修改值，可以有效地消除或削弱一些公共误差的影响，以此可以大大提高定位的精度。鉴于载波相位测量的精度要高于测距码伪距测量的精度，因此可以将载波相位测量用于实时 GPS 动态相对定位。载波相位动态相对定位，是通过将载波相位修正值发送给用户站来改正其载波相位实现定位的，或是通过将基准站采集的载波相位观测值发送给用户站进行求差解算坐标实现定位的。高精度的 GPS 测量必须采用载波相位观测值，RTK 定位技术就是基于载波相位观测值的实时动态定位技术，它能够实时地提供测站点在指定坐标系中的三维定位结果，并达到厘米级精度。在 RTK 作业模式下，基准站通过数据链将其观测值和测站坐标信息一起传送给流动站。流动站不仅通过数据链接收来自基准站的数据，还要采集 GPS 观测数据，并在系统内组成差分观测值进行实时处理，同时给出厘米级定位结果，历时不到一秒钟。流动站可处于静止状态，也可处于运动状态；可在固定点上先进行初始化后再进入动态作业，也可在动态条件下直接开机，并在动态环境下完成周模糊度的搜索求解。在整周未知数解固定后，即可进行每个历元的实时处理，只要能保持 4 颗以上卫星相位观测值的跟踪和必要的几何图形，则流动站可随时给出厘米级定位结果。常规的测量方法，如静态、快速静态、动态测量都需要事后进行解算才能获得厘米级的精度，而 RTK 是能够在野外实时得到厘米级定位精度的测量方法，它的出现为工程放样、地形测图等各种控制测量带来了新曙光，极大地提高了定位作业效率。其定位精度在小区范围内（<30km）可达 1～2cm，是一种快速且高精度的定位法。

2.3.3　定位误差

正如其他测量工作一样，卫星测量同样不可避免地受到测量误差的干扰。按误差性质来讲，影响卫星测量精度的误差主要是系统误差和偶然误差。其中，系统误差的影响又远大于偶然误差，相比之下，后者的影响甚至可以忽略不计。从误差来源分析，测量误差大致可以分为与卫星有关的误差、与卫星信号传播有关的误差、与卫星信号接收机有关的误差 3 大类。

与卫星有关的误差主要是 GPS 卫星轨道描述和卫星钟模型的偏差。卫星轨道参数和钟模型是由 GPS 卫星广播的导航电文给出的，但实际上卫星并不确切地位于广播电文所告诉的位置。卫星钟，即使用广播的钟模型校正，也并非完全与 GPS 系统时间同步。这些误差在卫星之间是不相关的，它们对码伪距测量和载波相位测量的影响相同，而且这些偏差与地面跟踪台站的位置和数目、描述卫星轨道的模型以及卫星在空间的几何结构有关。

与卫星信号传播有关的误差包括与卫星信号传输路径和观测方法有关的误差，如电离层和对流层延迟、载波相位周期模糊度等。

与接收机有关的误差主要是接收机钟偏差和测站坐标不确定性引起的偏差，后一种偏差是针对非定位应用的，如 GPS 时间传输和卫星轨道跟踪。在非定位应用情况下，接收机位置，假设是完全已知的或有某种不确定性（理论上后者更合适），因为地面站的位置不可能完全已知，因此通常是把位置作为非定位参数待估计的。很明显，要想更准确地预测轨道，地面站的位置就应该更精确。

误差通常与某些变量如时间、位置和温度等具有函数关系，因此偏差的影响可以用对偏差源建模的方法进行消除或者抑制。

此外，地球自转和相对论效应会带来定位误差。卫星在协议地球坐标系中的瞬间位置是根据信号发送的瞬时时刻计算的，当信号到达测站时，由于地球自转的影响，卫星在上述瞬间的位置也产生了相应的旋转变化，因此，相对于卫星瞬时位置，应加地球自转改正。根据相对论原理，处在不同运动速度中的时钟振荡器会产生频率偏移，引力位不同的时钟之间会产生引力频移现象。在进行 GPS 定位测量时，由于卫星钟和接收机钟所处的状态不同，即它们的运动速度和引力位不同，二者的时钟会产生相对钟差，称为相对论效应。

2.4　卫星定位应用实例

目前，卫星定位技术仍然处于蓬勃发展时期，新的方法和新的理论不断被提出，各种应用和创新也不断地在各行各业发挥重要作用，下面就以某高级法院的 GPS 车辆调度系统为例，讲述卫星定位技术的应用。

2.4.1　系统总体设计方案

由于法院工作的特殊性、执法的严肃性及对社会的影响程度等因素，因此对执法过程严密的监控，包括出警调度、路线全程实时监控、警力紧急调度等，都是十分必要的。该高级人民法院车辆调度系统建立的目的是：对执法车辆进行全程监控和调度，保证执法过程的安全；提高警用车辆的利用率和法院工作效率，实现上下级法院的统一管理；使警用车辆执法更加规范，提高政府公务员的形象。

该高院下属 14 个法院，分布于各个区县，需要调度的警车约 200 辆（其中 20 辆车在本院，其他车辆分布于下属 14 个法院），车辆运动的范围主要为华东六省一市，偶然去全国其他城市。在下属法院中有一个法院已建立了卫星定位的车辆调度系统。

根据上述法院系统的组织架构、管理模式和需求，系统的设计应满足以下需求：

（1）可实时监控车辆的行动路线，24 小时不间断监测目标位置、速度和方向等数据；

（2）高院具有最高权限，可以对各法院进行统一的管理，可实现下属所有车辆的实时跟踪和调度，并满足车辆运行范围的覆盖；

（3）系统设置多级权限控制，将原先存在的旧系统设置为普通权限，可独立运行，但同时受上级高院的控制，改变原先的服务器配置，新增总调度服务器，保留原硬件设备作为二级服务器；

（4）在实时监控中，车辆目标和监控中心服务器之间的无线数据传输过程中需要采取严格的数据加密措施，包括行程路线定位、紧急状况指令等，应采用数字信息合成加密和解密技术；

（5）具有手动报警、防盗报警、区域限制报警等功能，当车辆有报警信号时，中心计算机自动显示报警信号，并实时监控，显示其运行轨迹和车辆相关信息；

（6）调度中心对车辆进行监控和调度时，可向车辆终端发送文字指令或者语音通信。提供车辆运行轨迹存储和通话录音，以备调用；

（7）应用的计算机操作程序界面友好，便于操作；

（8）系统可靠性高。

基于以上需求，系统整体结构可设计如下：

（1）各个分控中心登录总监控中心服务器获取相关权限，通过中心通信模块实时处理本地中心所属车辆的数据，并控制、记录存储数据；

（2）各个分控中心服务器通过 TCP/IP 方式，处理来自本分控中心客户端的并发请求，为各个客户端提供控制车辆、提供车辆当前状态信息、代理发送和接收调度信息等功能；

（3）各个分控中心服务器通过数据专线或者 Internet，以 TCP/IP 方式实时与来自最高权限的总控服务器进行数据交换，按照总控和应急优先处理的原则，实现对总控指令的即时处理；

（4）总控服务器通过 TCP/IP 方式，实现对所属分控中心的统一调度管理；

（5）总控中心机房可以在大屏幕电视墙实时调度管理所有车辆状态，分控中心机房电视墙可以实现本分控中心所属车辆的调度管理。

系统结构图如图 2-4 所示。

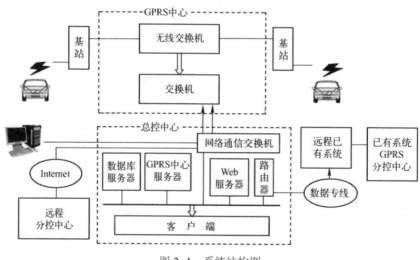

图 2-4　系统结构图

系统各功能及其流程可设计如下：

（1）车辆按照分控独立的原则分组，各车辆实时接收 GPS 定位信息，按照设定频率，通过 GSM 无线网 GPRS 中心，向总控中心汇报当前状态信息；

（2）总控中心数据库服务器接收并存储来自车辆终端的定位状态信息，同时处理来自各个分控中心的并发 TCP/IP 服务请求，并按照权限为各个分控中心提供具体编号目标车辆的查询和发送调度信息等功能；

（3）各个分控中心通过 Internet，以 TCP/IP 方式与总控数据库服务器保持实时数据交换，保证总控和应急最高权限的要求；

（4）保留原有系统的设备和配置，独立接收和管理原先所管理的车辆，同时接受总控中心的车辆调度和查询等指令。

系统功能流程图如图 2-5 所示。

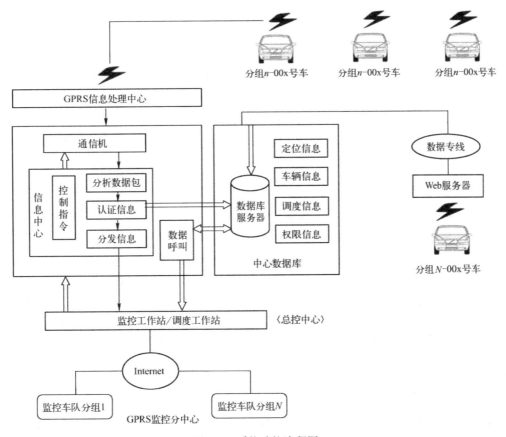

图 2-5　系统功能流程图

2.4.2　车辆调度中心设计

车辆调度监控系统是整个系统的核心，是系统信息运转的枢纽。中心在设计中应充分考虑运营系统的各种应用环境要求，在网络中心设计、数据传输结构及移动智能终端功能上留有较大的扩展空间。

车辆调度监控中心主要由中心服务器、GSM 调度监控站、GPS/GIS 工作站、录音录时器、接警席、通信管理平台、网管软件和计算机网络等组成。其主要任务如下：

（1）中心可以按照任务需要向移动智能终端发布文字调度命令；

（2）中心接收移动智能终端发回的信息，并按照要求存档和转发；

（3）GPS 监控所有运行车辆，显示车辆运行轨迹，对重点车辆进行实时跟踪；

（4）历史资料检索和历史轨迹回放，满足日后查询；

（5）对需要存档的地图和轨迹进行打印和备份；

（6）车辆空驶/执行任务状态下用不同标志显示；

（7）车辆始发/回程轨迹用不同颜色区分显示；

（8）防盗自动报警：驾驶员离车时，其他人开启车门，引发报警器工作，5 分钟内未撤防，移动智能终端自动向监控中心发出报警信息；

（9）中心可划定车辆行驶路线，运行轨迹偏离路线时，自动报警提示；

（10）中心可划定车辆行驶区域，运行轨迹越界，自动报警提示；

（11）监听\录音功能：驾驶员可按下报警开关，中心自动开启遥控监听单元，并对录音进行存储。

车辆调度监控中心是有线和无线、计算机网络及 GSM 网、集群系统信息交换的枢纽，负责转换、处理和传输各种公共调度和控制信息，完成各种调度、报警和管理中心与移动智能终端之间的双向、多址信息流动。

调度中心通信模块主要在后台运行，采用 Client/Server 架构的 Socket 网络通信技术，在完成信息包处理转发的同时记录并显示网络信息流量及走向，结合路由状态显示、广域网联通指示和移动智能终端登录记录等，提供图形化的网络管理系统。

网络设备监控通过定时或者实时的方式，向网络上的其他设备如服务器、路由器、交换机、HUB 以及 GIS 工作站、GSM 调度工作站等发送测试信息，接收并实时显示这些设备的响应，对整个网络系统、通信系统进行监控，使系统管理员能够及时了解设备的工作情况，确保系统的正常运行。同时管理所有注册车辆的登录、脱网记录，实时反映车辆整体运营情况。

GPS/GIS 工作站的主要功能是实时查询和显示被监控的移动目标的位置和轨迹。按照建筑物、交通、地形等进行分层显示国道、高速公路、车辆运行轨迹等信息，并可以实时监控车辆的运行状态，如车辆的编号、速度、定位信息、方向角、GPS 时间等。同时工作站提供地图编辑功能，用户可以根据城市建设情况对其进行及时刷新，可以建立电子地图自身的数据库，也可以用大型数据库与电子地图相关联。地图分层显示，用户可以根据需要选择所要显示的图层以及显示方式。

2.4.3　智能终端设计

GPS/GSM 车辆终端采用深圳华强通信有限公司的 HQ6006 车辆终端。该信息终端操作简单，面板简洁、明了。终端软件的在线编程和远程动态下载功能，使终端的维护和升级更快捷方便，时时跟随用户的功能需求。监控范围广，依托中国电信或者中国联通，可实现全国范围漫游监控。数据传输速率高、误码率低、稳定可靠。使用 GSM 短消息信令/GPRS 信令，保证通信顺畅及运作费用低廉。系统应用范围广，监控数量大，数话兼容，可漫游通话。

车辆终端由显示操作屏单元、GSM 无线通信单元、GPS 信息接收模块、通话手柄、遥控小键盘和 GSM/GPRS 天线、计价器和防盗报警器接口模块等部分组成。GSM 无线通信单元和 GPS 信息接收模块全部安装在显示操作屏单元内。

移动智能终端的主要功能如下。

（1）系统自检功能：液晶故障等信息上传监控中心。

（2）语音翻译支持功能。

（3）终端软件在线编程、动态下载功能。

（4）车辆紧急求助功能：当所驾车辆遇到需要紧急救援的事件时，可操作显示屏菜单，向中心发送紧急求助信号、业务援助等。

（5）车辆定位信息的发送与接收监控中心信息：终端通过 GPS 接收模块实时接收车辆当前 GPS 定位信息，通过 GSM 平台向中心发送定位信息；同时终端也实时接收中心下发的控制指令、调度信息和公共信息等，从而实现双向信息交换。

（6）可自动启动区分由于失去信号或技术故障导致的不能发送、呼叫无应答等情形。

（7）接收的信息能长期保存在存储器中，最少保留 100 条掉电不丢失的信息记录。

（8）接收并显示调度中心的广播消息，如天气预报、道路状况及通知等。

（9）信息发送：通过显示屏菜单操作向中心发送车辆运营过程中的固定信息。

（10）遥控监听功能：终端装有隐藏声音传感器，在车辆报警时，自动启动监听。

（11）通话功能：通过车载手柄，驾驶员可与中心直接语音通话，得到调度中心的指引和援助。

（12）车辆位置及轨迹信息的获取有以下几种方式：中心点名自动提取、终端定时上传、司机按键随时上传。

（13）终端配有设置接口，在功能升级及维护中不用拆装设备。

（14）终端预留电子地图自导仪接口。

（15）车辆自动预警功能：特定车辆偏离线路、区域预警、停留时间过长预警。

（16）主动监控菜单提供主动刷新功能，被动监控菜单功能提供被动刷新功能：将固定区域经纬度信息存放于终端中，当车辆接近该区域时上传预警，以实现固定点刷新。

车载智能终端结构图如图 2-6 所示。

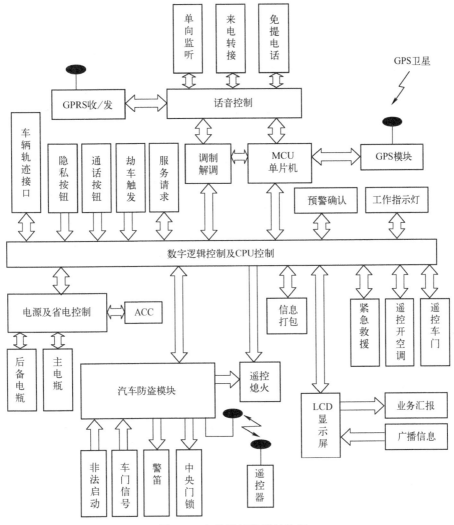

图 2-6　车载智能终端结构图

习　题

1. 试说明 GPS 卫星定位系统的组成和结构，以及各部分的主要功能。
2. 试简述 GPS 卫星定位系统伪随机码测距的工作原理及工作过程。
3. 请尝试搜集我国北斗卫星定位系统相关信息，并比较其与 GPS 定位系统的异同点。
4. 请尝试搜集一款 GPS 接收机的相关信息，并给出其结构和功能说明。
5. 试设计一个 GPS 定位的应用系统，并给出总体设计方案。

参 考 文 献

[1] 张勤，李家权. 全球定位系统（GPS）测量原理及其数据处理基础. 西安：西安地图出版社，2001.

[2] 刘基余. GPS 卫星导航定位原理与方法. 北京：科学出版社，2003.

[3] 魏二虎，黄劲松. GPS 测量操作与数据处理. 武汉：武汉大学出版社，2004.

[4] 方群，袁建平，郑谔. 卫星定位导航基础. 西安：西北工业大学出版社，1999.

[5] 胡伍生，高成发. GPS 测量原理及其应用. 北京：人民交通出版社，2004.

[6] 周建郑. GPS 测量定位技术. 北京：化学工业出版社，2004.

[7] 熊志昂，李红瑞，赖顺香. GPS 技术与工程应用. 北京：国防工业出版社，2005.

[8] 倪金生，董宝青，官小平. 导航定位技术理论与实践. 北京：电子工业出版社，2007.

[9] 王勇智. GPS 测量技术. 北京：中国电力出版社，2007.

[10] 胡鹤民. 上海市高级人民法院 GPS 车辆调度系统的设计. 2007.

第3章

蜂窝通信网络定位

3.1 蜂窝技术概述

移动通信蜂窝网络是目前覆盖范围最大的无线网络，随着人们需求的提高，利用移动通信蜂窝网络进行定位也被日益看重。

在蜂窝网络中，各种基于移动台位置的服务，如公共安全服务、紧急报警服务、基于移动台位置的计费、车辆和交通管理、导航、城市观光、网络规划设计、网络 QoS（Quality of Service）和无线资源管理等，都需要一种简单、廉价的定位方法。在蜂窝定位系统中，被定位移动终端通常是普通终端（手机等），这在客观上要求多个基站设备通过附加装置测量从移动终端发出的电波信号参数，如传播时间、时间差、相位或入射角等，再通过合适的定位算法推算出移动终端的大致位置。显然，由于受移动通信信道噪声和多径传播干扰等不良因素的影响，蜂窝无线电定位系统很难达到较高的定位精度，定位覆盖范围也受到蜂窝移动通信系统场强覆盖范围的限制。

随着蜂窝移动通信技术的迅速发展，移动台的数目急剧增加，使得对移动台的定位需求变得越来越迫切。为此，1996 年英国联邦通信委员会（FCC）公布了 E-911（Emergencycall "911"）定位需求，要求在 2001 年 10 月 1 日前，各种无线蜂窝网络必须能对发出 E-911 紧急呼叫的移动台提供精度在 125m 内的定位服务，而且满足此定位精度的概率应不低于 67%；在 2001 年以后，系统必须提供更高的定位精度及三维位置信息。1999 年 12 月，FCC 99-245 将 E-911 需求进一步细化，对网络设备和手机生产商、网络运营商等对定位技术在网络设备中用于手机定位的实施和支持提出了明确要求和日程安排。

在定位精度要求方面，FCC 规定：基于蜂窝网络的定位方案（不改动终端），要求在 67% 的概率下定位精度不低于 150m，95% 的概率下定位精度不低于 300m；基于移动台的定位方案（可以改动移动台），要求在 67% 的概率下定位精度不低于 50m，95% 的概率下定位精度不低于 150m。美国 FCC 的这一规定明确了提供 E-911 定位服务将是今后各种蜂窝网络，特别是 3G 网络必备的基本功能。此外，欧洲的 ETSI 和日本的 ARIB 等组织也给出了相应的要求，并在很多方面达成一致。自 E-911 需求颁布以来，由于政府的强制性要求和巨大的市场利益驱动，国外开始涌现了研究基于蜂窝网络的无线定位技术热潮。随着研究的深入，在网络中准确确定移动台位置的重要性和必要性逐渐体现出来，网络中各种基于移动台位置的定位服务（LCS，location services），如公共安全服务、紧急报警服务、基于移动台位置的计费、车辆和交通行驶、导航、城市观光、网络规划与设计、网络 QoS 和无线资源管理的改进等，无不与确定移动台的位置有关。

在蜂窝网络中将要定位的移动台通常是静止或慢速移动的手机，因此，定位通常利用蜂窝网络采用无线电定位，根据需要可以利用卫星参与辅助定位。目前，在蜂窝网络中对移动台的定位需求主要是提供移动台的位置坐标信息及定位精度估计、时戳等辅助信息，对速度、运动方向等信息还没有明确要求。定位功能的实施应充分利用蜂窝网络和 GPS 等已有的系统资源，并尽可能少地影响网络的原有功能，选择适当的定位系统类型、相应的定位技术及实施方案。

无线定位系统中对移动台的定位是通过检测移动台和多个固定位置的收发机之间传播信号的特征参数（如电波场强，传播时间或时间差，入射角等）来估计出目标移动台的几何位置。在蜂窝网络中，根据进行定位估计的位置、定位主体及采用的设备的不同可将对移动台的无线定位方案分为 3 类：基于移动台的定位方案、基于网络的定位方案及 GPS 辅助定位方案，与之对应有以下几类定位系统。

1．基于移动台（Mobile Based）的定位系统

这类系统也称为移动台自定位系统或前门链路定位系统，采用的是基于移动台的定位方案。其定位过程是由移动台根据接收到的多个已知位置发射机发射信号携带的某种与移动台位置有关的特征信息（如场强、传播时间、时间差等）确定其与各发射机之间的几何位置关系，再由集成在移动台中的位置计算功能，根据有关定位算法计算出移动台的估计位置。

2．基于网络（Network Based）的定位系统

这类系统也称为远距离定位系统或反向链路定位系统，采用的是基于网络的定位方案。其定位过程是由多个固定位置接收机同时检测移动台发射的信号，将各接收信号携带的某种与移动台位置有关的特征信息送到网络中的移动定位中心（MLC，Mobile Location Centre）进行处理，由集成在 MLC 中的 PCF（Packet Control Function）计算出移动台的估计位置。

3．网络辅助（Network Assisted）定位系统

这类系统也属于移动台自定位系统，采用的是基于移动台的定位方案。其定位过程是由网络中多个固定位置的接收机同时检测移动台发射的信号，将各接收信号携带的与移动台位置有关的特征信息由空中接口传送回移动台，由集成在移动台中的 PCF 算出移动台的估计位置。

4．移动台辅助（Mobile Assisted）定位系统

这类系统采用的也是基于网络的定位方案，其定位过程是由移动台检测网络中多个固定位置发射机同时发射的信号，将各接收信号携带的某种与移动台位置有关的特征信息由空中接口传送回网络，由集成在网络 MLC 中的 PCF 计算出移动台的估计位置。

5．GPS 辅助定位系统

这类系统采用的是 GPS 定位方案，由集成在移动台上的 GPS 接收机和网络中的 GPS 辅助设备利用 GPS 系统实现对移动台的自定位，然而，在移动台内部集成 GPS 接收机存在体积偏大、能耗过大、GPS 接收机首次定位时间过长、成本较高等问题。

显然，对基于移动台的定位方案和 GPS 辅助定位方案来说，移动台知道其自身位置，但网络方面并不知道；对基于网络的定位方案来说，网络方面知道移动台的估计位置，但移动台自身并

不知道。要使这两种定位系统中没有进行定位估计计算的一方掌握移动台的位置，还必须利用空中接口在移动台和网络之间建立一条数据链路，进行有关的数据传递。从现有的技术和设备情况来看采用基于移动台的定位方案或 GPS 辅助定位方案是较好的选择，如果在现有蜂窝系统中采用基于移动台的定位方案或 GPS 辅助定位方案为移动用户提供定位服务（LCS）功能，则必须对现有移动台进行适当修改，增加必要的软硬件设备，如集成 GPS 接收机或能同时接收多个基站信号进行自定位处理的软硬件，还必须通过空中接口将定位信息传送回蜂窝网络。因此，这两种方案在蜂窝网络中得到广泛应用。另外，基于网络的定位方案只需要对蜂窝网络设备进行适当扩充、修改，不需要对现有移动台进行任何修改，能充分利用现有各种蜂窝系统的庞大资源，保护用户已有投资，实现相对容易，并且能达到一定精度，因而这种方案在一定程度上也适用于现有蜂窝网络。

3.1.1　蜂窝技术的需求与发展

第二次世界大战的军事需求和 20 世纪 80 年代末开始推广的数字蜂窝移动通信系统分别推动了蜂窝网定位技术在军事和民用领域的发展。随着 CDMA 等原属于军事应用领域的先进技术快速民用化及蜂窝网络的迅猛发展，国外早已开始研究蜂窝移动通信系统定位技术。

快速增长的中国移动通信市场为开展和普及移动定位系统在中国的建设奠定了坚实的基础。北京移动采用摩托罗拉公司的 LCS 解决方案，在移动网中为个人和企业用户提供各种位置服务，主要包括亲友位置查询、用户位置授权及城市信息查询。从 2001 年初开始，福建移动、山西和云南的移动运营商与诺基亚签订了移动定位商用合同。

近年来，随着蜂窝移动通信技术的迅速发展，蜂窝无线定位技术越来越受到人们的重视。这主要归因于政府的强制性要求和市场本身的驱动。针对 FCC 于 1996 年 10 月颁布了无线 E-911 呼叫应急服务功能，各国主要大公司均就 GSM、IS-95 CDMA 以及第三代移动通信系统开始制定各自的定位实施方案。特别是 3GPP 和 3GPP2 对定位的要求更加具体化，这也是对蜂窝无线定位市场潜力的肯定。另一方面，移动通信用户对移动定位业务的需求日益迫切。蜂窝网络无线定位技术能够在移动台处于空闲状态或通话状态的情况下获取其地理位置等信息，利用移动台的定位信息，运营商可以为用户提供各种增值业务，如位置环境信息查询、紧急救援、智能交通、广告发布等等，同时还可以作为移动通信网络运行、维护和管理的辅助数据。到目前为止，基于蜂窝网络的无线定位技术的研究已经取得了很大的进展。可以预见在未来几年内，基于蜂窝网络定位技术的移动业务将得以迅猛发展。

蜂窝网络基础设施的完善、移动终端功能的增强、互联网内容的丰富及无线应用的推广正在充实人们的日常生活，也逐渐改变人们的生活方式和消费习惯。作为未来移动数据的主要应用之一，基于位置信息的移动数据应用，因为能提供个性化服务，在世界范围内迅速发展，各种定位技术和定位解决方案不断涌现，但移动通信系统网络结构的复杂性、多种空中接口标准并存的现状及无线电波传播环境的复杂性都增加了实现高精度定位的难度。目前，各种定位技术都有不足，如何寻找精度更高、对网络和终端影响最小的定位技术仍是蜂窝定位研究领域的重要课题。

3.1.2　现有蜂窝定位技术

自 E-911 定位需求颁布以来，对移动台定位技术的研究内容更侧重于基本定位方法和技术的研究，定位算法的研究，TDOA、TOA 检测技术的研究，抗非视距传播、多径和多址干扰技术的研究，数据融合技术的研究，定位技术实施方法的研究，定位系统的性能评估，等等。

目前，国外各大主要移动设备制造商主要包括爱立信、诺基亚和摩托罗拉。MPS 系统是由爱立信提出的一种用来确定移动用户地理位置信息的定位系统的名称。该系统主要包括基于服务器的移动定位中心（MPC，Mobile Positioning Centre）和用于 HLR（Home Location Register，归属位置寄存器）、MSC/VLR（Mobile Switching Center /Visitor Location Register，移动业务交换中心/来访位置寄存器）和 BSC（Base Station Controller，基站控制器）的软件扩展功能。MPosition 定位系统是由诺基亚提出的完全的端到端的移动定位业务解决方案，把用户的位置信息、依赖于位置信息的应用程序、中间件和服务结合在一起，为最终用户提供新的应用空间。诺基亚公司已于2001 年第 1 季度使用了基于 Cell-ID、Timing Advance 和 Rx-Levels 的定位技术为所有 GSM 手持设备提供定位服务，该定位系统简称为 mCatch。mCatch 系统基于 GSM 技术和 3G 定位规范，是诺基亚 MPosition 解决方案的一部分，该系统已在我国福建移动的 GSM 网上运行。摩托罗拉的解决方案也是端到端的定位服务解决方案，目前所提供的定位服务解决方案是基于 STK Cell ID 方式的。国内对蜂窝网络移动台定位技术的研究大部分都是针对 GPS 或差分 GPS 技术及其应用的，而对基于蜂窝网络移动台定位技术的研究和开发报道甚少，对基于 CDMA 蜂窝网络的移动台定位技术的研究只见到少量研究结果发表，如邓平、范平志、刘林、李莉等在混合定位算法、数据融合算法、NLOS 消除等方面进行了系统研究；吴小平在"无线蜂窝网中移动台场强定位算法"一文中对场强定位法进行了仿真研究；王昕在"一种考虑非视线传播影响的 TOA 定位算法"中对降低 NLOS 误差影响的 TOA 定位算法开展了研究；顾杰、华云等对 WCDMA 网络开展了定位实施方法的研究及基于马尔可夫模型的移动台定位跟踪技术的研究等。

我国一部分较大的通信设备公司（如华为、大唐）虽然已经具备了独立研制大部分 GSM 设备的能力，但却都没有提出 GSM 系统下的完整的移动定位解决方案。2001 年 11 月 5 日在芬兰首都赫尔辛基的国际电联 ITU-R TG8/1 第 18 次会议上，由我国信息产业部电信科学技术研究院提交，由该研究院旗下的大唐电信科技产业集团（CATT）提出的第三代移动通信 TD-SCDMA 建议标准被国际电联正式采纳，成为 IMT-2000 标准系列中的重要标准之一。TD-SCDMA 作为中国自主知识产权的三代移动通信国际标准，采用了智能天线、时分和码分技术、上行同步、上下行不对称等很多技术，而这些技术为 TD-SCDMA 的特色业务应用带来了独到的优势。其中，精确定位技术是 TD-SCDMA 网络一个独具特色的业务应用。它能够在单基站上，在无须添加/改动任何设备的情况下，提供一种高性价比的并有较高定位精度的定位服务，可以直接在 TD-SCDMA 网络中作为基本业务提供给用户。2005 年 3 月，TD-SCDMA 联盟将开始 TD-SCDMA 网络的外场测试，并计划建成 TD-SCDMA 商用之前最大规模的预商用试验网。外场测试还同时检验了采用 TD 的特有定位方法，RAN 支持定位业务能力，测试结果表明对 UE 定位的精度要高于基于 Cell-ID 定位方法。

3.2　蜂窝定位方法与误差

3.2.1　基本定位方法

本章主要介绍的定位方法有 3 种：推算定位 DR（Dead Reckoning）、接近式定位和地面无线电通信定位。推算定位基于一个相对参考点或起始点，借助地图匹配算法来确定移动目标位置，适用于对运动目标的连续定位；接近式定位又叫信标定位，运动目标的位置通过与之最靠近的固定参考检测点来估计确定；地面无线电定位则通过测量无线电波从发射机到接收机的传播时间、时间差、信号场强、相位或入射角等参数来实施目标移动终端的二维定位。

推算定位不需要大量系统设备，但自定位精度依赖于移动台本身的特殊设备且容易发生误差积累；接近式定位可以实现粗略定位，但需要大量系统信标传感器；由于推算定位和接近式定位均不能满足移动天线终端 E-911 紧急救援要求，基于无线电信号强度、到达时间或到达角度的无线电定位技术得到了重视，它可以利用已有的蜂窝移动通信基站等网络设备，既可用于完成自定位（通过对手机改造），也可以完成远程网络定位（无须对手机进行改造）。

1. 推算定位方法和接近式定位方法

推算定位是一种较为原始的定位技术，该技术基于一个已知相对参考点或起始点，连续计算目标运动过程中相对于起始点的方向和距离，借助地图匹配算法来确定移动目标位置，用于对运动目标的连续定位。

推算定位系统依赖于移动终端对于加速度、速度和运动方向的测量精度。如常见的车辆定位，车辆的传动系统、车轮、惯性传感器和磁性指南针等部件均可用于车辆推算定位。其中，为了得到车辆运动的距离或速度测量值，传动（Transmission）传感器将测量传动轴（shaft）的角度位置；已有的防滑煞车系统（ABS）传感器或不同的车辆里程表（odometer）均可提供行驶距离和行进方向改变的信息；陀螺仪（gyroscopes）或加速计（accelerometer）等惯性传感器可提供车辆位置和速度测量信息；磁性指南针可提供廉价的车辆前进方向信息。

利用上述传感器，可以测量车的前进方向 θ_i 和距离 d_i，加上已知起始位置 $Z_0 = (x_0, y_0)^T$，则在时刻 n 的车辆位置 $Z_n = (x_n, y_n)^T$ 可由下式确定：

$$Z_n = Z_0 + \sum_{i=0}^{n-1} d_i, d_i = (d_i \cos\theta_i, d_i \sin\theta_i)^T \tag{3-1}$$

其中，d_i 称为位移向量（displacement vector），θ_i 和 d_i 称为第 i 次位移方向和位移距离。推算定位原理如图 3-1 所示。

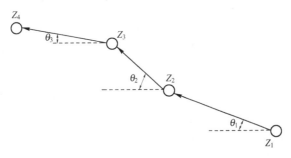

图 3-1　定位原理

通过与电子地图相结合，推算定位方法已成功地应用于运动目标定位。许多因素都将带来推算定位误差，如道路状况（例如泥泞）、气象条件、测量部件的误差、轮胎气压等。由于推算定位系统当前位置取决于前一位置和方向，这些误差还将随着推算位置的更新而不断积累。但是，这一误差积累可以借助地图匹配算法予以消除，也可通过其他方法周期性地在已知位置上更新消除。

对于接近式定位，运动目标的位置通过与最接近的固定参考点来估计确定。运动目标的位置信息由固定在路边的信标传感器来确定，如磁性传感器、传统的无线收发机等，它们的位置是固定且已知的。这种定位方式对行驶线路固定的车辆和小型城市具有吸引力，但是对于大区域范围的定位却不实用，因为设置固定信标的成本较高。

蜂窝无线系统也可以看成是一个很简单的接近式定位系统，非常粗糙的移动终端估计值可以通过最靠近的基站获得。但是这种定位的精度不能满足需求，这里就不做详细介绍了。

2. 蜂窝网无线电定位方法（圆周/双曲线/方位角定位）

在各种无线电定位系统中，采用的基本定位方法和技术都是相同或相似的，都是通过检测某种信号的特征测量值实现对移动台的定位估计。从几何角度讲，确定目标在二维平面的位置可以由两个或多个曲线在二维平面内相交得到。在蜂窝网络中为移动台提供的地面二维定位服务，通常可供选择的基本定位方法有以下几种。

（1）圆周定位法——基于到达时间的定位方法（TOA）

这种方法是通过测量信号由目标发射机到达接收机的时间来实现定位的，如图 3-2 所示。这种方法需要基站和移动台之间的时钟同步，否则会产生很大的误差。而且在二维定位中，至少需要 3 个接收机。

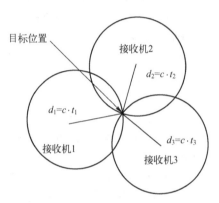

图 3-2 TOA 原理示意图

在理想情况下，不考虑测量误差，则 3 个接收机所成的圆交于一点。假设 3 个接收机的坐标分别为

接收机 1：（0，0）

接收机 2：（0，y_2）

接收机 3：（x_3，y_3）

测量的到达时间分别为 t_1、t_2、t_3，则接收机与目标点之间的距离分别表示为

$$d_1 = c \cdot t_1 = \sqrt{x^2 + y^2} \qquad (3\text{-}2)$$

$$d_2 = c \cdot t_2 = \sqrt{x^2 + (y - y_2)^2} \qquad (3\text{-}3)$$

$$d_3 = c \cdot t_3 = \sqrt{(x - x_3)^2 + (y - y_3)^2} \qquad (3\text{-}4)$$

可以算出

$$y = \frac{y_2^2 + d_1^2 - d_2^2}{2y_2} \qquad (3\text{-}5)$$

将 y 的值代入式（3-2），即可得到 x 的值。

（2）双曲线定位法——基于到达时间差的定位方法（TDOA）

这种方法与 TOA 方法类似，只是采用了测量发射信号到达两个不同接收机的时间差来实现定位。这种方法需要接收机时间同步，不需要测量绝对时间。

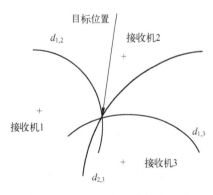

图 3-3 TDOA 方法原理示意图

如图 3-3 所示。假设在理想情况下，3 个接收机的坐标分别为

接收机 1：（0，0）

接收机2：$(0, y_2)$

接收机3：(x_3, y_3)

信号到达接收机的时间分别为t_1、t_2、t_3，则目标点与各接收机的距离分别为

$$d_1 = c \cdot t_1 \tag{3-6}$$

$$d_2 = c \cdot t_2 \tag{3-7}$$

$$d_3 = c \cdot t_3 \tag{3-8}$$

所以，TDOA 的 3 条双曲线可以表示为

$$d_{1,2} = d_2 - d_1 = c \cdot (t_2 - t_1) = \sqrt{x^2 + (y - y_2)^2} - \sqrt{x^2 + y^2} \tag{3-9}$$

$$d_{1,3} = d_3 - d_1 = c \cdot (t_3 - t_1) = \sqrt{(x - x_3)^2 + (y - y_3)^2} - \sqrt{x^2 + y^2} \tag{3-10}$$

$$d_{2,3} = d_3 - d_2 = c \cdot (t_3 - t_2) = \sqrt{(x - x_3)^2 + (y - y_3)^2} - \sqrt{x^2 + (y - y_2)^2} \tag{3-11}$$

将式（3-9）、式（3-10）分别取平方并整理，可得

$$2d_{1,2}\sqrt{x^2 + y^2} = y_2^2 - d_{1,2}^2 - (2y_2)y \tag{3-12}$$

$$2d_{1,3}\sqrt{x^2 + y^2} = x_3^2 + y_3^2 - d_{1,3}^2 - (2x_3)x - (2y_3)y \tag{3-13}$$

由式（3-12）、式（3-13）可得

$$x = by + a \tag{3-14}$$

其中，

$$b = \frac{2y_2 d_{1,3} - 2y_3 d_{1,2}}{2x_3 d_{1,2}} \tag{3-15}$$

$$a = \frac{x_3^2 d_{1,2} + y_3^2 d_{1,2} - y_2^2 d_{1,3} + d_{1,2}^2 d_{1,3} - d_{1,2} d_{1,3}^2}{2x_3 d_{1,2}} \tag{3-16}$$

将式（3-14）代入式（3-12），可得

$$2d_{1,2}\sqrt{(b^2 + 1)y^2 + (2ab)y + a^2} = y_2^2 - d_{1,2}^2 - (2y_2)y \tag{3-17}$$

整理之后得到

$$[4d_{1,2}^2(b^2 + 1) - 4y_2^2]y^2 + [8abd_{1,2}^2 + 4(y_2^2 - d_{1,2}^2)y_2]y + [4a^2 d_{1,2}^2 - (y_2^2 - d_{1,2}^2)^2] = 0 \tag{3-18}$$

由上式可以得到两个解，选择满足式（3-18）的解作为实际的解，则可以得到目标的坐标。

（3）方位测量定位方法

AOA 方法是通过测量信号到达的方向角度来确定信号位置的。在测量接收信号的到达方向时，需要利用两个或多个参考节点，如图 3-4 所示。

假设理想情况下，如图 3-5 所示，两个接收机的位置已知，设接收机 1 的坐标为（0，0），则接收机 2 的坐标为（0，y_2），两接收机测量得到的角度分别为 α、β，则两个接收机与目标点所形成的两条直线可以表示为

$$y = \tan(\alpha)x \tag{3-19}$$

$$y = \tan(\beta)x + y_2 \tag{3-20}$$

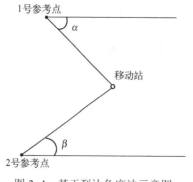

图 3-4　基于到达角度法示意图

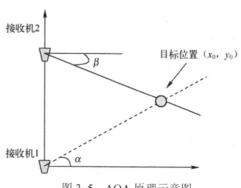

图 3-5　AOA 原理示意图

联立两个直线方程，然后求解可以得出目标点的坐标为

$$\begin{cases} x_0 = \dfrac{y_2}{\tan(\alpha) - \tan(\beta)} \\ y_0 = \tan(\alpha)x_0 \end{cases} \tag{3-21}$$

由于当信号存在直达路径时，最先到达的信号都是沿直达路径到达的，因此 AOA 方法通过多个基站的智能天线矩阵可以测量从定位目标最先到达信号的到达角度，从而估计定位目标的位置。在障碍物较少的地区，采用 AOA 方法可获得较高的精确度；而在障碍物较多的环境中，由于无线传输存在多径效应，定位误差将会增大。另外，AOA 技术要建立在智能天线的基础上才能实现。

3.2.2　误差来源

在蜂窝网络中为了提高对移动台的定位精度，除了研究对信号特征测量值误差具有良好鲁棒性的高精度定位算法外，还需研究造成测量误差的主要原因，寻找其对策。在蜂窝网络中由于非理想的信道环境，使得移动台和基站之间多径传播、非视距（NLOS）传播普遍存在；在 CDMA 网络中，还普遍存在多址干扰，这些因素都会使检测到的各种信号特征测量值出现误差，从而影响定位精度。如何采取适当措施降低这些因素的影响，得到准确的信号特征测量值，是提高定位精度的关键，也是移动台定位技术需要研究的重要课题。

1. 定位误差来源之一：多径传播问题

多径传播是引起以上各种信号特征测量值出现误差的基本原因。对 TDOA 和 TOA 定位法来说，即使在 MS 和 BS 之间电波可以视距（LOS）传播，多径传播也会引起时间测量误差。因为基于互相关技术的延时估计器的性能会受多径传播的影响，当反射波到达时间与直射波在一个码片间隙内时更是如此。目前已出现了多种对付多径传播的方法，如何对这些方法进行深入研究值得重视。

2. 定位误差来源之二：NLOS 传播问题

LOS 传播是得到准确的信号特征测量值的必要条件。GPS 系统也正是基于电波的 LOS 传播才实现了对目标的精确定位。但是蜂窝网络覆盖区一般是城市和近郊，MS 和多个 BS 之间实现LOS 传播通常是很困难的；即使在无多径和采用了高精度定时技术的情况下，NLOS 传播也会引起 AOA、TOA 或 TDOA 测量误差。因此，NLOS 传播是影响各种蜂窝网络定位精度的主要原因，如何降低 NLOS 传播的影响是提高定位精度的关键。目前，降低 NLOS 传播的影响通常有以下几种方法。一种是通过 TOA 测量值的标准差对 LOS 和 NLOS 传播进行区别，NLOS 传播的测距标准差比 LOS 传播的测距标准差高得多，利用测距误差统计的先验信息就可将一段时间内的 NLOS 测量值调节到接近 LOS 的测量值。另一种方法是降低非线性最小二乘算法中 NLOS 测量值的权重，这种方法也需要首先判断哪些基站得到的是 NLOS 测量值。还有一种方法是对算法进行改进，利用在 NLOS 传播条件下距离测量值总是大于实际距离这一特点在非线性最小二乘算法中增加一约束项，从而提高定位精度。

3. 定位误差来源之三：CDMA 多址接入干扰问题

在 CDMA 系统中，用户通过不同的扩频码共用同一频带，这种高容量也带来了远近效应和多址干扰。多址干扰会严重影响 AOA、TOA 和 TDOA 的粗捕获，对延时锁相环的时间测量也有很大影响。在 CDMA 系统中通常采用功率控制来克服远近效应，但由于无线定位需要多个基站同时监测移动台发射的信号，功率控制只对服务性基站起作用，对非服务性基站，移动台的信号仍会受到严重的多址干扰，因而会影响常规接收机正确测量 TOA 或 TDOA 测量值的能力。目前已出现了一些探索解决该问题的方法。例如，在 3GPP 中提出的在 E-911 呼叫时将移动台发射功率瞬间调到最大的 Power up 方法，IPDL 方法，改进软切换方式，利用抗远近效应延时估计器与多用户检测器，等等。

4. 其他定位误差来源

此外，参与定位的各基站之间的相对位置、移动台与基站之间相对位置的差异造成的几何精度因子（GDOP）的不同，也会影响定位算法的性能，造成定位精度的差异，在进行网络设计和规划时应充分考虑这一问题。

3.3　GSM 网络的电波特征与定位实例

在 3GPP 提出的未来全球陆地无线接入网（UTRAN）中，第二代的 GSM 网络和第三代的 WCDMA 网络将是其中两个主要组成部分，对 MS 的定位服务（LCS）功能也已开始在这两种网络中实施。在 3GPP 中，针对 MS 定位功能在这两种网络内的实施，提出了根据移动台用户需求和移动台类型在网络内提供多种精度定位服务，并选择了该服务所依赖的多种定位方法和技术。对于 GSM 网络来说，基于其网络的成熟性、特点及已有的庞大移动用户数目，在 3GPP 中为其选择的定位方法有基于蜂窝小区 ID、基于 TA 参数、TOA（上行），E-OTD（下行，包括 MS 辅助和基于 MS）以及基于 GPS（包括 MS 辅助和基于 MS）等 5 种定位法。目前，采用以上各种定位方法和技术在 3GPP 中已形成共识。本节将对 GSM 网络移动台定位功能实现的基本方法和关键技术进行分析。

3.3.1　GSM 网络电波特征值

GSM（全球移动通信系统）是由欧洲主要电信运营商和制造商组成的标准化委员会在 20 世纪 80 年代设计的，并于 1992 年在欧洲各国投入运营的第二代蜂窝移动通信系统。GSM 最初是作为欧洲数字移动通信标准发展起来的，现今已在世界各地广泛使用。GSM 可分为 GSM900、

GSM-PCS1900（北美 GSM）及 GSM-DCSl800（数字通信系统 1800）。从定位的角度看，这三种系统的特性是相似的，主要不同点就是系统载波频率不同，因此，本书将这三种系统统称为 GSM 系统。

GSM 系统使用两个 25MHz 宽的频段，分别称为上行与下行链路。每一频段又分为 125 个频道，载波间隔为 200kHz。GSM 使用时分多址，每一个时隙长 577ps，每 8 个时隙组成一帧，这些帧再组成复帧。GSM 定义了许多逻辑信道，每一个逻辑信道都有其特定的作用。其中主要有传送用户有效载荷的业务信道（TCH）；协调基站与移动台的相关及专用控制信道（ADCCH）；建立链接的公用控制信道（CCCH）；用于建立同步的同步信道（SCH）及传送系统参数的广播控制信道（BCCH）等。这些逻辑信道中所包含的信息以一种称为突发脉冲序列（Burst）的信号结构来占用时隙。GSM 以不同的格式定义了许多突发类型。在通用突发结构中间位置的 26 位训练序列对于定位尤其有用。这是一个为进行相关运算而选择的伪随机序列。通过对本地训练序列与接收到的突发中的训练序列进行互相关，GSM 接收机可以得到信道的冲激响应，定位接收机则可利用该相关曲线的峰值点出现时刻作为突发的参考时间，进而用于基于时间的定位测量。当信号通过一个多径信道传输时将产生波形变形，从而在时间测量中引入误差。因此，在定位接收机中需要采用多样抑制算法。

通过对蜂窝网络中电波的不同特征值进行测量，可以采用多种无线定位方法对 MS 进行定位估计。测量的特征值可以是 TOA、TDOA、AOA，也可以是载波相位（CP，Carrier Phase）。正如本章所述，每一种特征测量均可以用于确定一个移动台所处的特定区域，多个测量值特定定位区域的交点即可以确定移动台的位置。当用来进行定位特征测量的基站数目多于所要的最少个数时，可用最小二乘法得到更加精确的定位估计。反之，由于交点不唯一，可能导致定位位置的二重性。

3.3.2 基于手机定位的交通 OD 数据获取技术

出行 OD（Origin Destination）在交通中有着重要价值，OD 数据是用于交通需求分析、制定交通规划的重要基础信息，是反映出行需求空间分布的重要参数，交通分配模型也要求准确的 OD 矩阵作为输入。由于传统的居民出行调查和路边询问等调查方式存在较大局限性，在实际应用中很难获取高质量的 OD 数据，因此，传统的 OD 数据调查方式不能准确地反映交通出行的实际情况，不利于交通规划的合理制定。随着手机定位技术的出现以及手机用户的快速增长，基于手机定位技术的新的 OD 获取方法逐渐受到重视，其对目标对象进行定位，通过连续追踪其位置变化信息，在此基础上进行数据处理和建模分析，提炼出相应的出行 OD 信息。目前针对这种新的基于手机定位的 OD 获取技术的研究还不够成熟，没有针对其技术特征、实用性以及存在问题等方面进行全面透析，还有待大量的实践进行实证。下面首先对手机定位技术获取 OD 数据的基本原理进行阐述，重点在于新方法的思路和手段的分析，然后再针对存在的主要问题进行讨论，明确新方法应用于实际存在的困难，为以后相关研究和实践提供基础。根据对目标对象位置追踪所采用的技术方法不同，分两种类别进行分析，即基于手机位置区定位的 OD 获取技术和基于手机定位平面坐标的 OD 获取技术。

1. 基于手机定位的 OD 获取技术与传统 OD 调查方法的对比

传统的居民出行调查方式是获取出行 OD 信息，要求被调查对象对当天出行信息进行回想并给出答案，包括出行的时间、出行目的地等，但在实际中由于受访者对于这些信息往往记忆不清或者不耐烦于这样的调查随意地给出一些出行信息的答案,严重影响了交通出行调查的数据质量;

另外，居民出行调查的成本较高、抽样样本有限，通常间隔若干年进行一次全面的调查，不能把握 OD 信息的动态变化特征。这种新的基于手机定位的 OD 获取技术相对于传统的调查方法有明显优势，利用手机无线通信已有的基础设施进行追踪调查，成本较低；连续追踪目标对象的位置变化，能够反映各种时间周期间隔内 OD 的动态变化特征；可追踪的样本量充足，获得的 OD 数据具有较强的代表性和真实性，数据质量较高。基于手机定位 OD 获取方法和传统的 OD 调查方法的特点对比见表 3-1。

表 3-1　手机定位的 OD 获取方法和传统 OD 调查方法特征对比

	成本	动态性	耗费时间	样本量	连续性	数据质量
探针式	较低	很好	较少	较高	很好	较高
传统方法	较高	很差	较多	有限	很差	较低

2. 基于手机位置区定位的 OD 获取技术

基于手机位置区定位的 OD 获取技术是近年提出来的新概念，利用手机通信网络运营中已有的数据信息资源将其应用于交通领域中 OD 数据的获取。本书以 GSM 无线通信系统为例进行相关的技术分析，论述如何通过位置区数据得到出行 OD 数据。

1）总体结构

GSM 无线通信系统网络结构 GSM 无线通信系统的总体结构如图 3-6 所示，标准的 GSM 系统分为基站子系统（BBS）和网络与交换子系统（NSS）两大部分，除此之外还包括大量的移动台（MS）作为接入移动通信网络的用户设备。基站子系统、网络与交换子系统和移动台组成了 GSM 系统的实体部分，操作子系统（OSS）是提供给运营商进行控制和维护这些实体部分的手段。

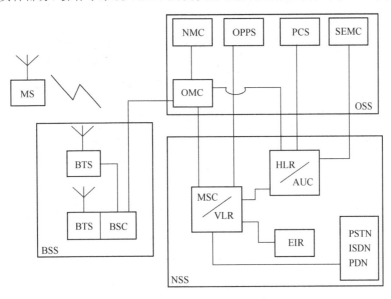

OSS：操作支持子系统　　　BSS：基站子系统　　　　NSS：网站与交换子系统
NMC：网络管理中心　　　　OPPS：数据处理系统　　　SEMC：安全性管理中心
OMC：操作维护中心　　　　PCS：用户识别卡个人化中心　MSC：移动业务交换中心
AUC：鉴权中心　　　　　　VLR：采访用户位置寄存器　　HLR：归属用户位置寄存器
EIR：移动设备识别寄存器　　BSC：基站控制器　　　　　BTS：基站收发台

图 3-6　GSM 无线通信系统总体结构

（1）基站子系统（BBS）。

BSS系统是在一定的无线覆盖区中由MSC控制、与MS进行通信的系统设备，它主要负责完成无线发送接收和无线资源管理等功能。功能实体可分为基站控制器（BSC）和基站收发信台（BTS）。

① 基站控制器（BSC）。

具有对一个或多个BTS进行控制的功能，它主要负责无线网路资源的管理、小区配置数据管理、功率控制、定位和切换等，是一个很强的业务控制点。

② 基站收发信台（BTS）。

无线接口设备，它完全由BSC控制，主要负责无线传输，完成无线与有线的转换、无线分集、无线信道加密、跳频等功能。

（2）网络与交换子系统（NSS）。

网络与交换子系统（NSS）主要完成交换功能和客户数据与移动性管理、安全性管理所需的数据库功能。NSS由一系列功能实体所构成，各功能实体如下。

① 移动业务交换中心（MSC）。

是GSM系统的核心，是对位于它所覆盖区域中的移动台进行控制和完成话路交换的功能实体，也是移动通信系统与其他公用通信网之间的接口，它可完成BSS、MSC之间的切换和辅助性的无线资源管理、移动性管理等，为了建立至移动台的呼叫路由，每个MS还应能完成查询位置信息的功能。

② 来访用户位置寄存器（VLR）。

VLR是一个数据库，是存储MSC为了处理所管辖区域中MS（统称拜访客户）的来话、去话呼叫所需检索的信息。例如，客户的号码，所处位置区域的识别，向客户提供的服务等参数。

③ 归属用户位置寄存器（HLR）。

HLR也是一个数据库，是存储管理部门用于移动客户管理的数据。每个移动客户都应在其归属位置寄存器（HLR）注册登记。它主要存储两类信息：一是有关客户的参数；二是有关客户目前所处位置的信息，以便建立至移动台的呼叫路由，例如MSC、VLR地址等。

④ 鉴权中心（AUC）。

用于产生为确定移动客户的身份和对呼叫保密所需鉴权、加密的三参数（随机号码，符合响应，密钥）的功能实体。移动设备识别寄存器（EIR）是一个数据库，存储有关移动台设备参数。主要完成对移动设备的识别、监视、闭锁等功能，以防止非法移动台的使用。

（3）GSM系统中的区域划分关系。

GSM无线通信系统分为MSC区、位置区、基站区以及小区4个层面，其关系如图3-7所示。

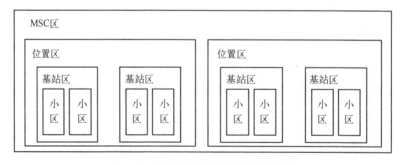

图3-7　GSM无线通信系统分区关系

- 小区：也称蜂窝区，理想形状为正六边形，是指一个基站收发信台所覆盖的区域。
- 基站区：一个基站的控制器所控制的所有小区覆盖的区域。
- 位置区（Location Area）：移动台可以任意移动而无须进行位置更新的区域。在现有的网络中一般将一个基站控制器所控制的区域定义为一个位置区。为了呼叫在此位置区以内的某个移动台，可以让同一个位置区内所有的基站同时对该移动台发出广播呼叫。
- 移动交换区（MSC区）：一个MSC/VLR所控制的业务区域，可以覆盖数个位置区。

2）基本原理

处于待机状态的手机通过基站与手机通信网络保持联系，手机通信网络对手机所处的位置区（Location Area）信息进行记录，在用户拨打电话和接听电话时根据所记录的位置信息可通过呼叫路由选择找到手机，建立通话连接，位置信息都以数据库的形式存储在来访用户位置寄存器（VRL）中。当手机从一个位置区的信号覆盖区域穿越到达另一个位置区时，将发生位置更新（Location Update），如图3-8所示，相应的来访用户位置寄存器（VRL）中所记录的手机位置区数据也要更新成当前位置区的数据。

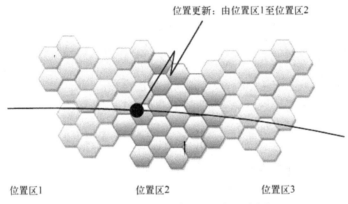

图3-8　GSM网络中位置更新示意图

手机在通信网络中位置区的变化间接地反映了手机用户在路网中位置的变化，通过建立通信网络中位置区与路网划分的交通小区之间的对应关系，将位置区变化信息映射到交通小区，从而获取相应的OD数据。图3-9（a）构建了一个由49个位置区组成的通信网络，一个正方形小格表示一个位置区的信号覆盖范围，有向路径表示一条"家-公司-饭店-家"的出行，家位于位置区LA1，公司位于位置区LA8，饭店位于位置区LA12，从家出发沿途经过位置区LA2，LA3，LA4，LA5，LA6，LA7到达公司，从公司办公完出发经过位置区LA9，LA10，LA11到达饭店，吃饭后从饭店出发经过位置区LA13，LA14，LA15，LA16最后回到家。从来访用户位置寄存器可获得的数据为位置区的变化序列{（LA1，t1），（LA2，t2），…，（LA16，t16），（LA1，t17）}，通过手机在位置区内停留的时间长短可以判断是否为出行的起讫点。图3-9（b）通过通信网络中位置区和路网中交通小区的位置对应关系，将位置区布局转化为路网的交通小区布局，家位于交通小区TZ1，公司位于交通小区TZ2，饭店位于交通小区TZ3，位置区LA1和LA2对应交通小区TZ1，LA8对应交通小区TZ2，LA12对应交通小区TZ3。图3-9（c）通过位置变化分析得到出行的OD分布信息，包括TZ1-TZ2，TZ2-TZ3，TZ3-TZ1。按照同样的方法将每一个出行进行集成分析，就可以得到交通小区间出行分布的总和。

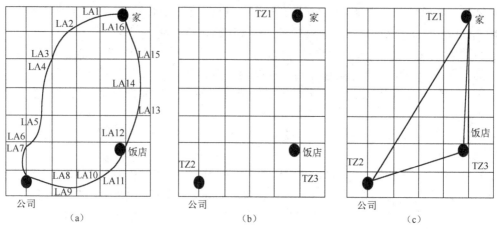

图 3-9　基于手机位置区定位的 OD 获取技术基本原理

3）主要问题

基于手机位置区定位的 OD 获取技术应用于实践，在通信和交通方面都存在有待解决的问题，主要包括以下两个方面。

（1）位置区历史数据的获取。在实际的无线通信网络运营中，来访用户位置寄存器（VRL）只保存手机当前所在位置区的信息，而对于历史位置区数据对于运营商本身没有价值，一般情况下不会保留下来，发生位置更新后原有的位置区数据就被覆盖。这种情况下需要获取位置区的历史数据，因此要求在移动业务交换中心 MSC 接入数据连接线，将所有的位置区数据抽取并保存。数据连接线的实施需要充分考虑网络安全等因素，保障通信网络的正常运营。

（2）位置区和交通小区的对应、整合划分。一方面，位置区范围具有模糊性特征，没有明确的界限，只能用一个范围来框定。位置区由若干小区组成，小区的覆盖范围是指其基站信号能够覆盖的区域，由于通信信号存在随机变动的特征，即使在同一点接收的通信信号也会在一定范围内波动，因此位置区覆盖范围没有严格明确的范围边界，这对于建立位置区与交通小区的对应关系存在一定困难；另一方面，位置区划分和交通小区划分两者考虑的因素和用途都不同。位置区划分主要考虑信号覆盖、网络管理等因素，而交通小区的划分要有利于反映交通源之间的交通流联系，考虑的因素包括行政区划、路网布局、城市形态、自然分割（铁路、河流）等。因此，在空间上，位置区如何进行合理合并，划分整合成能够较好反映 OD 信息的交通小区是一个需要进一步研究的重要问题。

3. 基于手机定位平面坐标的 OD 获取技术

利用无线网络的信号参数，结合平面几何原理获得手机的平面坐标，通过连续追踪平面坐标位置的变化信息获取其出行 OD 的情况。从技术的实践来看，日本已经应用了这样的技术进行 OD 分析。日本大阪市于 1999 年建立了一套专门的自动无线定位系统（PHS，Personal Handy phone System），由大阪 LOCUS 公司运营。定位手机重 58 克，便于携带，能持续使用 5～400 小时，其功能上可以实现按照设定的时间间隔回传位置信息，定位原理应用了基于位置到达差的方法（TDOA，Time Difference of Arrival），至少需要 3 个基站交汇定位以确定位置信息，这个系统的定位精度在 20～150 米。在进行交通调查时将特定的 PHS 手机发给抽样的调查人群，让其全天携带，以便自动记录其连续的位置活动信息，从而获取出行 OD 信息。

1）定位技术

利用手机信号的定位技术有多种，前面已经做过介绍，这里我们利用 TDOA 方法进行定位。

如图 3-10 所示，设 t_1，t_2 分别为基站 1 和基站 2 发射信号的时刻，t_3，t_4 分别为手机接收到基站 1、基站 2 信号的时刻，则 $d_1=c(t_3-t_1)$，$d_2=c(t_4-t_2)$，其中 c 为光速，(d_1-d_2) 为一常数，同理可以计算出 (d_2-d_3) 也为一常数，因此通过联立求解两条双曲线方程组就可以获得手机的位置坐标。

2）基本原理和应用情况

通过几何平面手机定位技术获得手机的平面坐标，连续追踪其在一定时间周期内（例如 7:00～19:00）、每个时间间隔内（例如 5s）在平面坐标系中离散点的位置变化轨迹，通过分析每个位置点的运动状态特征（分为 4 个状态，即移动状态、停滞状态、临界即将移动状态、临界即将停止状态）和位置点轨迹的集聚特征，进而判断出发地和达到地

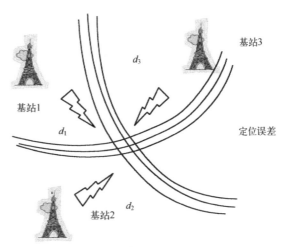

图 3-10　时间到达差技术定位原理

信息，从而获取出行的 OD 信息。如图 3-11 所示，处于运动状态的位置点轨迹特征为相隔一定距离的间断虚线，处于停留状态的位置点轨迹特征是聚集为一团。位置运行状态识别的主要参数是连续时间序列内相邻两坐标位置的平面距离。如图 3-12 所示，在时间、空间三维坐标图形中的一个出行位置记录信息，矩形位置表示停留状态，椭圆实心位置表示移动状态，椭圆空心表示出行位置在平面的投影。在出发和到达地点的同一个位置上，由于定位误差影响同一个位置点的不同时间定位位置都不相同，但相邻位置坐标位置间距不大；在出行过程中相邻的坐标位置间距较大。因此，设 d 为连续时间序列内相邻坐标位置的空间距离，在状态标定中规定，当 d 足够小时，$d \leqslant \alpha$（α 为临界状态特征值，需要结合定位精度根据实测数据进行统计分析确定），位置运行状态标定为停留状态；当 $d>\alpha$ 时，需要结合位置前的历史运动状态数据以及时间约束条件进行进一步的判定。

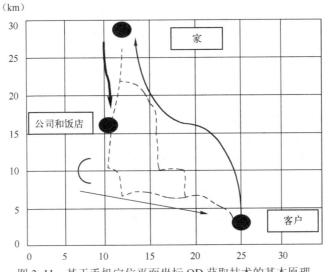

图 3-11　基于手机定位平面坐标 OD 获取技术的基本原理

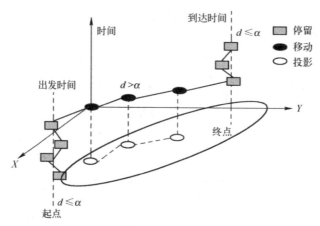

图 3-12　位置点运动状态空间分布特征和投影平面分布特征

3）主要问题

基于手机定位平面坐标的 OD 获取技术的主要问题包含以下几方面。

（1）位置点运动状态判定。

如何根据实地试验确定临界状态特征值 α 是位置点运动状态的判断基础，在实际中需要结合定位精度确定。判定某一时刻 $t+1$ 的运行状态需要结合历史运动状态进行分析，以下分两种情况进行讨论。

① t 时刻处于停留的运动状态。

假设 t 时刻以前有 N 个连续时间序列内的位置点，$(\overline{X}，\overline{Y})$ 为这前 N 个位置点 P_N 的平均位置坐标，在 $t+1$ 时刻计算出点 P_N 和 P_{t+1} 的距离，计算公式如下：

$$d = \sqrt{(X_{t+1} - \overline{X})^2 + (Y_{t+1} - \overline{Y})^2}$$

其中，$\overline{X} = \dfrac{1}{N} \displaystyle\sum_{i=t-N+1}^{t} X_i$，$\overline{Y} = \dfrac{1}{N} \displaystyle\sum_{i=t-N+1}^{t} Y_i$。若间距 d 足够小，在给定的临界值范围内时（$d \leqslant \alpha$），可以判定 $t+1$ 时刻的位置运行状态为停留状态，可以认为 $t+1$ 时刻停留在前 N 个点的位置，更新平均位置坐标 P_N 然后对 $t+2$ 时刻的坐标进行判定。如果间距 d 较大，即 $d>\alpha$ 时，$t+1$ 时刻的位置运行状态为可能移动状态，其运行状态最终判定取决于 $t+2$ 时刻的位置点。

② t 时刻处于移动状态。

首先计算 t 时刻和 $t+1$ 时刻两个位置点之间的距离，$d_2 = (X_{t+1} - X_t)^2 + (Y_{t+1} - Y_t)^2$。当 d 在给定阈值范围内时，可以判断出 t 和 $t+1$ 时刻都处在停留状态并且处于同一个位置，但这个位置是一个新的停留位置。当 d 较大超过阈值时，$t+1$ 时刻位置和 t 时刻位置不在同一个位置，则可以判断 t 时刻处于移动状态，$t+1$ 时刻处于可能移动状态。按照以上方法，可以判断出每个位置点的运动状态，再结合对于每个停留状态的时间约束条件，可以分析出出行的起点和终点信息，进而得到出行 OD 数据。

（2）定位误差对起讫点交通小区归属的影响。

定位误差一方面会对位置点状态判断产生影响，另一方面还会影响起讫点的交通小区归属判断，尤其是处在几个交通小区交界的起讫点。如图 3-13 所示，假设实际手机位置为 Z，位于交通小区 i；通过定位技术获得的手机位置为 $Z_k=(x_k，y_k)$，由于定位误差的存在，其可能位于交通小区 i 以内或者以外，手机确实位于交通小区 i 的概率需要通过定位误差分布来判断。例如，设 $e(z|z_k)$

为当手机定位获得的位置信息为 Z_k 时手机真实位于位置 Z 的概率，则当获得的手机定位信息为 Z_k 时手机真实位于交通小区 i 的概率为 $P_{ik}(Z_k) = \int_{A_i} e(z|z_k)\mathrm{d}z$，其中 A_i 表示第 i 个交通小区。在实际应用中，如果交通小区相对于手机定位误差范围足够大而且手机真实位置靠近小区中心，定位误差不会影响手机所属交通小区的判断；但当手机位于几个交通小区交界处时，定位误差就会对手机交通小区的归属产生影响，这就需要结合定位误差的概率分布确定。

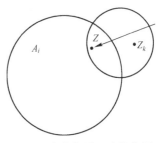

图 3-13　真实位置、定位位置、交通小区之间的位置关系

习　题

1. 简述 GSM 无线通信系统的总体结构。
2. GSM 有几种基本通信算法？大体的流程是什么？
3. 简述 GSM 的发展与起源。
4. GSM 定位的应用有哪些？
5. NOLS 是什么？简述在 NOLS 环境下，TDOA 与 TOA 的误差分析。
6. 将本章所列出的应用简述出来，包括流程和原理。

参 考 文 献

[1] 周国祥，周俊，苗玉彬等.基于 GSM 的数字农业远程监控系统研究与应用[J].农业工程学报，2005，21（6）：87-91.

[2] 宣彩平，王皓，邹国良等.利用 GSM 无线模块发送短消息[J].计算机应用，2004，24（5）：148-150.

[3] 徐魁，蒋瑀瀛.基于 GSM/GPRS 通信的抄表系统[J].电力系统自动化，2004，28（17）：94-96.

[4] Enabled Mobile-TV RF Front-End With TV-GSM Interoperability in 1-V 90-nm CMOS[J].IEEE Transactions on Microwave Theory and Techniques，2010，58（7）：1664.

[5] Xiang PAN，Yi-jun WU.GSM-MRF based classification approach for real-time moving object detection[J].浙江大学学报 A（英文版），2008，9（2）：250-255.

[6] George X. Xu，G. R. Liu，Atusi Tani et al.An adaptive gradient smoothing method（GSM）for fluid dynamics problems[J].International Journal for Numerical Methods in Fluids，2010，62（5）：499-529.

[7] Nikos Deligiannis，Spiros Louvros.Hybrid TOA-AOA Location Positioning Techniques in GSM Networks[J].Wireless personal communications，2010，54（2）：321-348.

[8] Lin，J.Tumor incidence in genetically prone female mice following exposure to GSM cellular telephone radiation[J].IEEE Antennas & Propagation Magazine，2008，50（1）：217-220.

[9] N. Ben Slimen，V. Deniau，J. Rioult et al.Statistical characterisation of the EM interferences acting on GSM-R antennas fixed above moving trains[J].The European physical journal. Applied physics，2009，48（2）：21202：1-21202：7.

第4章

Wi-Fi 定位

4.1 Wi-Fi 基础

4.1.1 IEEE 802.11 系列标准概述

WLAN（Wireless LAN）的两个典型标准分别是由电气电子工程师协会（IEEE，The Institute of Electrical and Electronics Engineers）802 标准化委员会下第 11 标准工作组制定的 IEEE 802.11 系列标准和欧洲电信标准化协会（ETSI，European Telecommunications Standards Institute）下的宽带无线电接入网络（BRAN，Broadband Radio Access Networks）小组制定的 HiperLAN 系列标准。IEEE 802.11 系列标准由 Wi-Fi 联盟（官方网址：www.wi-fi.org）负责推广，本章所有研究仅针对 IEEE 802.11 系列标准，并且用 Wi-Fi 代指 IEEE 802.11 技术。

自第二次世界大战以来，无线通信因在军事上应用的成果而受到重视，一直迅猛发展，但缺乏广泛的通信标准。于是，IEEE 在 1997 年为无线局域网制定了第一个版本标准——IEEE 802.11。其中定义了媒体访问控制层（MAC 层）和物理层。物理层定义了工作在 2.4GHz ISM（Industrial/Scientific/Medical，工业、科学、医学）频段上的两种扩频调制方式和一种红外传输的方式，总数据传输速率设计为 2Mbps。符合 802.11 标准的两个设备之间的通信可以以设备到设备（ad hoc）的方式进行，也可以在基站（BS，Base Station）或者接入点（AP，Access Point）的协调下进行。

1999 年，IEEE 对原始的 802.11 标准进行了修改，推出了 802.11-1999 版。同年，IEEE 在 802.11-1999 版的基础之上，又推出了两个补充版本：802.11a 定义了一个在 5GHz ISM 频段上的数据传输速率可达 54Mbps 的物理层，802.11b 定义了一个在 2.4GHz 的 ISM 频段上但数据传输速率高达 11Mbps 的物理层。2.4GHz 的 ISM 频段为世界上绝大多数国家通用，因此 802.11b 得到了最为广泛的应用。1999 年工业界成立了 Wi-Fi 联盟，致力于解决符合 802.11 标准的产品生产和设备兼容性问题。

之后，802.11 工作小组还陆续推出了一系列标准，直到目前为止，802.11 工作小组仍然在制定新的标准，具体如下（以标准名称，批准年份，协议说明的格式给出）：

- IEEE 802.11-1997，1997 年，原始标准（2Mbps，工作在 2.4GHz 频段）。
- IEEE 802.11-1999，1999 年，对 802.11 原始版本的修订版，内容上有一定的调整。
- IEEE 802.11a，1999 年，物理层补充（54Mbps，工作在 5GHz 频段）。
- IEEE 802.11b，1999 年，物理层补充（11Mbps，工作在 2.4GHz 频段）。
- IEEE 802.11c，2001 年，符合 802.1D 的媒体接入控制层桥接（MAC Layer Bridging）。
- IEEE 802.11d，2001 年，根据各国无线电规定做出调整。
- IEEE 802.11e，2005 年，对 QoS（Quality of Service）的支持。
- IEEE 802.11F，2003 年，基站的互连性（IAPP，Inter-Access Point Protocol），2006 年 2 月被 IEEE 批准撤销。
- IEEE 802.11g，2003 年，物理层补充（54Mbps，工作在 2.4GHz）。
- IEEE 802.11h，2004 年，频谱管理，解决 5GHz 对卫星或者雷达的干扰问题。
- IEEE 802.11i，2004 年，无线网络安全方面的补充。.
- IEEE 802.11j，2004 年，根据日本规定做的升级。
- IEEE 802.11-2007，2007 年，IEEE 802.11 标准的修订版，在原有标准的基础上，融合了 a, b, d, e, g, h, i, j 这 8 个修正版。
- IEEE 802.11k，2008 年，射频资源管理。
- IEEE 802.11n，2009 年，更高传输速率的改善，支持多输入多输出技术（Multi-Input Multi-Output，MIMO），工作在 2.4 GHz 或 5GHz 频段。
- IEEE 802.11p，2010 年，又称 WAVE（Wireless Access in the Vehicular Environment），主要用在车载环境的无线通信上。
- IEEE 802.11r，2008 年，支持接入点之间的快速切换，从而提高企业局域网中 VoIP 的性能。
- IEEE 802.11s，2011 年，对于无线网状网络（MESH）的延伸与增补标准。
- IEEE 802.11T，802.11 设备及系统的性能和稳定性测试规范，已被取消。
- IEEE 802.11u，2011 年，与其他网络的交互性。
- IEEE 802.11v，2011 年，无线网络管理。
- IEEE 802.11w，2009 年，保护管理帧。
- IEEE 802.11y，2008 年，美国地区，3.65～3.7GHz 频段的操作。
- IEEE 802.11z，2010 年，对 DLS（直接链路设置）的扩展。
- IEEE 802.11-2012，2012 年，IEEE 802.11 标准的修订版，在原有标准的基础上，融合了 k, n, p, r, s, u, v, w, y, z 这 10 个修正版。
- IEEE 802.11aa，2012 年，主要针对 Wi-Fi 网络中视频传输应用进行了增强和优化。
- IEEE 802.11ae，2012 年，针对 QoS 管理进行增强。
- IEEE 802.11ac，定义了具有吉比特速率的甚高吞吐量（VHT，Very High Throughput）传输模式。
- IEEE 802.11ad，主要在 60GHz 频段范围内定义了短距离甚高吞吐量（VHT）传输模式。
- IEEE 802.11af，致力于研究 Wi-Fi 技术在美国近期开放的 TV 空闲频段的使用方式。
- IEEE 802.11ah，致力于研究 1GHz 以下频段 Wi-Fi 技术的使用方式。
- IEEE 802.11ai，快速初始链路的建立。

为了避免混淆，802.11l，802.11o，802.11q，802.11x，802.11ab 和 802.11ag 这几个标准

是不存在的。而 802.11F 和 802.11T 之所以将字母 F 和 T 大写，是因为它们不是标准，只是操作规程建议。802.11m 主要是对 IEEE 802.11 家族规范进行维护、修正、改进，以及为其提供解释文件，802.11m 中的 m 表示 maintenance。

4.1.2 Wi-Fi 网络成员与结构

IEEE 802.11 主要规定了两种不同类型的基本架构：有基础架构的无线局域网络（Infrastructure Wireless LAN）和无基础架构的无线局域网络（Ad Hoc Wireless LAN）。

所谓的基础架构通常指的就是一个现存的有线网络分布式系统，在这种网络架构中，会存在一种特别的节点，称做接入点（access point）。接入点的功能就是将一个或多个无线局域网络和现存有线网络分布式系统相连接，使得某个无线局域网络中的工作站，能和较远距离的另一个无线局域网络的工作站通信；另一方面，也促使无线局域网络中的工作站，能获取有线网络分布式系统中的网络资源。

无基础架构无线局域网络的作用主要是使得不限量的用户能够实时架设起无线通信网络。在这种架构中，通常任意两个用户都可相互通信，这一类的无线网络架构在会议室里经常用到。IEEE 802.11 所制定的架构允许无基础架构的无线局域网络和有基础架构的无线局域网络同时使用同一套基本接入协议。然而，一般讨论的 IEEE 802.11 无线局域网络硬体架构，还是偏重在有基础架构的无线网络上。IEEE 802.11 所定义的无线网络硬体架构，主要由下列组件所组成。（参见图 4-1）。

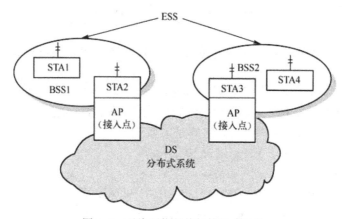

图 4-1 无线网络硬体架构组成元件

- Wireless Medium（WM）：无线传输媒介，无线局域网络实体层所使用到的传输媒介。
- Station（STA）：工作站，任何设备只要拥有 IEEE 802.11 的 MAC 层和 PHY 层的接口，就可称为一个工作站。
- Basic Service Area（BSA）：基本服务区，在无线局域网络中，由工作站的无线收发机及地理环境确定的通信覆盖区域（服务区域）称为基本服务区。
- Basic Service Set（BSS）：基本服务集，基本服务区中所有工作站的集合称为基本服务集。
- Distribution System（DS）：分布式系统，通常由有线网络所构成，可将数个 BSA 连结起来。
- Access Point（AP）：接入点，连结 BSS 和 DS 的设备，不但具有工作站的功能，还提供工作站具有接入分布式系统的能力，通常一个 BSA 内会有一个接入点。

- Extended Service Area（ESA）：扩展服务区，数个 BSA 经由 DS 连结在一起所形成的区域，就叫做一个扩展服务区。
- Extended Service Set（ESS）：扩展服务集，数个经由分布式系统所连接的 BSS 中的每一基本工作站集，形成一个扩展服务集。
- Portal：关口，也是一个逻辑成分，用于将无线局域网和有线局域网或其他网络联系起来。

这里有 3 种媒介：站点使用的无线媒介，分布式系统使用的媒介，以及和无线局域网集成在一起的其他局域网使用的媒介。物理上它们可能互相重叠。IEEE 802.11 只负责在站点使用的无线媒介上的寻址（Addressing）。分布式系统和其他局域网的寻址不属于无线局域网的范围。

4.1.3 Wi-Fi 信道

截至目前，802.11 工作组划分了 3 个独立的频段：2.4 GHz、3.7GHz 以及 5 GHz。每个频段又划分为若干信道。

802.11b 和 802.11g 将 2.4 GHz 的频段区分为 14 个重复、标记的频道，每个频道的中心频率相差 5MHz，如图 4-2 所示。

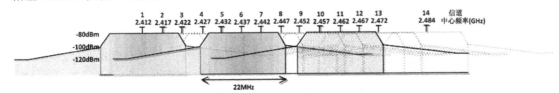

图 4-2　2.4 GHz Wi-Fi 频道与带宽示意图

一般常常被误认的是频道 1、6、11（还有有些地区的频道 14）是互不重叠的，所以利用这些不重叠的频道，多组无线网络可以互不影响。然而，这种看法太过简单。802.11b 和 802.11g 并没有规范每个频道的频宽，规范的是中心频率和频谱屏蔽（spectral mask）。802.11b 的频谱屏蔽需求为：在中心频率±11 MHz 处，至少衰减 30 dB；±22 MHz 处要衰减 50 dB。由于频谱屏蔽只规定到±22 MHz 处的能量限制，所以通常认定使用频宽不会超过这个范围。实际上，当发射端和接收端的距离非常靠近时，接收端接收到的有效能量频谱有可能会超过 22 MHz 的区域。所以，一般认为频道 1、6、11 互不重叠的说法应该要修正为：频道 1、6、11 这三个频段互相之间的影响比使用其他频段的影响要来得小。然而，要注意的是，一个使用频道 1 的高功率发射端，可以轻易地干扰到一个使用频道 6 而功率较低的发射站。在实验室的测试中发现，若使用频道 11 来传递文档时，一个使用频道 1 的发射台也在通信，会影响到频道 11 的文档传输，使传输速率稍稍降低。虽然频道 1、6、11 互不重叠的说法是不正确的，但是这个说法至少可以用来说明：频道距离在 1、6、11 之间虽然会对彼此造成干扰，但却不会大大影响到通信的传输速率。

对于 802.11 工作组划分的不同信道频段，每个国家自己制定如何使用这些频段的政策。在中国，2.4GHz 频段可用信道为 1~13 信道，各自的中心频率见图 4-2。5GHz 频段可用的信道为 149，153，157，161，165 信道，其中心频率则为 5745MHz，5765MHz，5785MHz，5805MHz，5825MHz。

4.1.4 Wi-Fi MAC 帧格式

首先我们先看一下一般的 802.11 MAC 帧格式，如图 4-3 所示（下方的数字表示的是所占的字节数）。

Frame Control	Duration /ID	Address 1	Address 2	Address 3	Sequence Control	Address 4	QoS Control	HT Control	Frame Body	FCS
2	2	6	6	6	2	6	2	4	0-7951	4

图 4-3   一般的 802.11 MAC 帧格式

1. Frame Control 字段

Frame Control（帧控制）字段一共占了 2 个字节，也就是 16 位，其各位表示的内容如图 4-4 所示。

0~1	2~3	4~7	8	9	10	11	12	13	14	15
Protocol Version	Type	Subtype	To DS	From DS	More Frag	Retry	Pwr Mgmt	More Data	Protected Frame	Order
2	2	4	1	1	1	1	1	1	1	1

图 4-4   Frame Control 字段

该格式中，上方数字表示的是字段所在位的位置，下方数字表示的是字段所占的位数。其中各字段解释如下。

- Protocol Version 字段：Protocol Version（协议版本）字段由两位构成，用以显示该帧所使用的 MAC 版本。目前，802.11 MAC 只有一个版本，它的协议编号为 0。如果 IEEE 将来推出不同于原始规范的 MAC 版本，才会出现其他的版本编号。

- Type 字段：Type 的取值将 MAC 帧分成了 3 种类型。Type=00 时，表示管理帧；Type=01 时表示控制帧；Type=10 时，表示数据帧。目前 Type=11 尚未被使用。

- Subtype 字段：对于每一种类型的帧，它们都可以再分成不同的子类型帧。其中与 Wi-Fi 定位关系比较大的有：Type=00 时，Subtype=1000 的 Beacon（信标）帧，Subtype=0100 的 Probe request（探测请求）帧，Subtype=0101 的 Probe response（探测响应）帧。对于其他类型的帧，这里就不做介绍了。

- To DS 与 From DS 位：这两个位用来表示帧的目的地是否为分布式系统。

- More Fragments 位：More Fragments 表示后续是否还有分段，有的话就置 1。

- Retry 位：有时候可能需要重传帧。任何重传的帧都会将此位设定为 1，以协助接收端剔除重复的帧。

- Power Management 位：此位用来指出发送端在完成当前的原子帧交换之后是否进入省电模式。1 代表工作站即将进入省电模式，而 0 则代表工作站会一直保持在清醒状态。

- More Data 位：为了服务处于省电模式中的工作站，接入点会将这些从分布式系统接收来的帧加以缓存。接入点如果设定此位，即代表至少有一个帧待传给休眠的工作站。

- Protected Frame 位：如果帧受到链路层安全协议的保护，则此位会被设定为 1，而且该帧会略有不同。之前的 Protected Frame 位被称为 WEP 位。

- Order 位：帧与帧片段可依次传送，不过发送端与接收端的 MAC 必须付出额外的代价。一旦进行严格的依次传送，则此位会被设定为 1。

2. Duration/ID 字段

Duration/ID（持续时间/标识）字段表明该帧及其确认帧将会占用信道多长时间。对于帧控制域子类型为 Power Save-Poll 的帧，该域表示 STA 的连接身份（AID, Association Identification）。

3. Address 字段

4 个地址分别为：源地址（SA）、目的地址（DA）、传输工作站地址（TA）、接收工作站地址（RA）。其中，SA 与 DA 必不可少，后两个地址只对跨 BSS 的通信有用，而目的地址可以为单播地址（Unicast Address）、多播地址（Multicast Address）、广播地址（Broadcast Address）。

4. Sequence Control 字段

Sequence Control（顺序控制）字段的长度为 16 位，用来重组帧片段以及丢弃重复帧。它是由 4 位（第 0 位~第 3 位）的片段编号（fragment number）字段以及 12 位（第 4 位~第 15 位）的顺序编号（sequence number）字段组成的。控制帧未使用顺序编号，因此并无 Sequence Control 字段。当上层帧交付给 MAC 传送时，会被赋予一个顺序编号。此字段的作用相当于已传帧的计数器取 4096 的模数。此计数器从 0 起算，MAC 每处理一个上层封包它就会累加 1。如果上层封包被分段处理，则所有帧片段都会有相同的顺序编号。如果重传帧，则顺序编号不会有任何改变。

具备 QoS（Quality of Service）扩展功能的工作站对 Sequence Control 字段的解读稍有不同，因为这类工作站必须同时维护多组传送队列。

5. Frame Body 字段

Frame Body（帧主体）也称为 Data Field（数据字段），负责在工作站之间传递上层有效载荷（payload）。

6. FCS 字段

FCS（帧校验序列）字段通常被视为循环冗余校验（CRC，Cyclic Redundancy Check）码，因为底层的数学运算相同。FCS 使得工作站能够检查所收到的帧的完整性。

4.1.5 Wi-Fi 扫描

使用任何网络之前，首先必须找到网络的存在。使用有线网络时要找出网络的存在并不难，只要循着网线或者找到墙上的插座即可。在无线领域中，工作站在加入任何兼容网络之前必须先经过一番识别工作。在所在区域识别现有的网络过程称为扫描（scanning）。

扫描过程中会用到几个参数。这些参数可以由用户来指定，有些实现产品则是在驱动程序中为这些参数提供默认值。

BSSType（independent ad hoc、infrastructure 或 both）：扫描时可以指定所要搜寻的网络属于 independent ad hoc、infrastructure 或同时搜寻两者。

BSSID（individual 或 broadcast）：工作站可以针对所要加入的特定网络（individual）进行扫描，或者扫描允许该工作站加入的所有网络（broadcast）。在移动时将 BSSID 设为 broadcast 不失为一个好主意，因为扫描的结果会将该地区所有的 BBS 涵盖在内。

SSID（"network name"）：SSID 是用来指定某个扩展服务集（extended service set）的位字符串。大部分的产品会将 SSID 视为网络名称（network name），因为此位字符串通常会被设定为人们易于识别的字符串。工作站若打算找出所有的网络，应该将其设定为 broadcast SSID。

ScanType（active 或 passive）：主动（active）扫描会主动传送 Probe Request 帧以识别该地区有哪些网络存在。被动（passive）扫描则是被动聆听 Beacon 帧以节省电池的电力。

ChannelList：进行扫描时，若非主动送出 Probe Request 帧，就是在某个信道被动聆听当前有哪些网络存在。802.11 允许工作站指定所要尝试的信道列表（ChannelList）。设定信道列表的方式因产品而异。物理层不同，信道的构造也有所差异。直接序列（direct-sequence）产品以此为信道列表，而跳频（frequency-hopping）产品则以此为跳频模式（hop pattern）。

ProbeDelay：主动扫描某个信道时，为了避免工作站一直等不到 Probe Response 帧而设定的延时定时器，以微秒为单位。用来防止某个闲置的信道让整个过程停止。

MinChannelTime 与 MaxChannelTime：以 TU（Time Unit，时间单位，代表 1024μs）为单位来指定这两个值，意指扫描每个特定信道时所使用的最小与最大的时间量。

1．被动扫描

被动扫描（passive scanning）可以节省电池的电力，因为不需要传送任何信号。在被动扫描中，工作站会在信道列表（channel list）所列的各个信道之间不断切换并静候 Beacon 帧的到来。在此期间，工作站所收到的任何帧都会被暂存起来，以便取出传送这些帧的 BSS 的相关数据。

在被动扫描的过程中，工作站会在信道之间不断切换并且会记录来自所收到的任何 Beacon 的信息。Beacon 在设计上是为了让工作站知道加入某个基本服务集（BSS，Basic Service Set）所需要的参数以便进行通信。

2．主动扫描

在主动扫描（active scanning）中，工作站扮演着比较积极的角色。在每个信道上，工作站都会发出 Probe Request 帧来请求某个特定网络予以回应。主动扫描是主动试图寻找网络，而不是听候网络声明本身的存在。使用主动扫描的工作站将会以如下的过程扫描信道列表所列的每个信道。

① 跳至某个信道，然后等待来帧指示（indication of incoming frame）或者等到 ProbeDelay 定时器超时。如果在这个信道收得到帧，就证明该信道有人使用，因此可以加以探测。此定时器可以用来防止某个闲置信道让整个过程停止，因为工作站不会一直等候帧的到来。

② 利用基本的 DCF（Distributed Coordination Function，分布式协调功能）访问过程取得媒介使用权，然后送出一个 Probe Request 帧。

③ 至少等候一段最短的信道时间（即 MinChannelTime）。

● 如果媒介并不忙碌，表示没有网络存在，因此可以跳至下一个信道。

● 如果在 MinChannelTime 这段期间媒介非常忙碌，就继续等待一段时间，直到最长的信道时间（即 MaxChannelTime）超时，然后处理任何的 Probe Response 帧。

当网络收到搜寻其所属的扩展服务集的 Probe Request（探查请求）时，就会发出 Probe Response（探查响应）帧。为了在舞会中找到朋友，各位或许会绕着舞池大声叫喊对方的名字（虽然这并不礼貌，不过如果真想找到朋友，大概没有其他选择）。如果对方听见了，就会出声响应，至于其他人根本就不会理你（希望如此）。Probe Request 帧的作用与此相似，不过在 Probe Request 帧中可以使用 broadcast SSID，如此一来，该区所有的 802.11 网络都会以 Probe Response 加以响应。（这就好比在一场舞会中大喊"失火了"，可以确定每个人都会响应。）

每个 BBS 中必须至少有一个工作站负责响应 Probe Request。传送上一个 Beacon 帧的工作站也必须负责传送必要的 Probe Response 帧。在 infrastructure（基础结构型）网络里，是由接入点负责传送 Beacon 帧的，因此它也必须负责响应以 Probe Request 在该区搜寻网络的工作站。在 IBSS（独立基本服务集）中，工作站彼此轮流负责传送 Beacon 帧，因此负责传送 Probe Response 的工作站会经常改变。Probe Response 属于单播（unicast）管理帧，因此必须符合 MAC 的肯定确认（positive acknowledgment）规范。

单一个 Probe Request 导致多个 Probe Response 被传送的情况十分常见。扫描过程的目的在于找出工作站可以加入的所有基本服务区域，因此一个 broadcast（广播式）Probe Request 会收到范围内所有接入点的响应。各独立型 BSS 之间如果互相重叠，也会予以响应。

3. 扫描报告

扫描结束后会产生一份扫描报告。这份报告列出了该次扫描所发现的所有 BSS 及其相关参数。进行扫描的工作站可以利用这份完整的参数列表来加入（join）其所发现的任何网络。除了 BSSID、SSID 以及 BSSType，还包括以下参数。

- Beacon interval（信标间隔；整数值）：每个 BSS 均可在自己的指定间隔（以 TU 为单位）传送 Beacon 帧。
- DTIM period（Delivery Traffic Indication Map period，延迟传输指示映射周期；整数值）：DTIM 帧属于省电（power-saving）机制的一部分。
- Timing parameter（定时参数）：有两个字段可以让工作站的定时器与 BBS 所使用的定时器同步。Timestamp 字段代表扫描工作站所收到的定时值，另一个字段则是让工作站能够匹配定时信息以便加入特定 BSS 偏移量（offset）。
- PHY 参数、CF 参数以及 IBSS 参数：这 3 个网络参数均有各自的参数集，信道信息（channel information）包含在物理层参数（physical-layer parameter）中。
- BSS（Basic Rate Set，基本速率集）：基本速率集是打算加入某个网络时工作站必须支持的数据传输速率列表。工作站必须能够以基本速率集中所列的任何速率接收数据。基本速率集由管理帧的 Support Rates 信息元素的必要速率组成。

4.2　无线信道：传播与衰落

4.2.1　概述

在无线通信中，电波传播指的是无线电从发射机到接收机的传播。就像光波一样，电磁波受反射、折射、衍射、吸收、极化（偏振）和散射这些物理现象影响。由于这些物理现象，电磁波的传播是一个很复杂、很难预测的过程。

在无线信道里面有一个现象叫做衰落（fading），也就是信号的幅度会随时间、频率发生变化。衰落现象大体上可以分为两类：大尺度衰落和小尺度衰落。大尺度衰落会在移动站点移过很长一段距离的时候体现出来，它主要是由于随距离变化的路径损耗和诸如大楼、山丘、森林遮挡引起的阴影效应导致。而小尺度衰落指的则是移动站点移动很小一段距离信号质量就会发生急剧变化这样一种现象。这种现象通常是由于多径现象引起的信号之间的相长或相消干涉所导致。由每条路径之间的相对关系，信道的频率选择性就可以被表征出来，从而又可以把多径衰落划分为频率选择性衰落和平坦衰落（也可以称为频率非选择性衰落）。此外，由于移动台的运动，还会使得无线信道呈现出时变性，其中一种具体表现就是出现多普勒频移，短期衰落（short-term fading）也就可以被分为快衰落和慢衰落。图 4-5 是对衰落信道类型的一个划分。

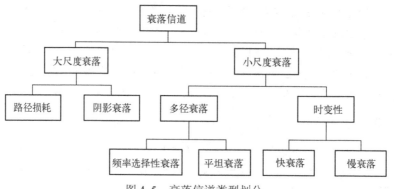

图 4-5　衰落信道类型划分

4.2.2 大尺度衰落

有很多模型可以用于表示大尺度衰落情况下的路径损耗模型，在此只介绍一些基本的路径损耗模型。自由空间传播模型是用来在发射机和接收机之间没有障碍物，并且在视距（LOS，line-of-sight）环境下用来预测接收信号强度的模型。使用 d（单位：m）来代表发射机和接收机之间的距离。当使用非全向天线时，用 G_t 表示发射机天线增益，用 G_r 表示接收机天线增益，那么在距离 d 处的接收功率 $P_r(d)$ 就可以使用著名的 Friis 公式来表示：

$$P_r(d) = \frac{P_t G_t G_r \lambda^2}{(4\pi)^2 d^2 L} \tag{4-1}$$

其中 P_t 代表发射功率（单位：W），λ 是电波的波长（单位：m），L 是与传播环境无关的系统损耗参数。系统损耗参数代表实际系统硬件的总损耗，包括传输线、滤波器、天线。一般来说，$L>1$，不过如果假设系统硬件没有损耗，则可以令 $L=1$。从公式（4-1）中我们可以观察得到接收功率的衰减和距离呈指数关系。所以在没有任何系统损耗的情况下，自由空间的路径损耗 $PL_F(d)$ 可以直接由公式（4-1）导出：

$$PL_F(d)[\text{dB}] = 10\log\left(\frac{P_t}{P_r}\right) = -10\log\left(\frac{G_t G_r \lambda^2}{(4\pi)^2 d^2}\right) \tag{4-2}$$

忽略天线增益，也就是令 $G_t = G_r = 1$，公式（4-2）可以简写成：

$$PL_F(d)[\text{dB}] = 10\log\left(\frac{P_t}{P_r}\right) = 20\log\left(\frac{4\pi d}{\lambda}\right) \tag{4-3}$$

图 4-6 所示是在载波频率 $f_c = 2.4\text{GHz}$ 情况和不同的天线增益下，自由空间的路径损耗和距离之间的关系。很显然，路径损耗会随着天线增益的增大而减小。在自由空间模型中，在所有环境下，平均的接收信号都会和发射机与接收机之间距离 d 呈对数关系。实际上，更一般的路径损耗模型可以通过使用与环境相关的路径损耗指数 n 来改变自由空间路径损耗模型来构造。这被称为对数距离（log-distance）路径损耗模型。该模型表述如下：

$$PL_{LD}(d)[\text{dB}] = PL(d_0) + 10n\log\left(\frac{d}{d_0}\right) \tag{4-4}$$

式中，d_0 表示参考距离，$PL(d_0)$ 表示在 d_0 处的路径损耗，该值可以通过实际测量计算得到，也可以直接使用公式（4-2）计算得到，即令 $PL(d_0) = PL_F(d_0)$。就像表 1-1 表示的那样，在不同的环境下，路径损耗指数可以从 2 变化到 6。当 $n=2$ 且 $PL(d_0) = PL_F(d_0)$ 时，该模型和自由空间模型是一致的。此外，在障碍物多的地方，n 通常有增长的趋势，而 d_0 的选择通常也和不同的传播环境相关。

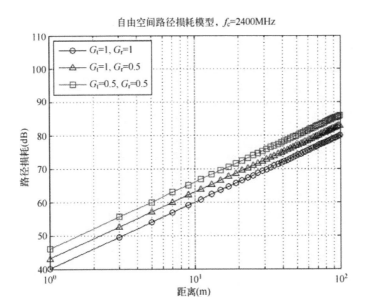

图 4-6　自由空间路径损耗模型

表 4-1　不同环境下 n 的取值

环　　　境	路径损耗指数
室外-自由空间	2
室外-城市环境	2.7～5
室外-视距传播	1.6～1.8
室外-有障碍物	4～6

图 4-7 显示了载波频率 $f_c = 2.4$GHz 时，公式（4-4）所示的对数距离路径损耗模型。它清楚地显示了路径损耗随着路径损耗因子的增大而增加的关系。

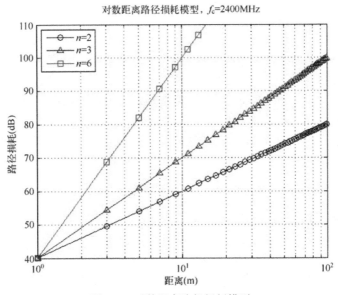

图 4-7　对数距离路径损耗模型

实际上，即使发射机和接收机之间的距离相等，那么每一条路径也会因为周围环境的不同而有不同的路径损耗。然而之前的路径损耗模型没有把这种情况考虑进去。对于这种情况，对数正态（log-normal）阴影（shadowing）模型就比较适用了。令 X_σ 代表一个具有 0 均值且标准差为 σ 的高斯随机变量，于是对数正态阴影模型可以由下式给出：

$$\text{PL}_{\text{LN}}(d)[\text{dB}] = \overline{\text{PL}}(d_0) + X_\sigma = \text{PL}(d_0) + 10n\log\left(\frac{d}{d_0}\right) + X_\sigma \tag{4-5}$$

也就是说，这个模型使得在相同距离 d 处的接收机具有不同的路径损耗。图 4-8 展示了在载波频率 $f_c = 2.4\text{GHz}$，$\sigma = 3\text{dB}$ 且 $n = 2$ 情况下，对数正态阴影模型的路径损耗图。通过该图，我们可以清楚地看到加在具有确定性特性的对数距离路径损耗模型上的随机阴影效应。

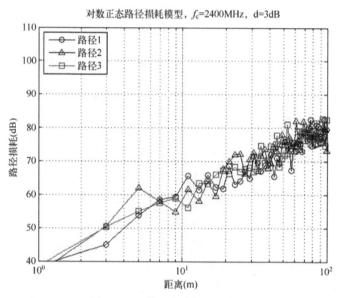

图 4-8　对数正态路径损耗模型

4.2.3　小尺度衰落

通常，在不会和大尺度衰落混淆的时候，小尺度衰落也会被简单地称为衰落。小尺度衰落是表示用户终端在短期内移动了很小一段距离的情况下接收信号强度发生急剧变化的一种现象，它是由于信号的多条路径以不同的相位相继到达接收天线而相互干涉造成的现象。此外，信号的多条路径还会由于移动基站和周围的物体运动而产生变化。总体来说，小尺度衰落就是由多径传播、基站移动、周围物体移动以及传输信号的带宽构成的一种现象。之后我们再来略微仔细地分析一下小尺度衰落现象。

1. 相干带宽（Coherence Bandwidth）和时延扩展（Delay Spread）

信道的时间色散（Time Dispersive）特性通常使用相干带宽（B_c）和时延扩展（σ_τ）来描述。RMS（Root Mean Square，均值平方根）时延扩展和相干带宽相互之间成反比，而它们的确切关系则依赖于确切的多径结构，通常用功率时延谱（PDP，Power Delay Profile）给出。时延扩展是由传播路径的反射和散射决定的自然现象，而相干带宽则是通过 RMS 时延扩展推导定义出来的。相干带宽指示了信道可以被看成是平坦的频率范围。信道平坦的意思就是信号的所有频率分量都

有相同的增益和线性的相位。如果相干带宽是由频率相关度大于 0.9 的带宽来定义的话，那么

$$B_c \approx \frac{1}{50\sigma_\tau} \quad (4\text{-}6)$$

如果相干带宽是由频率相关度大于 0.5 的带宽来定义的话，那么

$$B_c \approx \frac{1}{5\sigma_\tau} \quad (4\text{-}7)$$

2. 相干时间（Coherence Time）和多普勒扩展（Doppler Spread）

由发射机和接收机的相对运动或者发射机和接收机之间的物体运动而导致的时变性，可以使用相干时间和多普勒扩展来描述。多普勒扩展（B_d）衡量的是频谱扩展。多普勒频谱可以通过发送一个频率为 f_c 的正弦信号，然后观察接收信号的频谱获得。接收信号的频谱通常具有 $f_c - f_d$ 和 $f_c + f_d$ 之间的频率分量。f_d 表示的就是多普勒偏移（Doppler shift）。多普勒偏移依赖于运动的相对速度和角度。相干时间（T_c）通常使用下式表示：

$$T_c = \sqrt{\frac{9}{16\pi f_m^2}} = \frac{0.423}{f_m} \quad (4\text{-}8)$$

其中，f_m 表示最大多普勒偏移，并且 $B_d = 2f_m$。如果多普勒扩展 B_d 远远小于基带信号带宽，或者，相干时间 T_c 远远大于码元传输期，那么信道就被认为是慢衰落信道。相反，如果多普勒扩展 B_d 大于基带信号带宽，或者，相干时间 T_c 小于码元传输期，那么该信道就被认为是快衰落信道。

3. 瑞利（Rayleigh）分布和莱斯（Rician）分布

瑞利分布通常用来描述平坦衰落信号的接收包络（envelope），或者是单独多径分量的包络的统计时间变化特性。如果存在一个主导的稳态（stationary）非衰落信号分量，比如说直射径，那么衰落包络就呈莱斯分布。当主导分量消失时，莱斯分布也就退化成瑞利分布了。

4.3 位置指纹法

4.3.1 概述

目前 Wi-Fi 定位中存在着很多方法，常用的有 TOA（Time of Arrival，达到时间）、TDOA（Time Difference of Arrival，到达时间差）、AOA（Angle of Arrival，到达角度）、RSSI（Receive Signal Strength Indicator，接收信号强度）测距方法，近似法，以及位置指纹法。由于在 Wi-Fi 定位中位置指纹法是用得最多的一种方法，所以本章将着重讲解该方法。而其他方法和本书其他章节使用的定位方法类似，在此不做赘述。

位置指纹法的研究比较多，各种方法的切入点也大不相同，然而它们都有一些共性。

首先，位置指纹法通常是一个两阶段的工作模式：离线阶段（有时也叫训练阶段）和在线阶段。离线阶段时，系统在定位服务区中选取一些位置点（或者也可以选择一些小的位置区域），作为参考点，然后通过信号收集设备收集这些位置点上的 RF（Radio Frequency，射频）指纹，构建出一个位置指纹数据库。在线阶段时，我们使用要求被定位的 MS（Mobile Station，移动站点）来收集 RF 指纹，然后和位置指纹数据库中存放的 RF 指纹进行对比，从而估算出 MS 的位置。

其次，位置指纹法通常会有一些共同的基本组件：RF 指纹、位置指纹数据库、位置指纹数

据库的缩减技术以及位置估算方法。

而位置指纹法的工作机制则通常如图 4-9 所示。这个图表示的意思是：第 1 步，MS 发出定位请求；第 2 步，通过接入网和定位服务器取得通信，定位服务器接收到定位请求以及 MS 上测得的 RF 指纹；第 3 步，定位服务器使用 MS 上的 RF 指纹去搜索位置指纹数据库；第 4 步，位置指纹数据库返回搜索结果；第 5 步和第 6 步，定位服务器使用返回的搜索结果来进行位置估算，然后通过接入网将估算的位置返回给 MS。

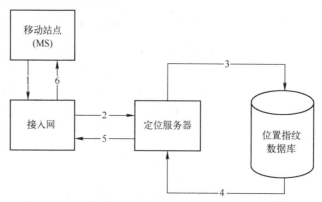

图 4-9　位置指纹法的工作机制

4.3.2　位置指纹数据库

本节主要对 RF 指纹，位置指纹数据库的组织结构，以及位置指纹数据库的构建进行阐述。为了便于叙述，从这里开始我们使用位置指纹数据库的英文首字母简写 LFDB（Location Fingerprint DataBase）来代指位置指纹数据库。

首先我们阐述一下 RF 指纹。一个 RF 指纹就是由 MS 或者是 AP 测量得到的一个位置相关的信号参数集合。就像人类的指纹一样，RF 指纹也被期望能唯一地标志一个物理位置。为了做到这一点，在一个给定的位置，我们必须要能测得足够多的信号参数，并且该信号参数，要有比较小的时变性。然而，事实上它们在时间上总是不那么稳定。接入网的变化，比如说增加新的 AP，或者是调整发射机、接收机的天线，或者是调整发射的功率都可能切断给定 RF 指纹和确定位置之间的联系。

RF 指纹可以被分为目标 RF 指纹或者参考 RF 指纹。目标 RF 指纹指的就是和 MS 相关的用于确定 MS 位置的指纹，它包含 MS 或者 AP 测量得到的信号参数，本章中我们使用粗体字母 $\boldsymbol{T}$ 来表示。参考 RF 指纹则是：在训练阶段收集的或者是用电波模型产生的存储在 LFDB 中的 RF 指纹，本章中我们使用 $\boldsymbol{R}$ 来表示。每一个参考指纹都和唯一的一个位置相关联。理想情况下，所有目标指纹使用的信号参量都在参考指纹中出现过。在本章中目标 RF 指纹 $\boldsymbol{T}$ 使用一个 $N_t \times 2$ 的矩阵表示，如式（4-9）：

$$\boldsymbol{T} = \begin{bmatrix} id_1 & t_1 \\ id_2 & t_2 \\ \vdots & \vdots \\ id_{N_t} & t_{N_t} \end{bmatrix} \tag{4-9}$$

其中，N_t 是 MS 通信范围内的 AP 数目，id_i 表示的是第 i 个 AP 的 ID，实际中通常使用 AP 的 MAC 地址来充当 AP 的 ID，t_i 表示的是接收自第 i 个 AP 的信号参数，通常在 Wi-Fi 定位中使用 RSSI 来充当这个信号参数，在本章中，如果不做特殊说明，我们就使用 RSSI 来表示这个信号参数。矩阵中行的序列以 RSSI 降序排列，所以若 $i \le j$，那么 $t_i \ge t_j$。而参考 RF 指纹 $\boldsymbol{R}$ 则用式（4-10）表示：

$$\boldsymbol{R} = \begin{bmatrix} id_1 & r_1 \\ id_2 & r_2 \\ \vdots & \vdots \\ id_{N_r} & r_{N_r} \end{bmatrix} \tag{4-10}$$

N_r 表示的是离线阶段在参考位置点上采样设备通信范围内的 AP 数目。r_i 表示的是采样设备接收自第 i 个 AP 的信号参数。同样，本章也使用 RSSI 来表示这个信号参数。参考 RF 指纹中也一样按 RSSI 降序排列。

实际上有很多的信号参数都可以用来构造 RF 指纹，比如 RSSI、AOA 及 CSI（Channel State Information，信道状态信息）等，这些参数从 AP 上采集得到。越多的 AP 可以被测量，那么 RF 指纹的唯一性就越强。理想状态下，选择的信号参数在网络中应该是已经可用的，这样就不需要修改 MS 的软件或者硬件结构来定位 MS 的位置，这也是为什么在 Wi-Fi 定位中 RSSI 被大量使用的原因。

LFDB 就是 RF 指纹以及其相关位置的一个集合体。LFDB 中的每一个组成元素由参考 RF 指纹和与其相关的位置组成，这个位置可以是实际的物理坐标，也可以仅仅是一个表示位置的逻辑符号（比如说房间号），在一些特殊情况下该位置还包含方向、速度等参量。不过在本章中，我们统一使用符号 $\boldsymbol{L}$ 来表示，在使用二维物理坐标讲解时 $\boldsymbol{L} = (x, y)$。在后文中，LFDB 的组成元素使用 DBE（DataBase Entry 或者 DataBase Element）来表述，则有以下关系式：DBE = $(\boldsymbol{L}, \boldsymbol{R})$。

LFDB 中的位置可以被组织成均匀网格（uniform grid）形式，也可以被组织成索引列表（indexed list）形式。如果 LFDB 被组织成均匀网格形式，那么所有的参考位置都在平面内（本章中讲解的内容主要针对二维平面情况，向三维情况的推广也是很简单自然的）均匀地分布开来。一个 RF 指纹关联上一个参考坐标，邻近的两个参考坐标之间的距离定义了均匀网格间距，或者说是平面分辨率。平面分辨率的选择需要和定位方法所期望的精度具有相似的量级。均匀网格形式对于使用电波模型法构建 LFDB 通常比较合适。LFDB 还可以被组织成索引列表形式，这种形式下参考位置坐标的平面分布不需要遵循特定的模式。索引列表形式通常在使用 RSSI 测量法构建 LFDB 的方法中被采用。比如说，使用汽车在城市中采集 RSSI，那么由于街道的不规则性，参考的位置就很难均匀地分布开来。索引列表结构下，每一个元素就包含一个参考 RF 指纹和一个通过 GPS 获取的物理坐标，或者直接从地图上、楼层平面图上标示出来的物理坐标。

LFDB 在位置指纹法的训练阶段被构建，可以使用电波模型法、RSSI 测量法或者是两者结合的方法对 LFDB 进行构建。

RSSI 测量法：LFDB 可以用 RSSI 测量法来构建。这通常需要一个 MS，一个运行在 MS 上的收集和处理 RSSI 测量的软件，在室外环境下还需要一个 GPS 接收器。通过 MS 或者 AP，RSSI 被周期性地测量得到。每一组被测得的 RSSI 集合都和真实的位置进行关联，该真实位置或通过 GPS 获取，或通过平面图获取。MS 的参考坐标和其上测得的 RSSI 集合就构成了 LFDB 里面的一个元素，通常使用索引数组表示。

通过 RSSI 测量构建的经验 LFDB 通常可以提供最高的定位精度。但是，它有一个很大的缺陷，尤其是在城域网中。在这种网络中，为了保持 LFDB 中的数据是最新的，一旦接入网的元素发生变化，数据库就需要重新构建。

然而在基于位置指纹法的室内定位中，使用 RSSI 测量法可能是一个比较实际的选择。因为高度复杂的室内环境，使得精确的电波传播模型很难被建模，而且相对较小的覆盖范围也使得测量工作相对简单一些。

电波模型法：使用电波模型法构建 LFDB，就是使用上一节介绍的电波传播模型，代入发射机的发射功率，通常在 Wi-Fi 网络中发射机的功率是 100mW，然后根据环境选择电波模型，比如说针对室外环境就可以使用对数正态模型甚至是自由空间模型。室内环境中也可以使用对数正态模型，或者加上墙面衰减因素的电波传播模型，如式（4-11）所示。

$$\mathrm{PL}_{\mathrm{WAF}}(d)[\mathrm{dB}] = \mathrm{PL}(d_0) + 10n\log\left(\frac{d}{d_0}\right) + X_\sigma - \begin{cases} N_{\mathrm{w}} \times \mathrm{WAF} & N_{\mathrm{w}} < C \\ C \times \mathrm{WAF} & N_{\mathrm{w}} \geqslant C \end{cases} \tag{4-11}$$

其中，右式前半部分各参数的含义和对数正态模型相同，WAF 是墙壁衰减因子，C 是衰减因子能够分辨的最大墙壁数目，N_{w} 是发送机和接收机之间的墙壁阻隔数目。WAF 主要和墙的材质有关，可由测量得到。N_{w} 的获取则需要首先获得整个定位区域的实际平面图，然后采用图形学中常用的 Cohen-Sutherland 线条裁剪算法来计算获取。

使用电波模型法构建 LFDB 的最大优势就是简单、快速，并且方便 LFDB 的更新。每当接入网的网络元素有变化时，它只需要使用新的接入网参数来获取一个新的 LFDB。不过，它能提供的精度相比较于 RSSI 测量法也会较低。但是通过对电波模型的矫正，也可以在一定程度上提高电波模型法的精度。

混合法：在 LFDB 中，也可以同时使用电波模型预测和实测 RSSI 的指纹。首先，使用电波模型构建出 LFDB。然后，实际测量一些参考指纹。如果在一个位置上实测指纹是可用的，那么就用实测指纹来替换预测指纹。同时在实测点附近使用一些插值算法来平滑实测指纹和预测指纹的关系。对于那些距离实测点比较远的地方，就单纯使用预测指纹。

通过在 LFDB 中插入一些实测的 RF 指纹，对 MS 的定位准确度可以得到一定的提升。然而和 RSSI 测量法一样，该方法受接入网元素变化的影响也比较大。为了解决这个问题，可以使用被动监听者（passive listener）来更新混合 LFDB，被动监听者就是一些放在已知固定位置的 MS。这些 MS 的工作就是测量 RF 指纹，然后定期向服务器上报测量结果。这些测量结果就作为实测 RSSI 指纹来自动更新混合 LFDB。通过在给定区域布置足够数目的被动监听者，定位准确度会有显著提高。目前，还有一些如何最优化地布置这些被动监听者的研究工作。

4.3.3　搜索空间缩减技术

DBE 包含一个物理坐标和一个参考 RF 指纹。搜索空间则是包含和目标指纹对比的参考 RF 指纹的元素的集合。搜索空间中的参考 RF 指纹所对应的物理坐标就是 MS 位置的候选者。

初始情况下，搜索空间包含所有 LFDB 的元素。如果直接使用这个搜索空间的话，那么计算的复杂度就会非常大，因此就需要一种技术来缩小搜索空间，同时不对定位准确度有大的影响。本小节介绍两种搜索空间的缩减技术：LFDB 过滤以及遗传算法。为了便于理解，我们使用均匀网格结构的 LFDB 来阐述搜索空间缩减技术，向索引列表结构的 LFDB 的推广也是很简单自然的。

由整个 LFDB 组成的原始搜索空间用 $\mathcal{A}$ 表示。如果 LFDB 是用均匀网格的形式来组织的，并且定位服务区覆盖了一个 $l \times w$ 平方米的区域，那么集合 $\mathcal{A}$ 中元素的个数就可以由下式表示：

$$\#\mathcal{A} = \left[\frac{l}{r_{\mathrm{s}}}\right] \times \left[\frac{w}{r_{\mathrm{s}}}\right] \tag{4-12}$$

r_{s} 表示均匀网格的平面分辨率。集合 $\mathcal{A}$ 可以用下式表示：

$$\mathcal{A} = \left\{ (x_j, y_i, \boldsymbol{R}_{i,j}) \mid i = 1, 2, \cdots, \left\lceil \frac{w}{r_s} \right\rceil \text{ and } j = 1, 2, \cdots, \left\lceil \frac{l}{r_s} \right\rceil \right\} \qquad (4\text{-}13)$$

$\boldsymbol{R}_{i,j}$ 表示在位置点（i,j）处的 RF 指纹。缩减之后的搜索空间 $\mathcal{C}$ 是 $\mathcal{A}$ 的一个子集。缩减因子则定义为：

$$\gamma = 1 - \frac{\#\mathcal{C}}{\#\mathcal{A}} \qquad (4\text{-}14)$$

$\#\mathcal{C}$ 表示缩减搜索空间 $\mathcal{C}$ 中所含的条目数。如果在一个 $10 \times 10 \mathrm{km}^2$ 的服务区里面，以 5m 为间隔对服务区进行网格划分，那么将会产生 $\#\mathcal{A} = 4 \times 10^6$ 个元素。如果不对搜索空间进行缩减的话，则对每一个需要定位的目标位置，目标 RF 指纹都要和 400 万个参考指纹进行对比。对于一种 $\gamma = 99\%$ 的搜索空间缩减技术，这个数量将会降到每个目标位置对比 4 万个参考指纹。

1. LFDB 过滤

这种技术通过两次连续过滤，渐进地减小搜索空间。

第一步过滤，使用目标 RF 指纹的最大 RSSI 对应的 AP 来进行过滤，我们可以获得一个搜索空间 $\mathcal{B}$：

$$\mathcal{B} = \{ (x_j, y_i, \boldsymbol{R}_{i,j}) \mid \boldsymbol{R}_{i,j} \in \mathcal{A} \text{ and } \boldsymbol{R}_{i,j}(1,1) = \boldsymbol{T}(1,1) \} \qquad (4\text{-}15)$$

第二步过滤，使用"参考 RF 指纹包含目标 RF 指纹前 N 个 AP"这条规则对搜索空间进行过滤。由于目标 RF 指纹 $\boldsymbol{T}$ 是按照 RSSI 大小进行降序排列的，所以这 N 个 AP 就是 $\boldsymbol{T}$ 中具有最大 RSSI 的那些 AP。

目标 RF 指纹中包含 N 个具有最大 RSSI 值的 AP，用下式表示：

$$\mathcal{I}_{T_N} = \{ \boldsymbol{T}(1:N, 1) \mid N \in [1, N_t] \} \qquad (4\text{-}16)$$

N_t 表示目标 RF 指纹中 AP 的总数目。在位置点（i,j）处的参考 RF 指纹的 AP 集合用下式表示：

$$\mathcal{I}_{R_{i,j}} = \{ \boldsymbol{R}_{i,j}(1:N_{i,j}, 1) \mid \boldsymbol{R}_{i,j} \in \mathcal{B} \} \qquad (4\text{-}17)$$

$N_{i,j}$ 表示位置点（i,j）处参考 RF 指纹 AP 的总数目。$\mathcal{I}_{T_N}$ 与 $\mathcal{I}_{R_{i,j}}$ 的交集（$\mathcal{I}_{T_N} \cap \mathcal{I}_{R_{i,j}}$）表示目标 RF 指纹 N 个最大 RSSI 对应的 AP 有多少个是在参考 RF 指纹中的。第二步过滤是使用 $\#(\mathcal{I}_{T_N} \cap \mathcal{I}_{R_{i,j}}) = N$ 来过滤搜索空间 $\mathcal{B}$。过滤之后的搜索空间 $\mathcal{C}$ 用下式表示：

$$\mathcal{C} = \{ (x_j, y_i, \boldsymbol{R}_{i,j}) \mid \boldsymbol{R}_{i,j} \in \mathcal{B} \text{ and } \#(\mathcal{I}_{T_N} \cap \mathcal{I}_{R_{i,j}}) = N \text{ and } N \in [1, N_t] \} \qquad (4\text{-}18)$$

最终我们获得的搜索空间 $\mathcal{C}$，满足 $\mathcal{C} \subset \mathcal{B} \subset \mathcal{A}$，并且 $\#\mathcal{C} \ll \#\mathcal{A}$。

下面再举一个例子来说明 LFDB 过滤技术。

例 4.1：给出一个目标 RF 指纹 $\boldsymbol{T}$，由公式（4-19）定义，以及一个 3×3 的均匀网格 LFDB，由公式（4-20）定义，令 $N = 4$，使用 LFDB 过滤技术来计算缩减搜索空间 $\mathcal{C}$。假设 RSSI 用 64 个不同的值（由 0 到 63 来量化）。

$$\boldsymbol{T} = \begin{bmatrix} 100 & 110 & 5 & 2 & 99 \\ 62 & 60 & 59 & 43 & 40 \end{bmatrix}^{\mathrm{T}} \qquad (4\text{-}19)$$

以及

$$\boldsymbol{R}_{1,1} = [100\ 5; 550; 110\ 49; 111\ 45; 10\ 34; 200\ 30; 201\ 29]$$

$$\boldsymbol{R}_{1,2} = [100\ 60; 11050; 2\ 45; 5\ 40; 10\ 35]$$

$$\boldsymbol{R}_{1,3} = [100\ 59; 11049; 2\ 50; 5\ 39; 10\ 36]$$

$$\boldsymbol{R}_{2,1} = [100\ 54;550;110\ 49;111\ 45;10\ 34;200\ 30;201\ 29]$$
$$\boldsymbol{R}_{2,2} = [100\ 6;11050;2\ 45;5\ 40;10\ 35]$$
$$\boldsymbol{R}_{2,3} = [110\ 60;252;100\ 50;5\ 39]$$
$$\boldsymbol{R}_{3,1} = [110\ 63;252;100\ 50;5\ 38]$$
$$\boldsymbol{R}_{3,2} = [110\ 60;10052;2\ 50]$$
$$\boldsymbol{R}_{3,3} = [110\ 59;10052;2\ 50]$$

$$(4\text{-}20)$$

解答：使用公式（4-15），我们使用 $T(1,1)=100$ 去过滤原始搜索空间，得到 $\mathcal{B}=\{(1,1,\boldsymbol{R}_{1,1}),(1,2,\boldsymbol{R}_{1,2}),(1,3,\boldsymbol{R}_{1,3}),(2,1,\boldsymbol{R}_{2,1}),(2,1,\boldsymbol{R}_{2,2})\}$；之后取出 $\boldsymbol{T}$ 中 $N=4$ 个 RSSI 最大的 AP 的 ID：$\mathcal{I}_{T_N}=\{100\ 110\ 5\ 2\}$ 去过滤 $\mathcal{B}$，计算得：$\#(\mathcal{I}_{T_N}\cap\mathcal{I}_{R_{1,1}})=3<N$，$\#(\mathcal{I}_{T_N}\cap\mathcal{I}_{R_{1,2}})=4=N$，$\#(\mathcal{I}_{T_N}\cap\mathcal{I}_{R_{1,3}})=4=N$，$\#(\mathcal{I}_{T_N}\cap\mathcal{I}_{R_{2,1}})=3<N$，$\#(\mathcal{I}_{T_N}\cap\mathcal{I}_{R_{2,2}})=4=N$，所以最终 $\mathcal{C}=\{(1,2,\boldsymbol{R}_{1,2}),(1,3,\boldsymbol{R}_{1,3}),(2,2,\boldsymbol{R}_{2,2})\}$。

2．遗传算法

遗传算法 GA（Genetic Algorithms）是一类借鉴生物界自然选择和自然遗传机制的随机化搜索算法，由 J. H. Holland 教授于 1975 年提出。它简单通用，鲁棒性强，适于并行处理，因此在过去的 20 多年中遗传算法已在很多领域得到了应用并受到人们的广泛关注。

在解决 RF 指纹搜索空间的缩减问题上，遗传算法也是一个比较好的选择。每一个候选解都是通过一个称为染色体的数字序列表示的个体。当使用二进制表示时，染色体中的每一个位就被称为基因。在每一个循环（或称为每一代）中，个体的集合被称为种群。种群中的个体通过基因操作（选择、交叉、突变）来繁殖下一代。交叉就是将两个个体的染色体片段混合起来，来产生下一代的两个新个体。突变就是随机地修改染色体中的一个或多个基因。选择就是将种群中的优秀个体克隆出来放到下一个循环中去。一个个体的适应度是通过一个评估函数来计算获取的。适应度高的个体会有更高的概率被选择去繁殖下一代。这样的循环一直会持续到一个停止准则被满足，这个停止准则可以是最大繁殖代数、最佳个体的适应度达到某个阈值、处理时间达到等。最后一代中的最优个体就是该问题的一个次优解。

将遗传算法用在解 RF 指纹搜索空间的缩减问题上时，每一个个体就是位置点。每一个位置点有一个用于评估个体适应度的参考 RF 指纹。于是遗传算法的步骤如下：

（1）初始化第一代种群，随机地从公式（4-15）中定义的集合 $\mathcal{B}$ 中选择个体。

（2）估计当前种群中每一个个体的适应度，使用相关函数。

（3）建立染色体，将个体坐标转换成二进制格式。

（4）使用基因操作（选择、交叉、突变）建立新的种群。

（5）将染色体转换成整数格式。

（6）如果停止准则被满足，将适应度最高的个体对应的坐标返回并作为 MS 位置；否则转到步骤 2。

步骤（1）其实也可以从 $\mathcal{A}$ 中选择个体，不过从 $\mathcal{B}$ 中选择个体效率更高一些。每一个个体都有一个参考 RF 指纹。参考 RF 指纹和目标 RF 指纹的相关度越高，个体的适应度也就越高。相关度的计算将在 4.3.4 节介绍。

如果 LFDB 是均匀网格结构的，那么第（3）步中每一个基因的长度就是需要唯一标识一个位置点所需要的比特位的个数，可以由下式表示：

$$\left[\left(\log_2 \left\lceil \frac{l}{r_s} \right\rceil + \log_2 \left\lceil \frac{w}{r_s} \right\rceil \right) \right] \qquad (4\text{-}21)$$

$l \times w \, \text{m}^2$ 是定位服务区的面积，r_s 是 LFDB 的平面分辨率。

遗传算法停止的条件是以下两个条件中的一个条件被满足：① 到达最大代数 g_{max}；② 连续两代的最优个体的适应度没有提升至超过 ε。条件②的含义是：当最优个体的适应度达到一个稳定状态时，这可能说明算法到达了一个局部最大值，所以也就没有必要再去产生新的种群了。

缩减的搜索空间 $\mathcal{C}$ 包含了所有种群的所有个体的坐标和参考 RF 指纹。集合 $\mathcal{C}$ 的基数 $\#\mathcal{C} = g \times \tau$，$g$ 表示所有的代数数目，τ 表示每一代个体的数目。

4.3.4 位置估算方法

位置估算方法（也可以称为定位算法）就是利用位置信息和 RF 指纹的依赖关系，通过采样得到的 RF 指纹来计算位置的一个过程。从统计学角度来看，位置估算方法可以被看成一个模式分类器（pattern classifier）。模式分类的过程就是把样本模式分为不同的类。不同位置的 RSSI 数据模式分别属于单独的每个类。这些数据模式构成了一个训练集，而这个训练集可以用来建立 RF 指纹和位置信息之间的一个估算器。分类器就是通过学习原先位置相关的 RF 指纹训练集，然后通过样本 RF 指纹来估算位置的。

从分类器的不同技术来看，位置估算方法可以分为两大类：参数化分类器（parametric classifiers）和非参数化分类器（non-parametric classifiers）。对于参数化分类器，假设具有 RF 指纹的分布知识，比如说 RSSI 的均值或者 RSSI 的概率密度函数。而非参数化分类器则不需要假设任何 RF 指纹的分布知识，它使用一个可训练的并行处理网络通过观察 RF 指纹来计算位置。使用参数化分类器时，位置估算方法通常是基于最近邻分类器或者是贝叶斯推断的。使用非参数化分类器时，位置估算方法通常基于神经网络分类器或者是像 SVM（support vector machine，支持向量机）这样的统计学习策略（statistical learning paradigm）。后面将对这几种方法分别讲述。

1. 最近邻方法

最近邻方法需要 RF 指纹中包含 RSSI 的均值向量和标准差向量。为了估算出位置，通常会使用一个距离测量函数将样本 RSSI 指纹分类到估算位置。基本的最近邻分类器就是使用训练集中的参考 RSSI 指纹和样本 RSSI 指纹的近似度来进行分类的。

假设一个具有 K 个参考 RF 指纹的集合 $\{\boldsymbol{R}_1, \boldsymbol{R}_2, \cdots, \boldsymbol{R}_K\}$，每个 RF 指纹都和位置集合 $\{\boldsymbol{L}_1, \boldsymbol{L}_2, \cdots, \boldsymbol{L}_K\}$ 中的位置一一对应。在线阶段测得的目标 RF 指纹表示为 $\boldsymbol{T}$。为了简化模型，我们对 RF 指纹的定义进行一些改动，在此假设目前的定位服务区域中有 N_a 个 AP，定义目标 RF 指纹 $\boldsymbol{T} = (t_1, t_2, \cdots, t_{N_a})$，其中 t_i 表示接收自 AP_i 的 RSSI，或者也可以是一小段时间中 RSSI 的平均。与之前的定义相比，这里不再对 RSSI 进行排序，而且 AP 的 ID 也暗含到 RSSI 的下标中了。而 LFDB 中的第 j 个参考 RF 指纹（对应于第 j 个位置），则表示为 $\boldsymbol{R}_j = (r_1^j, r_2^j, \cdots, r_{N_a}^j)$。

给出一个计算信号空间中的距离的函数 $Dist(\,)$，最近邻方法的过程可以表述为挑选一个具有最短信号距离的参考 RF 指纹 j：

$$\text{Dist}(\boldsymbol{T}, \boldsymbol{R}_j) \leqslant \text{Dist}(\boldsymbol{T}, \boldsymbol{R}_k), \forall k \neq j \qquad (4\text{-}22)$$

而信号距离可以使用一个权重距离 L_p 来表示：

$$L_p = \frac{1}{N_a} \left(\sum_{i=1}^{N_a} \frac{1}{w_i} \| r_i - t_i \|^p \right)^{1/p} \qquad (4-23)$$

N_a 表示搜索空间的维度，或者是系统部署的 AP 个数。w_i 是权重因子，p 是范数参量。权重因子用来表述测量得到的 RF 指纹中 RSSI 组件的重要性。RSSI 的采样数或者是标准差都可以被用来衡量 RSSI 组件的重要性。$p=1$ 时，这个距离称为曼哈顿距离，可以用 L_1 来表示，$p=2$ 时，这个距离称为欧几里得距离，可以用 L_2 来表示。

最近邻方法还有很多的修改方法。我们可以认为不仅仅只有一个最近邻，可以使用一些比较相近的邻居的位置均值来对目标位置进行估算。所以通常使用 k 个最近邻居或者加权的 k 个最近邻方法来替换单个的最近邻方法。

之前已经说过，RSSI 指纹的标准差可以给最近邻分类器提供额外的信息。比如，当一个样本指纹在 RSSI 均值两边两倍的标准差范围之外时，该样本指纹可以被认为是不可分类模式，它也就不和 LFDB 中的任何位置相关。这个准则的数学表达式如下：

$$
\begin{aligned}
r_1 - 2\sigma_1 &\leqslant t_1 \leqslant r_1 + 2\sigma_1 \\
r_2 - 2\sigma_2 &\leqslant t_2 \leqslant r_2 + 2\sigma_2 \\
&\vdots \\
r_{N_a} - 2\sigma_{N_a} &\leqslant t_N \leqslant r_{N_a} + 2\sigma_{N_a}
\end{aligned}
\qquad (4-24)
$$

研究表明，使用上面的准则，实际位置和估算位置之间的距离误差比不使用该准则的方法有一定减小。目前还有一些研究来提升最近邻方法的搜索效率，像 R-Tree、X-Tree 这样的多维搜索算法，以及最优 k 近邻算法都属于这个范畴。

最近邻算法的优势在于它比较易于部署，计算也比较简单。使用最近邻方法的性能主要依赖于在信号空间可以划分出多少个 RF 指纹。此外，当指纹的组件增多，或者指纹数据库中的指纹数目增多的情况下，该方法的计算复杂度也会增加。

2. 概率方法

概率方法使用条件概率对 RF 指纹进行建模，然后使用贝叶斯推断的方法来估计位置。它假设了用户位置的概率分布以及每个位置上 RSSI 的概率分布这两个先验知识。先验的 RSSI 分布通常是通过实际的测量数据或者是使用电波传播模型来获取的。

对于每一个位置 L，我们都可以从实际测得的 RSSI 数据来估计一个条件概率密度函数，或者说是似然函数 $P(R|L)$。有两种方法可以用来估计这个似然函数：核函数方法和直方图方法。对于核函数方法（这里使用高斯核函数举例），我们将上文 LFDB 中的第 j 个参考 RF 指纹 R_j 重新定义：

$$R_j = ((r_1^j, \sigma_1^j), (r_2^j, \sigma_2^j), \cdots, (r_{N_a}^j, \sigma_{N_a}^j))$$

其中 r_i^j 是第 j 个参考 RF 指纹（对应于第 j 个位置），接收自第 i 个 AP 的 RSSI 的均值，σ_i^j 则是一个作为核宽度的可调的标准差。

这样，在特定位置 L 上，接收自第 i 个 AP 的样本 RSSI t_i 的似然函数就可以由下式表示：

$$P(t_i | L) = \frac{1}{\sqrt{2\pi}\sigma_i} \exp\left(-\frac{(t_i - r_i)^2}{2\sigma_i^2} \right) \qquad (4-25)$$

在式（4-25）中，当核宽度 σ_i 的值比较大时，它会对概率密度估计有一个平滑作用。假设接

收自每个 AP 的 RSSI 值都是相互独立的,那么核函数方法还可以通过将所有条件概率相乘向多维(多个 AP)推广,即 $P(\boldsymbol{T}\,|\,\boldsymbol{L}) = P(t_1\,|\,\boldsymbol{L})P(t_2\,|\,\boldsymbol{L})\cdots P(t_N\,|\,\boldsymbol{L})$。

　　另一种估计概率密度函数的方法就是直方图方法,图 4-10 所示就是一个实际的直方图的例子。这种方法通过离散的概率密度函数来估计 RSSI 的连续概率密度函数。这种方法需要一个固定数目的区间来计算 RSSI 样本出现的频率。单个区间的范围可以通过一个可调的区间总数值和已知的最小和最大 RSSI 值来计算获得。划分的区间数越多,直方图对概率密度函数的近似程度就会越高。当然,我们还可以使用不等间距区间的直方图来表示 RSSI 的分布,我们甚至还可以使用来自两个不同直方图的条件概率来计算 $P(\boldsymbol{T}\,|\,\boldsymbol{L})$。第一个条件概率可以通过在位置 $\boldsymbol{L}$ 上观察 AP 出现的次数(在某段时间里面,有多少次从该 AP 采得了 RSSI)导出。另一个条件概率表示在相同位置上接收自那个 AP 的 RSSI 值的概率分布。然后这两个概率就可以相乘,从而计算出该位置上某个特定 RSSI 指纹的条件概率分布。使用直方图方法相对于核函数方法需要更多的存储空间。

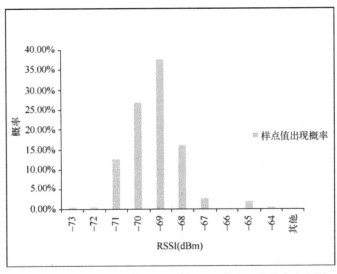

图 4-10　某固定位置采集某 AP 的 RSSI 的归一化分布直方图

　　在初始条件下,每一个位置都被假设具有一个先验概率 $P(\boldsymbol{L})$,通常在没有更多知识的情况下假设位置集合 $\mathcal{L}$ 中的位置具有相同的概率。于是,基于概率方法的位置估算算法就可以使用贝叶斯准则来获取位置的后验概率分布,也就是在已知 RF 指纹 $\boldsymbol{T}$ 的情况下,位置 $\boldsymbol{T}$ 的一个条件概率:

$$P(\boldsymbol{L}\,|\,\boldsymbol{T}) = \frac{P(\boldsymbol{T}\,|\,\boldsymbol{L})P(\boldsymbol{L})}{P(\boldsymbol{T})} = \frac{P(\boldsymbol{T}\,|\,\boldsymbol{L})P(\boldsymbol{L})}{\sum_{L_k \in \mathcal{L}} P(\boldsymbol{T}\,|\,\boldsymbol{L}_k)P(\boldsymbol{L}_k)} \tag{4-26}$$

　　在式(4-26)中,概率方法通过最大后验概率估计将 RF 指纹进行分类,所以位置估算 $\hat{\boldsymbol{L}}$ 就是以下最大似然估算器:

$$\hat{\boldsymbol{L}} = \arg\max_{L_i \in \mathcal{L}} P(\boldsymbol{L}_i\,|\,\boldsymbol{T}) = \arg\max_{L_i \in \mathcal{L}} P(\boldsymbol{T}\,|\,\boldsymbol{L}_i)P(\boldsymbol{L}_i) \tag{4-27}$$

$\arg\max_{L_i \in \mathcal{L}} P(\boldsymbol{L}_i\,|\,\boldsymbol{T})$ 的意思就是,满足 $\boldsymbol{L}_i \in \mathcal{L}$,并且使得 $P(\boldsymbol{L}_i\,|\,\boldsymbol{T})$ 最大的 $\boldsymbol{L}_i$ 值。

　　相对于最近邻方法,概率方法由于具有额外的概率分布信息而具有更高的性能。但是为了建立一个高精度的条件概率分布,通常概率方法需要一个很大的训练集合,也就是说需要很多的

RSSI 观测数据。很多的概率方法都需要知道显式的 RF 指纹分布知识，所以它需要知道 RSSI 的特性或者是 RF 指纹的特性。相对来说，概率方法对信号的内在特征有更精深的利用。

3. 神经网络方法

目前应用到 Wi-Fi 定位的神经网络算法主要为 BP 神经网络算法。BP 神经网络采用的是并行网络结构，包括输入层、隐含层和输出层，输入层的输入经过加权和偏置处理将信号传递给隐含层，在隐含层通过一个转移函数（有时也称为激活函数）将信号向下一个隐含层（网络可以有多个隐含层，也可以只有一个隐含层）或者直接通过输出层产生输出。

该算法的学习过程由信息的前向传播和误差的反向传播组成。在前向传播的过程中，输入信息从输入层经隐含层逐层处理，并传向输出层。第一层神经元的状态只影响下一层神经元的状态。如果在输出层得不到期望的输出结果，则转入反向传播，将误差信号（目标值与网络输出之差）沿原来的连接通道返回，通过修改各层神经元权值，使得误差均方最小。重复此过程，直至误差满足要求，BP 神经网络训练结束，至此得到一个权值和偏置矩阵。

Kolmogorov 定理已经证明 BP 神经网络具有强大的非线性映射能力和泛化功能，任一连续函数或映射均可采用三层网络加以实现。一个典型的具有输入、输出和隐含层的 BP 神经网络如图 4-11 所示。

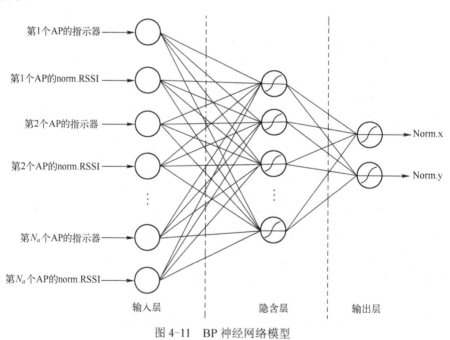

图 4-11 BP 神经网络模型

BP 算法可以通过以下具体过程实现：

（1）建立网络模型，初始化网络及学习参数；

（2）提供训练模式，选实例作为学习训练样本，训练网络，直到满足学习要求；

（3）前向传播过程，对给定训练模式进行输入，并计算网络的输出模式，并与期望模式比较，若误差不能满足精度要求，则误差反向传播，否则转到（2）；

（4）反向传播过程。

BP 算法是一种很有效的算法，它把一组样本的输入、输出问题变成一个非线性优化问题，并使用了优化问题中最普遍的梯度下降法，用迭代运算求权相当于学习记忆问题，加入隐含层节点使优化问题的可调参数增加，从而可以得到更精确的解。整个神经网络由一系列感知单元组成的输入层、一个或多个隐含的计算单元以及一个输出层组成，而每一个节点单元都可以称为神经元。它采用有监督的学习算法，信号在层间前向传递，第 m 层的第 i 个单元的输出为：

$$a_i(m) = \sum_{j=1}^{N_{m-1}} w_{ij}(m)o_j(m-1) + b_i(m) \tag{4-28}$$

$$o_i(m) = f(a_i(m))$$

其中，$a_i(m)$ 和 $o_i(m)$ 是第 m 隐含层中第 i 单元的输入与输出，$b_i(m)$ 是加在该单元上的一个偏置值，N_{m-1} 表示第 $m-1$ 层的神经元个数，$w_{ij}(m)$ 是连结第 $m-1$ 层第 j 单元的输出到第 m 层第 i 单元输入的加权值。$f(\bullet)$ 是平滑非线性函数，通常是 S 型函数：

$$f(x) = \frac{1}{1+e^{-x}} \tag{4-29}$$

或者是双曲正切函数：

$$f(x) = \tanh\left(\frac{x}{2}\right) = \frac{1-e^{-x}}{1+e^{-x}} \tag{4-30}$$

将神经网络用到 Wi-Fi 定位问题上时，我们只需要像图 4-28 那样，把 RF 指纹接入到输入层，每一个 AP 对应两个输入参数：一个是表示 AP 有没有在 RF 指纹中出现的布尔型变量；还有一个就是经过标准化处理的 RSSI 值。RSSI 标准化处理主要依赖于隐含层神经元转移函数的定义域范围。而输出层则表示标准化的位置坐标，在二维情况下，我们只需要两个输出层神经元。标准化的位置坐标则主要依赖于输出层转移函数的值域范围。对应于位置指纹法的两个阶段，在离线阶段我们使用神经网络来训练获得权值和偏置矩阵，然后于在线阶段直接输入目标 RF 指纹，得出位置坐标。

4. SVM 方法

在 Wi-Fi 定位中还可以使用 SVM（支持向量机）来作为一种非参数化非线性的估算位置的分类器。SVM 方法是来自统计学习理论的一种工具，使用 SVM 方法可以通过观察来导出位置的函数依赖关系。这种依赖关系在 Wi-Fi 定位中就是 RF 指纹和位置信息之间的关系。

SVM 方法的基本想法是基于结构风险最小化（SRM, Structural Risk Minimization）原则来最小化期望风险泛函或者泛化误差的边界。风险泛函被定义为损失函数的期望值。损失函数是近似模式映射和实际模式映射差异的一个度量。总风险函数的边界被经验风险函数和 VC（Vapnik-Chervonenkis）置信区间限定。

使用 SVM 方法的分类操作可以简单地总结成以下两步：

（1）使用一个称为核的函数将 RF 指纹向量向一个称为特征空间的更高维数空间映射过去。有很多的 SVM 核函数可以使用，比如多项式函数、径向基函数（RBF, Radial Basis function）、S 型函数。

（2）SVM 方法在特征空间中建立一个最优分割超平面或者说是决策面，然后使用这个超平面来进行分类。分割超平面通常不是唯一的，当它和最近的训练集点有最大距离时，它就是最优化的，而支持向量就是那些用来定义超平面的训练向量。换句话说，支持向量机就是基于支持向量的学习算法。

SVM 方法被认为是模式识别领域最先进的技术，然而应用到 Wi-Fi 定位中时，这个方法的性能也就和加权 k 近邻算法相当。SVM 中合适的核函数以及它的参数很难选择，而这些选择和 SVM

的性能有很大关系。从实践的观点来看,SVM 的算法复杂度是它不易用于 Wi-Fi 定位的一个原因。

4.3.5 位置估算方法的优化

4.3.4 节所说的 4 种方法是位置估算方法比较基本的算法思想。然而在实际使用时,通常还会根据实际情况,对算法进行一些优化补充。下面就介绍一些常用的优化方法。

1. 基于历史信息的 Viterbi-like 算法

由于用户在一小段时间内位置的变动不会很大,所以可以连续存储用户一小段时间多个邻居的位置记录,然后利用这些历史位置信息清除掉一些位置相差很远的歧义点,以此提高定位的精度。Viterbi-like 算法就是这样的一种算法。这里我们以图 4-12 示意。

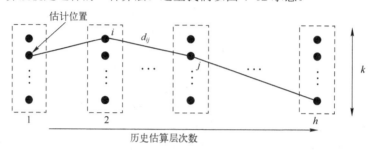

图 4-12 Viterbi-like 算法

这里有 h 层用户计算的历史信息,每一次计算都挑选出与当次测量最近的 k 个邻居,然后对邻近的两组 k 邻居里面前一点到后一点的路径赋予权值,通常是以两点之间的欧几里得距离作为度量,最后在这个 $k \times h$ 的位置空间中找出一条权值最小的路径就认为是用户实际经过的路径,其中包含的位置也就是该方法估算出来的用户位置。

2. 观察环境变化因素的 AP 自适应算法

由于 Wi-Fi 信号会受人员移动、障碍物变化等因素的影响,与环境有很大的相关性,所以我们可以在一个固定区域中准备多个 LFDB,比如办公室忙季一个,办公室闲季一个,然后定位时恰当地选择合适的 LFDB 来进行定位,以此来适应环境的变化。这种方法的网络结构如图 4-13 所示。

这种定位模式需要在两种设备上运行定位程序,一个是 MS,另外一个则是某个 AP,对于图 4-13,由 AP4 分别使用多个 LFDB 对自己进行定位。由于 AP4 位置已知,所以 AP4 可以判断出使用哪个 LFDB 定位精度最高。AP4 判断出使用哪个 LFDB 定位精度最高以后就把这个信息发给移动设备,移动设备也就使用当前环境下最优的 LFDB 对自己进行定位。

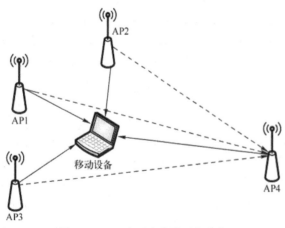

图 4-13 AP 自适应算法网络结构

此外,还有一些诸如利用数字罗盘、加速度传感器、陀螺仪等的传感器辅助方法,解决设备差异性的 Ranking 方法,以及使用贝叶斯过滤器的轨迹追踪方法都可以归为对位置估计方法的优化补充。

4.4 Loc 定位研究工具集

本节将介绍一套用于 Wi-Fi 定位研究的工具集：Loc{lib,trace,eva,ana}。该套工具集由德国曼海姆大学的 Thomas King 等人开发，并且对外公开源码，工具集源码可从 http://pi4.informatik.uni-mannheim.de/pi4.data/content/projects/loclib/downloads.html 下载。

4.4.1 工具集概述

该工具集一共包含 6 个组件，它们分别是 Loclib、Loctrace、Loceva、Locana、Locutil1 及 Locutil2。

其中 Loclib 是应用程序和传感器硬件之间的一个连接器，它的任务就是从传感器硬件收集数据，并且做一些预处理工作。从应用程序角度来看，它就是充当一个 Java Location API 以及访问传感器数据的一个句柄（Handler）；从硬件角度来看，它直接通过硬件驱动来获取传感器的信息。Loclib 不仅包含与 Wi-Fi 设备进行数据交互的组件，它还包括 GPS 组件来和 NMEA-0183 兼容的 GPS 设备进行数据交互，同时还可以从蓝牙设备以及数字罗盘获取信息。

Loctrace 的作用就是直接通过 Loclib 来收集数据，然后把它存到文件中去。

Loceva 则是使用 Loctrace 产生的追踪文件来评估不同类型的定位算法。目前 Loceva 已经实现了很多的定位算法。Loceva 还包含很多的过滤器和生成器，以此设置不同的场景来进行仿真。

Locana 则可以对 Loctrace 和 Loceva 产生的结果进行可视化显示，从而可以验证 Loctrace 的结果是不是具有完整性和可靠性。对于 Loceva 产生的结果进行可视化则可以很方便地验证定位算法是不是如它们预期的那样运行。

Locutil1 和 Locutil2 则是作为工具组件来给其他组件使用的。

整个工具集的结构可以用图 4-14 来表示。图中表示了 Locutil1 和 Locutil2 几乎被所有的组件使用，只有 Loclib 是只需要 Locutil1 而不需要 Locutil2。Locutil1 和 Locutil2 的不同点就在于 Locutil1 是使用 Java ME 来实现的，而 Locutil2 是使用 Java SE 来实现的。对于 Loceva 和 Locana 来说，由于它们不需要通过 Loclib 来直接和传感器硬件进行数据交互，所以它们只依赖于 Locutil1 和 Locutil2，而不依赖于 Loclib。

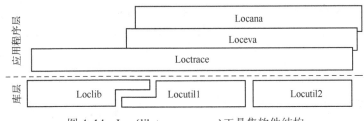

图 4-14　Loc{lib,trace,eva,ana}工具集软件结构

正如图 4-14 展示的那样，整个工具集的结构分为两层——库层和应用程序层。库不是独立程序，它们是向其他程序提供服务的代码。而程序则是不同库和额外源码的一个整合体。Loclib、Locutil1 和 Locutil2 就是不能独立运行的库，而 Loctrace、Loceva 和 Locana 则是依赖于这些库的一个程序集合。

4.4.2 Loclib

4.4.1 节已经对整个工具集进行了概述,而本小节着重对 Loclib 进行详细的描述并对其如何使用进行说明。Loclib 被组织成了 3 个层:传感器数据收集层、数据转换层、定位程序接口层。图 4-15 展示了 Loclib 的组织以及分层结构。

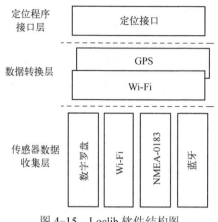

图 4-15　Loclib 软件结构图

传感器数据收集层通过传感器硬件收集数据。目前版本的 Loclib(loclib-0.7.5)可以从 Wi-Fi 网卡、NMEA 兼容的 GPS 接收器、数字罗盘以及蓝牙收集数据。Loclib 会通过驱动(也可能还会通过直接询问的方式)来收集数据。比如,数字罗盘和 NMEA-0183 设备的数据都是通过直接询问的方式来获取的。而对于 Wi-Fi 网卡,它接收自不同 AP 的 RSSI 值则是通过驱动来实现的。通常从传感器数据收集层采集到的数据都会被转给数据转换层再做进一步处理。不过也可以通过句柄(Handler)来直接访问。句柄是为了允许像 Loctrace 这样的应用程序来访问传感器数据而预先定义的接口。

数据转换层的职责就是把传感器数据收集层提供的数据转换到一个位置估算信息来供定位接口使用,GPS 或者 Wi-Fi 定位算法会被用来完成这项任务。当一种方法可用而另一种方法不可用时,数据转换层会选择使用 Wi-Fi 定位或者 GPS 定位;如果两种方法都可用,那么 GPS 将被优先选择使用;如果两种方法都不可用,那么数据转换层将返回一个错误代码。

定位程序接口层则部分实现了 JSR-179 定义的定位接口,来给上层应用程序提供位置估算信息。

下面阐述 Loclib 各部分组件的使用方法。

NMEA-0183:对 NMEA-0183(2.2 版本)的兼容库是 Loclib 库的一部分。NMEA 库尤其对基于 SiRF II 芯片组的 GPS 接收器进行了优化,不过对于其他 NMEA-0183 兼容的设备也是可以正常使用的。可以使用以下命令来显示 GPS 接收器获取到的数据。

```
java -cp loclib-0.7.5.jar:debug-disable-1.1.jar:hexdump-0.1.jar:libdbus-java-2.3.1.jar:
unix-0.2.jar:j2meunit.jar:locutil1-0.5.1.jar org.pi4.loclib.nmea0183.test.SerialGpsTestToString
```

Wi-Fi:目前版本的 Wi-Fi 数据采集实现支持主动扫描和被动扫描,以及监听嗅探(Monitor-Sniffing)。主动扫描和被动扫描在 4.1.5 节"Wi-Fi 基础"中已经讲解,而监听嗅探则表示在数据传输的同时听取管理帧这样的一种工作方式。监听嗅探需要 Wi-Fi 网卡支持监听模式(monitor mode)。在监听模式下,网卡可以接收到所有它能够接收的无线电信号并试图进行解析,而不仅仅局限于它所连接的无线局域网。

可以通过执行下面的命令来开启无线网卡的监听模式,进行抓帧测试。

```
iw dev wlan0 interface add mon0 type monitor    //wlan0 是无线网卡的名称,mon0 是虚拟
                                                //网卡的名称,可以任意指定
ifconfig mon0 up                                //开启虚拟网卡 mon0
tcpdump -i mon0                                 //使用 tcpdump 进行抓帧
```

该命令在 Ubuntu 12.04 LTS,Atheros AR5xxx 无线网卡环境下测试可行,并且省略 sudo 命令前缀。

而 Loclib 提供的 Wi-Fi 扫描工具则可以通过下面的命令测试执行。

```
java -Djava.library.path=./ -cp loclib-0.7.5.jar:debug-disable-1.1.jar:hexdump-0.1.jar:
libdbus-java-2.3.1.jar:unix-0.2.jar:j2meunit.jar:locutil1-0.5.1.jar org.pi4.loclib.wirelesslan.
test.ScanTest
```

根据实际情况调整 java.library.path，该测试程序只能在 Linux 或者是*BSD 环境下工作。

蓝牙：所谓的基于近似法的蓝牙定位系统也是 Loclib 的一部分。这种方法的工作原理是：移动设备的位置由它的通信区域 AP 位置的平均值来求得。目前版本的 Loclib 需要 BlueZ 蓝牙协议栈以及 Linux 或者*BSD 操作系统。蓝牙部分用法如下：替换 bluetoothlocationdata.txt 文件中蓝牙 AP 的 MAC 地址和坐标。修改 loclib.properties 文件，设置 provider=Bluetooth。然后执行以下命令：

```
java -cp loclib-0.7.5.jar:debug-disable-1.1.jar:hexdump-0.1.jar:libdbus-java-2.3.1.jar:
unix-0.2.jar:j2meunit.jar:locutil1-0.5.1.jar org.pi4.loclib.test.LocationProviderTest
```

数字罗盘：Loclib 实现了 Silicon Laboratories 生产的 F350-Compass-RD 数字罗盘的通信协议。该罗盘提供了方位角、温度，以及 X、Y 轴上的倾斜度信息。

可以使用下面的命令进行测试，测试程序会持续地向数字罗盘请求和接收数据并把它显示到屏幕上。

```
java -cp loclib-0.7.5.jar:debug-disable-1.1.jar:hexdump-0.1.jar:libdbus-java-2.3.1.jar:
unix-0.2.jar:j2meunit.jar:locutil1-0.5.1.jar org.pi4.loclib.f350compassfd.test.CompassTest
```

FDDD: FDDD（Fingerprint Database Distribution Demonstrator）是一个示例程序。

可以使用以下命令执行：

```
java -cp loclib-0.7.5.jar:debug-disable-1.1.jar:hexdump-0.1.jar:libdbus-java-2.3.1.jar:
unix-0.2.jar:j2meunit.jar:locutil1-0.5.1.jar -Djava.library.path=PATH_LOCLIB_JNI -Djava.security.
policy=PATH_FDDD/rmi.policy -jar fddd-0.5.jar
```

PATH_LOCLIB_JNI 表示 Loclib jni 目录的路径。PATH_FDDD 代表 FDDD 代码的存放处。

SPBM：SPBM（Scalable Position-Based Multicast）移动 ad hoc 网络中的多播路由协议。它利用网络中节点的位置来转发数据包。Loclib 从 GPS 定位中获得的位置坐标可以供 SPBM 使用。loclib-spdm 需要4个命令行参数：原始 SPBM 坐标系统的纬度、原始 SPBM 坐标系统的经度、SPBM 坐标系统 x 轴上的步长、SPBM 坐标系统 y 轴上的步长。比如，可以使用以下命令来运行 loclib-spbm：

```
java -jar loclib-spbm-0.1.jar 49.3 8.5 0.0001 0.0001
```

4.4.3 Loctrace

Loctrace 只包含一个程序：Tracer。Tracer 被用来收集构建指纹数据库的数据。为了实现这个目标，Tracer 通过 Loclib 直接收集传感器数据（例如，Wi-Fi 网络中通信范围之内的 AP 的 RSSI 值）。Tracer 包含一个图形用户界面（GUI）来方便配置（例如，选择一个扫描模式和设备）。其他的参数，诸如扫描次数或者两次扫描的间隔时间也同样可以通过图形界面进行配置。如果追踪程序开始运行了，那么就会在 Tracer 界面的底部出现一个直方图，显示通信范围之内的 AP，以及和它们相关的 RSSI 的分布。图 4-16 所示就是 Tracer GUI 的一个截图。

通过 Loclib 收集到的数据被存储到一个可读的追踪文件中，文件中每一行的格式如下。

```
t="Timestamp";pos="RealPosition",id="MACofScanDevice";degree="orientation";"MACofR
esponse1"="SignalStrengthValue","Frequency","Mode","Noise";...;"MACofResponseN"="Signal
StrengthValue","Frequency","Mode","Noise"
```

t 表示自 UTC 时间 1970 年 1 月 1 日 0 点以来以毫秒为单位的时间戳；pos 表示扫描设备的实际物理坐标；id 表示扫描设备的 MAC 地址；degree 表示用户携带扫描设备所朝的方向的角度（只有当有数字罗盘的时候该位才会被设置）。MACofResponse 表示回应点（比如说 AP）的 MAC 地址，连同它的以 dBm 为单位的 RSSI，信道频率，模式（AP=3，adhoc 模式=1），以及以 dBm 为单位的噪声等级。

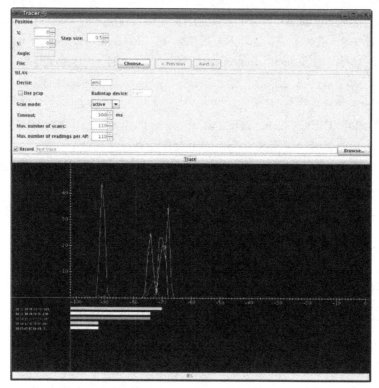

图 4-16　Tracer 运行界面

Tracer 产生出来的追踪文件是整个 Wi-Fi 定位过程中的重要组成部分。这些文件可以交由 Loceva 用于评估和仿真不同定位算法和不同场景。追踪文件还可以交由 Locana 继续进行可视化分析。最后，这些追踪文件还可以被用来构建 LFDB。

可以通过下面的命令来启动 Tracer。

> java -Djava.library.path=PATH_LOCLIB_JNI -cp loctrace-0.5.jar:locutil1-0.5.1.jar:loclib-0.7.5.jar:debug-disable-1.1.jar:hexdump-0.1.jar:libdbus-java-2.3.1.jar:unix-0.2.jar org.pi4.loctrace.wirelesslan.Tracer

PATH_LOCLIB_JNI 根据具体 loclib 本地库的存放路径来设置。现成的追踪文件也可以从工具集的下载网站进行下载。

4.4.4　Loceva

Loctrace 产生的追踪文件可以交由 Loceva 来评估各种不同类型的定位算法。目前版本的 Loceva 已经实现了很多的定位算法。

为了方便比较不同的定位算法，Loceva 包含了一个管理部分来设置和选择不同的场景进行仿真。这样，Loceva 利用 Loctrace 产生的追踪文件来仿真一个特殊的场景，这样的一个仿真场景就可以用于对比不同的定位算法，从而可以确定不同的定位结果是基于不同的定位算法而不是由于环境的变化造成的。

建立和管理不同的场景是通过过滤器来完成的。过滤器通过控制追踪文件中的不同对象来产生不同的场景。比如，MAC 过滤器就是手工过滤掉一些 AP 的，即使它们是追踪文件的一部分。位置过滤器就可以通过参考点的坐标来过滤掉 LFDB 中的一些参考点。

定位部分包含多种不同的定位算法，使得新提出的算法可以方便地和之前的算法进行对比。下面通过一张类图（见图 4-17）来查看各种算法的实现情况。

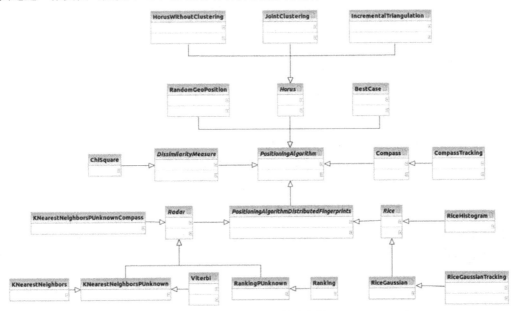

图 4-17　Loceva 算法类图

在选择了确定的场景以及定位算法以后，Loceva 还可以计算出这种情况下的定位误差。定位误差被定义为用户的实际位置和算法估算出来的位置的欧几里得距离。在每次仿真结束时，平均的定位误差都会被打印出来，还有一幅表示定位误差的累积概率密度函数图（见图 4-18）也会被显示出来。这样的一幅图将被用来对比不同定位算法的准确度。此外，Loceva 还可以使用计算的中间结果来产生一个日志文件，这个日志文件可以交由 Locana 来分析定位算法的行为。

Loceva 可以使用属性文件来控制。在 Java 中属性文件包含了一系列的键值对，中间以等号作为分隔符。Loceva 中很多的配置值都可以通过属性文件来设置，从而相同的 jar 文件可以被用来仿真很多不同的场景。工具集下载网站也给出了一个属性文件，以供 Loceva 使用。

Loceva 可以通过下述命令执行。

　　java –cp loceva-0.5.1.jar:locutil1-0.5.1.jar:locutil2-0.5.2.jar org.pi4.loceva.Loceva –offline
FILENAME –online FILENAME [–prop PROPERTY]

FILENAME 可以是离线阶段以及在线阶段的追踪文件，-offline 和-online 参数是被强制需要的，而-prop 参数则是一个定义属性文件的可选参数。

4.4.5　Locana

Locana 对 Loctrace 和 Loceva 产生的结果进行可视化。很多这样的工具被组织到了 Locana 包中。Locana 包含很多特定用途的小工具。大部分工具都对 Loctrace 和 Loceva 的输出结果进行验证，或者是列出追踪文件中的一些特定对象。比如，有一个名为 AccessPointLister 的工具就可以打印出所有的 AP 以及它们在追踪文件中出现的次数。

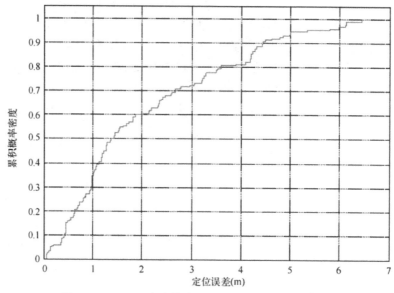

图 4-18　Loceva 产生的定位误差累积概率密度分布图

　　Locana 还包含一个工具叫做 Radiomap。Radiomap 提供两种操作模式：loctrace 模式和 loceva 模式。loctrace 模式对 Loctrace 产生的追踪文件进行可视化显示，主要用在可视化研究 LFDB 方面。对于每一个参考点和 AP，读数次数、RSSI 均值和标准差都可以被显示。而网格维数和参考点网格的起始点可以被调节。

　　正如前面提到的那样，Loceva 可以产生一个定位算法运行的中间结果日志文件。这样的一个日志文件能够以 loceva 模式被 Radiomap 显示出来。这可以帮助理解被选择的定位算法的工作情况，并且验证定位算法是否如它预期的那样运行。图 4-19 和图 4-20 分别展示了 Radiomap 工作在 loctrace 模式和 loceva 模式下的截图。

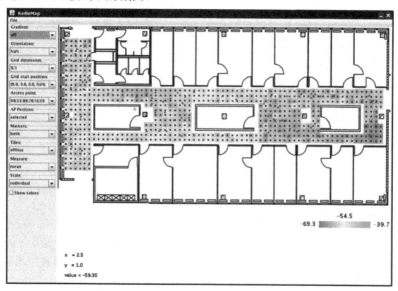

图 4-19　Radiomap 运行在 loctrace 模式

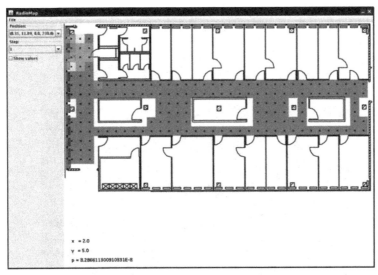

图 4-20   Radiomap 运行在 loceva 模式

Radiomap 可以通过如下命令执行。

> java −Xmx512M −cp batik−awt−util.jar:batik−bridge.jar:batik−css.jar:batik−dom.jar:batik−
> extension.jar:batik−ext.jar:batik−gui−util.jar:batik−gvt.jar:batik−parser.jar:batik−script.jar:batik−
> svg−dom.jar:batik−svggen.jar:batik−swing.jar:batik−transcoder.jar:batik−util.jar:batik−xml.jar:lo
> cana−0.5.1.jar:locutil1−0.5.1.jar:locutil2−0.5.2.jar:xerces_2_5_0.jar:xml−apis.jar org.pi4.locana.
> radiomap.RadioMap [−offline FILENAME] [−online FILENAME] [−maxgrid DOUBLE]

FILENAME 可以是 loctrace 文件（.trace）或者是 loceva 文件（.ptrace）来切换 loctrace 模式
和 loceva 模式。-offline 和 -online 参数值只需要有一个，同时使用两个参数也是可以的。-maxgrid
参数作为可选参数被用来设置最大的网格间隔，默认值是 5.0。

4.5   HTML5 GeoLocation 定位实例

最后再来讲一个实际使用了 Wi-Fi 定位的例子：HTML5 GeoLocation。拿出笔记本电脑，连
入 Wi-Fi 网络，打开浏览器，输入 http://ditu.google.com/，在出现的 Google 地图左上角的小人上
面有一个小点，单击它，最终就可以看到效果了。如图 4-21 所示是本书作者的一个实验结果，不
过有些遗憾的是作者所在位置是图中五角星的位置，而 Google 地图给出的却是图中圆点的位置。
不过相比于 IP 地址定位则要好得多了。如果读者也做了相同的实验而没有得到想要的结果，那么
有可能是你的浏览器版本太老了（目前支持 HTML5 GeoLocation 的浏览器是 Firefox 3.5+、Chrome
5.0+、IE 9.0+、Safari 5.0+、Opera 10.6+、iPhone 3.1+、Android 2.0+、BlackBerry 6+）；还有可
能是 Google 的数据库中没有你的 AP 的 MAC 地址；再就是一些其他的原因了。

接下来我们就来看看 HTML5 GeoLocation 究竟是怎么一回事。在开始使用 HTML5
Geolocation API 前，必须要检查浏览器是否支持 HTML5 Geolocation。

代码（使用 JavaScript 脚本）如下。

```
if(navigator.geolocation){
    //do something
```

```
    }else{
      alert('您的浏览器不支持 HTML5 GeoLocation!');
    }
```

图 4-21　Google 地图 Wi-Fi 定位测试

　　如果浏览器支持 HTML5 Geolocation，我们如何获取用户的当前地理位置信息呢？这里可以使用如下语句进行位置的获取。

```
navigator.geolocation.getCurrentPosition（successCallback,errorCallback,positionOptions）；
```

　　navigator.geolocation 对象有一个方法 getCurrentPosition，用来获取用户当前的位置信息，该方法带有 3 个参数。

　　（1）successCallback：成功获取用户位置信息后的回调函数。

　　（2）errorCallback：获取用户位置信息失败时的回调函数。

　　（3）positionOptions：可选。获取用户位置信息的配置参数。

　　首先来看一下 successCallback，代码如下。

```
var successCallback = function(position){
    var lat = position.coords.latitude,
        lon = position.coords.longitude;
    alert('您的当前位置的纬度为：'+lat+'，经度为'+lon);
};
```

　　successCallback 非常简单，它带有一个参数，表示已经获取到的用户位置数据，也就是以上代码中的 position。该对象包含两个属性 coords 和 timestamp。coords 属性中包含 7 个值：① accuracy（准确度），② latitude（纬度），③ longitude（经度），④ altitude（海拔高度），⑤ altitudeAcuracy（海拔高度的精确度），⑥ heading（行进方向），⑦ speed（地面的速度）。以上 7 个属性，如果浏览器没有获取到它们的值，则返回 null。timestamp 属性表示时间戳，不过在实际开发中用处不大。

　　然后就是 errorCallback，查看以下代码。

```
var errorCallback = function(error){
    alert('错误代码:'+error.code+',错误信息:'+error.message);
}
```

　　errorCallback 和 successCallback 一样简单。errorCallback 也带有一个参数，表示 HTML5 Geolocation 返回的错误数据，它包含两个属性：message 和 code。message 属性表示错误信息。code

属性表示错误代码：0（UNKNOWN_ERROR）表示不包括在其他错误代码中的错误，需要通过 message 参数查找错误的更多详细信息；①（PERMISSION_DENIED）表示用户拒绝浏览器获取位置信息的请求；②（POSITION_UNAVALIABLE）表示获取位置信息失败；③（TIMEOUT）表示获取位置信息超时。在 options 中指定了 timeout 值时才有可能发生这种错误。某些浏览器可能没有 message 属性的值，则返回 null。

最后我们看看可选参数 positionOptions。positionOptions 的数据格式为 JSON。positionOptions 有 3 个可选的属性 enableHighAcuracy、timeout 及 maximumAge。

（1）enableHighAcuracy：布尔值。表示是否启用高精确度模式。如果启用这种模式，浏览器在获取位置信息时可能需要耗费更多的时间。

（2）timeout：整数。表示浏览器需要在指定的时间内获取位置信息，否则触发 errorCallback。

（3）maximumAge：整数/常量（infinity）。表示浏览器重新获取位置信息的时间间隔。

HTML5 GeoLocation API 这个简单的使用例子介绍至此也就差不多了，通过这个例子我们发现这个接口的使用还是比较简单的。乍一看，好像我们并没有从代码中看到 Wi-Fi 的影子，但是仔细思考一下，这个 Google 地图是怎么拿到我们的位置的呢？通过 IP 地址吗？有可能，但是通过 IP 地址精度好像达不到那么高。那有可能是什么呢？GPS 吗？那当然不是，因为笔者的笔记本电脑上并没有配备 GPS 接收器。

那么我们就通过跟踪 HTML5 GeoLocation 的接口实现来看看这个 Google 地图到底是通过什么手段来对我们的笔记本电脑进行定位的呢？由于对 Google 地图的访问，以及 HTML5 GeoLocation 接口的使用都是通过浏览器来完成的，那么最方便的一个方法就是拆开浏览器看看它究竟干了什么事。这里我们使用的是 Google 的一个开源项目 Chromium，从这个开源项目就可以看到 Google 浏览器是如何实现 HTML5 GeoLocation 这个接口了。

现在读者可以打开浏览器，输入地址：http://src.chromium.org/svn/trunk/src/content/browser/geolocation/，打开这个目录以后就会看到 Google 浏览器对 GeoLocation 接口的实现了，这里我们给出该目录下的一小段截图，如图 4-22 所示。

- osx_wifi.h
- wifi_data_provider_common.cc
- wifi_data_provider_common.h
- wifi_data_provider_common_unittest.cc
- wifi_data_provider_common_win.cc
- wifi_data_provider_common_win.h
- wifi_data_provider_corewlan_mac.mm
- wifi_data_provider_linux.cc
- wifi_data_provider_linux.h
- wifi_data_provider_linux_unittest.cc
- wifi_data_provider_mac.cc
- wifi_data_provider_mac.h
- wifi_data_provider_unittest_win.cc
- wifi_data_provider_win.cc
- wifi_data_provider_win.h
- win7_location_api_unittest_win.cc
- win7_location_api_win.cc
- win7_location_api_win.h
- win7_location_provider_unittest_win.cc
- win7_location_provider_win.cc
- win7_location_provider_win.h

图 4-22　Chromium 对 Wi-Fi 定位的实现

从图中就可以看到 Wi-Fi 的身影了。我们再打开一个文件：Wi-Fi_data_provider_common_win.cc。这里我们列出里面的一个函数，代码如下。

```
bool ConvertToAccessPointData(const NDIS_WLAN_BSSID& data,
                             AccessPointData *access_point_data){
  // Currently we get only MAC address, signal strength and SSID.
  // TODO(steveblock): Work out how to get age, channel and signal-to-noise.
  DCHECK(access_point_data);
  access_point_data->mac_address = MacAddressAsString16(data.MacAddress);
  access_point_data->radio_signal_strength = data.Rssi;
  // Note that _NDIS_802_11_SSID::Ssid::Ssid is not null-terminated.
  UTF8ToUTF16(reinterpret_cast<const char*>(data.Ssid.Ssid),
          data.Ssid.SsidLength,
          &access_point_data->ssid);
  return true;
}
```

从代码中可以看出在 Windows 环境下，Google 浏览器目前只是获取了 AP 的 MAC 地址和信号强度（也就是之前讲的 RSSI），这也表明了 Google 浏览器采用的 Wi-Fi 定位手段就是基于 RSSI 的。

之前的那一段讲的就是实际环境下定位系统的一个定位客户端。之后我们再来讲解一下定位的服务端都干了一些什么事。我们依然以 Google 举例。先来看一张图片，如图 4-23 所示。图中显示的是 Google 用于收集 Wi-Fi 信号的小车。Google 派出来的这种小车叫做 "街景车"，上面装了摄像头用来拍摄沿途的风景。不过除了拍摄风景，车上还配备了 GPS 接收装置，以及 Wi-Fi 信号收集装置，用于收集途中各个 AP 的信息，Google 的 Wi-Fi 定位数据库正是由众多这样的小车在全球收集 Wi-Fi 信号并传回 Google 的服务器经过处理后构建而来的。

图 4-23　Google 街景车

下面我们再来看一下 Google 街景车上运行的程序又是怎么样的呢？程序框架见图 4-24。

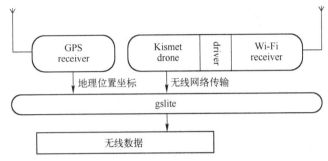

图 4-24　Google Wi-Fi 信号收集程序

程序实际上是由两部分组成的，一部分就是用于 Wi-Fi 信号收集的 Kismet，另一部分则是用于 GPS 信号收集以及对收集到的 Wi-Fi、GPS 进行处理的 gslite。Kismet 是一款开源免费的用于无线网络检测和抓包的软件。Kismet 通过把无线网卡设置成监听模式（monitor mode）来抓取无线网络中传输的报文。Kismet 是使用被动模式来获取报文的。Kismet 是一个独立的抓包和包过滤的程序。不过，它也可以被配置为"drone"模式，在"drone"模式下，Kismet 不会去记录和处理抓到的报文，而是直接把抓到的网络数据流传递给那些需要这个数据流的程序。Kismet 还会在抓到的 802.11 MAC 帧之前加上一个 Kismet 头，这个 Kismet 头里面存放的就是一些无线传输的属性数据，我们所需要的 RSSI 也正是放在了这个头中。

而 gslite 其实是来源于 Google 的一个开源项目 gstumbler，gstumbler 是在 2006 年创建的，通过 gstumbler 项目编译出来的一个可执行程序起初也是叫做"gstumbler"的，不过在 2006 年中和 2006 年之后，这个可执行程序被配备到了 Google 的街景车上来获取数据，这样它就又有了一个新的名字，叫做"gslite"。gslite 的作用就是去分析处理抓取到的 Wi-Fi 帧，同时它还会去接收从 GPS 系统传递过来的地理位置坐标，然后它会把处理之后的 Wi-Fi 帧、GPS 返回的坐标及 Wi-Fi 帧的接收时间关联起来，最后一并存储到数据库中。默认状态下，gslite 会收集所有的 Wi-Fi 帧，除掉那些被加密的数据帧的数据部分。

Google 通过这样的街景车在全球范围收集 Wi-Fi 信号，然后构建出用于 Wi-Fi 定位的数据库，之后用户只要把自己周围的 AP 的 MAC 地址，以及从 AP 得到的 RSSI 发给 Google 的定位服务器，定位服务器就可以计算出位置并且返回给用户。

习　题

1. IEEE 802.11 的第一个版本是在哪一年制定的？Wi-Fi 联盟又是哪一年成立的？

2. 802.11b 的工作频段是几吉赫兹（GHz）？802.11a、802.11g、802.11n 的工作频段又分别是多少？

3. 根据 802.11 MAC 帧的 Frame Control 字段中的 Type 取值，MAC 帧可以被分为哪几种类型？

4. 现有一个 802.11 MAC 帧，它的 Frame Control 字段的值为 0x0080，请判断它是属于什么类型的帧（精确到子类型）。

5. Wi-Fi 扫描的扫描类型有哪两种？

6. 假设离线阶段，9 个不同位置对 4 个 AP 采样得到的均值结果如下：

	样点位置	AP1(dBm)	AP2(dBm)	AP3(dBm)	AP4(dBm)
样点 1	(0,0)	−26	−39	−37	−41
样点 2	(3,0)	−34	−35	−36	−36
样点 3	(6,0)	−36	−27	−36	−38
样点 4	(0,3)	−33	−36	−36	−34
样点 5	(3,3)	−37	−39	−37	−36
样点 6	(6,3)	−36	−34	−34	−36
样点 7	(0,6)	−36	−38	−36	−29
样点 8	(3,6)	−35	−36	−34	−34
样点 9	(6,6)	−38	−40	−27	−38

在线阶段时,某移动设备采集到的 4 个 AP 的 RSSI 从 AP1 至 AP4 分别为(−33,−34,−36,−36),试用最近邻算法估算出移动设备的位置坐标。

7. 假设在某位置 x 上对 4 个 AP 进行采样的采样情况如下:

对 AP1 的 RSSI 采样	
RSSI(dBm)	样点数
−71	20
−70	150
−69	260
−68	70

对 AP2 的 RSSI 采样	
RSSI(dBm)	样点数
−71	50
−70	210
−69	200
−68	40

对 AP3 的 RSSI 采样	
RSSI(dBm)	样点数
−45	140
−46	240
−47	120

对 AP4 的 RSSI 采样	
RSSI(dBm)	样点数
−39	160
−38	200
−37	140

试画出位置 x 上各 AP 采得的 RSSI 值的归一化平面分布直方图。

参 考 文 献

[1] N. Swangmuang, A LOCATION FINGERPRINT FRAMEWORK TOWARDS EFFICIENT WIRELESS INDOOR POSITIONING SYSTEMS. Pittsburgh, PA, USA: University of Pittsburgh, 2008.

[2] T. King, S. Kopf, T. Haenselmann, C. Lubberger, and W. Effelsberg. COMPASS: A probabilistic indoor positioning system based on 802.11 and digital compasses, in WiNTECH, Los Angeles, CA, USA, 2006, p. 34-40.

[3] R. Zekavat, R. M. Buehrer. Handbook of Position Location: Theory, Practice and Advances. Wiley-IEEE Press, 2011.

[4] IEEE Standard for Information Technology-Telecommunications and Information Exchange between Systems Local and Metropolitan Area Networks-Specific Requirements Part 11: Wireless LAN Medium Access Control(MAC)and Physical Layer(PHY)Specifications. New York, USA: IEEE Press, 2012.

[5] T. King, T. Butter, and T. Haenselmann. Loc {lib, trace, eva, ana}: Research Tools for 802.11-based Positioning Systems, in WiNTECH, Montreal, Quebec, Canada, 2007, p. 67-74.

[6] Y. S. Cho, J. Kim, W. Y. Yang, and C. G. Kang. MIMO-OFDM Wireless Communications with MATLAB. Wiley-IEEE Press, 2010.

[7]   A. LaMarca, Y. Chawathe, S. Consolvo, J. Hightower, I. Smith, J. Scott, T. Sohn, J. Howard, J. Hughes, F. Potter, Jason, Tabert, P. Powledge, G. Borriello, and B. Schilit. Place Lab: Device Positioning Using Radio Beacons in the Wild. Pervasive Computing, p. 301-306, 2005.

[8]   A. Haeberlen, E. Flannery, A. M. Ladd, A. Rudys, D. S. Wallach, and L. E. Kavraki, "Practical robust localization over large-scale 802.11 wireless networks," in MobiCom, Philadelphia, PA, USA, 2004, p. 70-84.

[9]   P. Bahl and V. N. Padmanabhan, "RADAR: An In-Building RF-based User Location and Tracking System," in INFOCOM, Tel Aviv, Israel, 2000, p. 775-784.

[10]   M. Youssef and A. K. Agrawala. The Horus WLAN location determination system. in MobiSys, Seattle, Washington, USA, 2005, p. 205-218.

[11]   S. Sen, B. Radunovic, R. R. Choudhury, and T. Minka, "You are facing the Mona Lisa: spot localization using PHY layer information," in MobiSys, Low Wood Bay, Lake District, UK, 2012, p. 183-196.

[12]   Gast M S. 802.11 无线网络权威指南（第二版）. 南京：东南大学出版社, 2007.

[13]   高峰. 无线城市：电信级 Wi-Fi 网络建设与运营. 北京：人民邮电出版社, 2011.

第 5 章

ZigBee 网络定位

5.1 ZigBee 概述

什么是 ZigBee？ZigBee 是根据 IEEE 802.15.4 协议（无线个人区域网）开发的一种短距离、低功耗的无线通信技术。这一名称来源于蜜蜂的八字舞，由于蜜蜂（bee）是靠飞翔和"嗡嗡"（zig）地抖动翅膀的"舞蹈"来与同伴传递花粉所在方位信息的，也就是说蜜蜂依靠这样的方式构成了群体中的通信网络。其特点是近距离、低复杂度、低功耗、低数据速率、低成本，主要适合用于自动控制和远程控制领域，可以嵌入各种设备。简而言之，ZigBee 就是一种便宜的、低功耗的近距离无线组网通信技术。

5.1.1 起源

1. ZigBee 简介

ZigBee 在中国被译为"紫蜂"，它与蓝牙类似，是一种新兴的短距离无线技术，用于传感控制应用（sensor and control）。此想法在 IEEE 802.15 工作组中提出，于是成立了 TG4 工作组，并制定规范 IEEE 802.15.4。2002 年，ZigBee 联盟成立。2004 年，ZigBee V1.0 诞生，它是 ZigBee 的第一个规范，但由于推出仓促，存在一些错误。2006 年，推出 ZigBee 2006，该规范比较完善。2007 年底，ZigBee PRO 推出 ZigBee 的底层技术，物理层和 MAC 层直接引用了 IEEE 802.15.4。近几年，推出了各种定位芯片，ZigBee 获得快速发展。

长期以来，低价、低传输率、短距离、低功率的无线通信市场一直存在着。自从蓝牙出现以后，曾让工业控制、家用自动控制、玩具制造商等业者雀跃不已，但是蓝牙的售价一直居高不下，严重影响了这些厂商的使用意愿。如今，这些业者都参加了 IEEE 802.15.4 小组，负责制定 ZigBee 的物理层和媒体介入控制层。IEEE 802.15.4 规范是一种经济、高效、低数据速率（<250kbps）、工作在 2.4GHz 和 868/928MHz 的无线技术，用于个人区域网和对等网络，它是 ZigBee 应用层和网络层协议的基础。ZigBee 是一种新兴的近距离、低复杂度、低功耗、低数据速率、低成本的无线网络技术，它是一种介于无线标记技术和蓝牙技术之间的技术，主要用于近距离无线连接。它依据 IEEE

802.15.4 标准，在数千个微小的传感器之间相互协调实现通信。这些传感器只需要很少的能量，以接力的方式通过无线电波将数据从一个传感器传到另一个传感器，所以它们的通信效率非常高。

2．ZigBee 联盟的建立

ZigBee 联盟是一个高速成长的非盈利业界组织，成员包括国际著名半导体生产商、技术提供者、技术集成商以及最终使用者。联盟制定了基于 IEEE 802.15.4 的具有高可靠性、高性价比、低功耗的网络应用规格。

ZigBee 联盟的主要目标是通过加入无线网络功能，为消费者提供更富有弹性、更容易使用的电子产品。ZigBee 技术能融入各类电子产品，应用范围横跨全球的民用、商用、公共事业以及工业等市场。使得联盟会员可以利用 ZigBee 这个标准化无线网络平台，设计出简单、可靠、便宜又节省电力的各种产品来。ZigBee 联盟锁定的焦点为制定网络安全和应用软件层；提供不同产品的协调性及互通性测试规格；在世界各地推广 ZigBee 品牌并争取市场的关注；管理技术的发展。

5.1.2　技术简介

ZigBee 是一种近年来才兴起的无线网络通信技术标准，它出现的时间较短，2004 年底才由 ZigBee 联盟发布了 1.0 版本规范，尚未进入大规模的商业化生产和应用。但是，它的上升势头十分明显，已有 Chipcon、Freescale、CompXs、Ember 四家公司通过了 ZigBee 联盟对其产品所做的测试和兼容性验证。从 2006 年开始，基于 ZigBee 的无线通信产品和应用迅速得到普及和高速发展。

ZigBee 技术并不是完全独有的、全新的标准。它的物理层、MAC 层和链路层采用了 IEEE 802.15.4 协议标准，在此基础上进行了完善和扩展，其网络层、应用会聚层和高层应用规范（API）由 ZigBee 联盟制定。

ZigBee 是以一个个独立的工作节点为依托，通过无线通信组成星状、片状或网状网络，因此，每个节点的功能并非都相同。为了降低成本，系统中大部分的节点为子节点，从组网通信上，它只是其功能的一个子集，称为精简功能设备；而另外还有一些节点，负责与所控制的子节点通信、汇集数据和发布控制，或起到通信路由的作用，我们称之为全功能设备（也称为协调器）。

ZigBee 的特点突出，尤其在低功耗、低成本上，主要体现在以下几个方面。

（1）低功耗。在低耗电待机模式下，2 节 5 号干电池可支持 1 个节点工作 6～24 个月，甚至更长。这是 ZigBee 的突出优势。与之相比，蓝牙能工作数周，Wi-Fi 可工作数小时。

（2）低成本。通过大幅简化协议（不到蓝牙的 1/10），降低了对通信控制器的要求，按预测分析，以 8051 的 8 位微控制器测算，全功能的主节点需要 32KB 代码，子功能节点少至 4KB 代码，而且 ZigBee 免协议专利费。

（3）低速率。ZigBee 工作在 20～250kbps 的较低速率，分别提供 250kbps（2.4GHz）、40kbps（915MHz）和 20kbps（868MHz）的原始数据吞吐率，满足低速率传输数据的应用需求。

（4）近距离。传输范围一般介于 10～100m 之间，在增加 RF 发射功率后，亦可增加到 1～3km。这里指的是相邻节点间的距离。如果通过路由和节点间通信的接力，传输距离将可以更远。

（5）短时延。ZigBee 的响应速度较快，一般从睡眠转入工作状态只需 15ms，节点连接进入网络只需 30ms，进一步节省了电能。与之相比，蓝牙需要 3～10s，Wi-Fi 需要 3s。

（6）高容量。ZigBee 可采用星状、片状和网状网络结构，由一个主节点管理若干子节点，最多一个主节点可管理 254 个子节点；同时主节点还可由上一层网络节点管理，最多可组成 65 000

个节点的大网。

（7）高安全性。ZigBee 提供了三级安全模式，包括无安全设定、使用接入控制清单（ACL）防止非法获取数据以及采用高级加密标准（AES－128）的对称密码，以灵活确定其安全属性。

（8）免执照频段。在工业科学医疗（ISM）频段采用直接序列扩频，具体为 2.4GHz（全球）、915MHz（美国）和 868MHz（欧洲）。

5.1.3 自组网通信

ZigBee 技术所采用的自组网是怎么回事呢？举一个简单的例子就可以说明这个问题，当一队伞兵空降后，每人持有一个 ZigBee 网络模块终端，降落到地面后，只要他们彼此间在网络模块的通信范围内，通过彼此自动寻找，很快就可以形成一个互联互通的 ZigBee 网络。而且，由于人员的移动，彼此间的联络还会发生变化。因而，模块还可以通过重新寻找通信对象确定彼此间的联络，对原有网络进行刷新。这就是自组网。

1．ZigBee 技术为什么要使用自组网来通信

网状网通信实际上就是多通道通信，在实际工业现场，由于各种原因，往往并不能保证每一个无线通道都能够始终畅通，就像城市的街道一样，可能因为交通事故、道路维修等，使得某条道路的交通出现暂时中断，此时由于我们有多个通道，车辆（相当于我们的控制数据）仍然可以通过其他道路到达目的地。而这一点对工业现场控制而言则非常重要。

为什么自组网要采用动态路由的方式呢？所谓动态路由是指网络中数据传输的路径并不是预先设定的，而是传输数据前通过对网络当时可利用的所有路径进行搜索，分析它们的位置关系以及远近，然后选择其中的一条路径进行数据传输。在我们的网络管理软件中，路径的选择使用的是"梯度法"，即先选择路径最近的一条通道进行传输，如果传不通，再使用另外一条稍远一点的通路进行传输，以此类推，直到数据送达目的地为止。在实际工业现场，预先确定的传输路径随时都可能发生变化，或者因各种原因路径被中断了，或者由于过于繁忙不能进行及时传送。动态路由结合网状拓扑结构，就可以很好地解决这个问题，从而保证数据的可靠传输。

2．ZigBee 无线数据传输网络描述

简单地说，ZigBee 是一种高可靠的无线数据传输网络，类似于 CDMA 和 GSM 网络。ZigBee 数据传输模块类似于移动网络基站。通信距离从标准的 75m 到几百米、几千米，并且支持无限扩展。

ZigBee 是一个由可多达 65 000 个无线数据传输模块组成的一个无线数据传输网络平台，在整个网络范围内，每一个 ZigBee 网络数据传输模块之间可以相互通信，每个网络节点间的距离可以从标准的 75m 无限扩展。

与移动通信的 CDMA 网或 GSM 网不同的是，ZigBee 网络主要是为工业现场自动化控制数据传输而建立的，因而它必须具有简单、使用方便、工作可靠、价格低的特点。而移动通信网主要是为语音通信而建立的，每个基站价值一般都在百万元人民币以上，而每个 ZigBee "基站"却不到 1000 元人民币。每个 ZigBee 网络节点不仅本身可以作为监控对象，例如其所连接的传感器直接进行数据采集和监控，还可以自动中转其他网络节点传过来的数据资料。除此之外，每一个 ZigBee 网络节点（FFD）还可在自己信号覆盖的范围内，和多个不承担网络信息中转任务的孤立的子节点（RFD）无线连接。

3．ZigBee 的频带

（1）868MHz 传输速率为 20kbps，适用于欧洲。

（2）915MHz 传输速率为 40kbps，适用于美国。

（3）2.4GHz 传输速率为 250kbps，全球通用。

由于此三个频带的物理层并不相同，其各自的信道带宽也不同，分别为 0.6MHz、2MHz 和 5MHz，分别有 1 个、10 个和 16 个信道，不同频带的扩频和调制方式有区别，虽然都使用了直接扩频（DSSS）的方式，但从比特到码片的变换方式有较大的差别，调制方式都采用了调相技术，但 868MHz 和 915MHz 频段采用的是 BPSK（Binary Phase Shift Keying），而 2.4GHz 频段采用的是 O-QPSK（Quadrature Phase Shift Keying）。在发射功率为 0dBm 的情况下，蓝牙通常具有 10m 的作用范围。而基于 IEEE 802.15.4 的 ZigBee 在室内通常能达到 30～50m 的作用距离，在室外如果障碍物少，甚至可以达到 100m 的作用距离，所以 ZigBee 可归为低速率的短距离无线通信技术。

5.1.4　ZigBee 产品

ZigBee 主要应用在距离短、功耗低且传输速率不高的各种电子设备之间，典型的传输数据类型有周期性数据、间歇性数据和低反应时间数据。根据设想，它的应用目标主要是：工业控制（如自动控制设备、无线传感器网络），医护（如监视和传感），家庭智能控制（如照明、水电气计量及报警）消费类电子设备的遥控装置，PC 外设的无线连接等领域。

依据 ZigBee 的联盟和参与联盟的主要厂商的基本设想，产品应提供一站式的解决方案，以方便应用，使那些不熟悉射频技术的人员也能迅速上手，因此其产品不仅提供射频的无线信道解决方案，同时其内置的协议栈将 ZigBee 的通信、组网等无线沟通方面的工作已完全由产品实现，用户只需要根据协议提供的标准接口进行应用软件编程。由于协议栈的简化，完成 ZigBee 协议的内嵌处理器一般可采用低价、低功耗的 8 位 MCU。

ZigBee 也是目前嵌入式应用的一个大热点。对于嵌入式系统应用，往往需要相互间的通信，以交换测量数据和控制指令。目前采用的方式多是有线连接，包括点对点或总线方式，如 RS485、CAN、Modbus 等。随着无线网络通信技术的发展，在一些不便于或需要消除有线连接的场合，无线通信技术便有了它的用武之地。

目前，市场上已有多家公司推出应用于近距离通信的射频芯片产品，如工作在 2.4GHz 的 nRF24E1（Nordic）、CC1020/2500（Chipcon），工作在 300～450MHz 的 MAX7044/7033（Maxim）等。不少嵌入式应用也采用了这类技术，但它们大部分只提供解决无线通信的射频通道，没有标准规范（或采用自己的专用标准）来制定 MAC 层、链路层和网络层的通信协议，不具备兼容性；对通信的控制软件完全依赖目标系统设计，由用户自己完成，不仅额外增加了工作量，而且编制代码的可靠性、效率都较低，对组网应用更可能存在问题；不同厂家的产品不具备互操作能力，不具有通用性。

正是因为 ZigBee 具有广阔的市场前景，所以引来了全球众多厂商的青睐，纷纷推出各种 ZigBee 无线芯片、无线单片机、ZigBee 开发系统，形成了百花争艳的市场局面，这种局面对降低芯片价格、丰富 ZigBee 技术的应用软件、加快 ZigBee 技术普及是大有好处的。现在主要的 ZigBee 芯片提供商（2.4GHz）主要有：TI/CHIPCON、EMBER（ST）、JENNIC（捷力）、FREESCALE、MICROCHIP。目前提供 ZigBee 技术的方式有 3 种。

1．ZigBee RF+MCU

TI CC2420+MSP430：CC2420 被称为第一款满足 2.4GHz ZigBee 产品使用要求的射频 IC，拟

应用于家庭及楼宇自动化系统、工业监控系统和无线传感网络。CC2420 基于 Chipcon 公司（被 TI 收购）的 SmartRF 03 技术，是用 0.18μm CMOS 工艺生产的。CC2420 采用 7mm×7mm QFN 48 封装。TI 推出 MSP430 实验板，其部件号为 MSP-EXP430FG4618。该工具可帮助设计人员利用高集成度片上信号链（SCOC）MSP430FG4618 或 14 引脚小型 F2013 微控制器快速开发超低功耗医疗、工业与消费类嵌入式系统。该电路板除集成两个 16 位 MSP430 器件外，还包含一个 TI(Chipcon 产品线) 射频（RF）模块连接器，以用于开发低功耗无线网络。

FREESCLAE MC13XX+GT60：Freescale 公司的 MC1319x 收发信机系列非常适用于 ZigBee 和 IEEE 802.15.4 应用。它们结合了双数据调制解调器和数字内核，有助于降低 MCU 处理功率要求并缩短执行周期。事实上，由于可以利用连接 RF IC 和 MCU 的串行外围设备接口（SPI），飞思卡尔系列中的几乎任何 MCU 都可以使用。

MICROCHIP MJ2440+PIC MCU：Microchip 首个射频收发器 MRF24J40 是一个针对 ZigBee 协议及专有无线协议的 2.4 GHz IEEE 802.15.4 收发器，适用于要求低功耗和卓越射频性能的射频应用。随着 MRF24J40 收发器的推出，Microchip 现在可通过加入仅需极少外部元件的高集成度射频收发器，提供完整的 ZigBee 协议平台。Microchip 的无线电技术凭借全面的媒体存取控制器（MAC）支持，以及先进加密标准（AES）硬件加密引擎，实现低功耗，并且性能超过所有 IEEE 802.15.4 规范。

2．单芯片集成 SOC

TI CC2430/CC2431（8051 内核）：CC2430 也是 TI 公司的一个关键产品，CC2430 使用一个 8051 8 位 MCU 内核，具备 128KB 闪存和 8KB RAM，可用于各种 ZigBee 或类似 ZigBee 的无线网络节点，包括调谐器、路由器和终端设备。另外，CC2430 还包含模数转换器（ADC）、几个定时器、AES-128 协同处理器、看门狗定时器、32kHz 晶振的休眠模式定时器、上电复位电路（Power-on-Reset）、掉电检测电路（Brown-out-Detection），以及 21 个可编程 I/O 引脚。CC2430 的尺寸大约是 7mm×7mm。

Freescale MC1321X：MC1320x 是公司推出的符合 802.15.4 标准的下一代收发信机，它包括一个集成的发送/接收（T/R）开关，可以帮助降低对外部组件的需求，进而降低原料成本和系统总成本。该收发信机支持飞思卡尔的软件栈选项、简单 MAC（SMAC）、IEEE 802.15.4 MAC 和全 ZigBee 堆栈。集成了 MC9S08GT MCU 和 MC1320x 收发信机，闪存可以在 16~60 KB 的范围内选择。MC13211 提供 16 KB 的闪存和 1 KB 的 RAM，非常适合采用 SMAC 软件的点到点或星形网络中的经济高效的专属应用。对于更大规模的联网，则可以使用 MC13212（具有 32 KB 的内存和 2 KB 的 RAM 内存）和 IEEE 802.15.4 MAC。

此外，MC13213（带有 60 KB 的内存和 4 KB 的 RAM）和 ZigBee 协议堆栈设计用于帮助设计人员开发完全可认证的 ZigBee 产品。MC13213 可以提供全面的编码和解码、用于基带 MCU 的可编程时钟、以 4 MHz（或更高）频率运行的标准 4 线 SPI、外部低噪声放大器和功率放大器（PA）实现的功能扩展以及可编程的输出功率。

EMBER EM250：EM250 半导体系统提供更长的距离和可靠的共存性，包括低功耗 16 位微控制器，128KB 闪存，5K RAM，2.4GHz 无线电和 Ember 公司的 EmberZNet 2.1 软件。EmberZNet 2.1 是 ZigBee 兼容的网络堆栈，具有独特的可扩展 ZigBee 功能性、简单性和性能的增强特性。这些特性包括支持移动节点，大型密集的网络，以及能在节点和授权分布式构造模式之间提供更加可靠的无线通信的传输层。EM250 具有用做 ZigBee 位标器的节点、全功能设备（FFD）或降功能设备（RFD）所需的资源。

3．单芯片内置 ZigBee 协议栈＋外挂芯片

JENNIC SOC+EEPROM：JN-5139 芯片是一个低功率及低价位的无线微处理器，主要以针对无线感测网络的产品为主，JN-5139 整合了 32 位 RISC 微处理器，完全兼容 2.4GHz IEEE 802.15.4 的移动节点，192KB ROM，另外，可选择搭配 RAM 的容量从 8KB 至 96KB，也整合了一些数字及模拟周边线路，大幅降低了外部零件的需求。内建的内存主要用来储存系统软件，包含通信协议堆栈、路径表、应用程序代码与资料。也包含硬件的 MAC 地址与 AES 加解密的加速器，并具有省电与定时睡眠模式，此外还有安全码与程序代码加密机制。

EMBER 260+MCU：新型 EM260 是 ZigBee 无线网络处理器，专为基于标准化的 TI 及其他精选 MCU 平台的 OEM 厂商提供。这种处理器首次实现了具有"位置识别"的 ZigBee 兼容网络节点，可以简化调试、管理及网络再分段（network sub-segmentation）。在具有强大竞争力的 ZigBee 产品中，EM260 在功耗方面还具有最高的 RF 输出与 Rx 灵敏度。

5.1.5 ZigBee 网络

1．ZigBee 网络构成

ZigBee 设备是指包含 IEEE 802.15.4 的 MAC 和 PHY 实现的实体，是 ZigBee 网络最基本的元素。全功能设备 FFD 和精简功能设备 RFD 共同组成了 ZigBee 网络，FFD（微功率无线收发器）和 RFD（微功率定位信号发射机）的不同是按照节点的功能区分的，一个 FFD 可以充当网络中的协调器和路由器，因此一个网络中应该至少含有一个 FFD。RFD 只能与主设备通信，实现方法简单，只能作为终端设备节点。ZigBee 网络主要有 3 种组网方式：星形网络、树状网络和网格网络，其拓扑结构如图 5-1 所示。

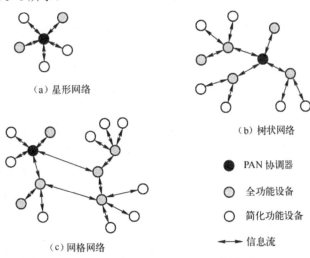

图 5-1　IEEE 802.15.4 网络拓扑模型

2．网络组建及节点入网

网络组建及节点入网的流程如图 5-2 所示，该图给出了一个节点从上电到加入网络的一个全过程，可以看到不同的节点类型对应不同的入网过程。下面按照节点的不同对网络组建进行全面介绍。

（1）协调器组建网络。

作为一个完整功能的 FFD（Full Function Device），即只有能够充当网络协调器功能的节点，

且当前还没有与网络连接的设备才可以尝试着去建立一个新的网络,如果该过程由其他设备开始,则网络层管理实体将终止该过程,并向其上层发出非法请求的报告。

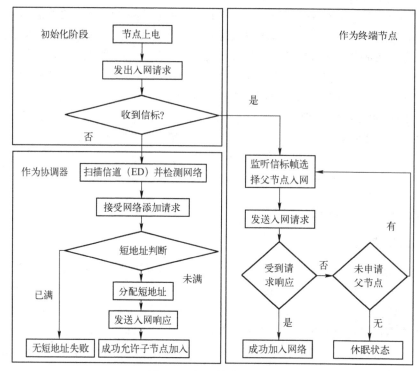

图 5-2　组网算法流程图

当建网过程开始后,网络层将首先请求 MAC 层对协议所规定的信道或由物理层所默认的有效信道进行能量检测扫描,以检测可能的干扰。

当网络层管理实体收到成功的能量检测扫描结果后,将以递增的方式对所测量的能量值进行信道排序,并且抛弃那些能量值超出允许能量水平的信道。此后,网络层管理实体将执行主动扫描,信道参数设置为可允许信道的列表,搜索其他的 ZigBee 设备。为了决定用于建立一个新网络的最佳通道,网络层管理实体将检查 PAN 描述符,并且所查找的第一个信道为网络的最小编号。如果网络层管理实体找不到适合的信道,就将终止建网过程,并且向应用层发出启动失败信息。

如果网络层管理实体找到了合适的信道,则将为这个新网络选择一个 PAN 标识符。在选择 PAN 标识符时,设备将选择一个随机的 PAN 标识符值,该值小于等于 OX3FFF 且在已选择的信道中未被使用。

如果选择标识符失败,则网络层管理实体将终止程序并向其上层通告。网络层管理实体一旦选择了一个 PAN 标识符,将选择一个等于 0x0000 的 16 位网络地址,并且设置 MAC 层的 macShortAddressPIB 属性,使其等于所选择的网络地址。一旦选择了网络地址,网络层管理实体将核对 PIB 属性的 endedPANId 的值。如果这个值是 0x0000000000000000,则这个属性以 MAC 常量 aExtendedAddress 初始化。一旦 nwkExtendedPANId 的值核对,PAN 的启动状态返回到网络层。当网络层管理实体收到 PAN 的启动状态后,将向启动 ZigBee 协调器请求状态的上层报告。

（2）终端节点加入网络。

协调器组建网络之后,频繁地发送信标帧来表示它的存在,而其他普通节点即可完成设备发现任务，终端节点要加入该 PAN，那么只要将自己的信道以及 PANID 设置成与现有的父节点使用的信道相同，并提供正确的认证信息，即可请求加入网络。此时，父节点要检查自身的短地址资源，如果自身地址未满，那么就可以为该子节点分配短 MAC 地址，只要节点接收到父节点为之分配的 16 位的短地址，则在通信的过程中将使用该地址进行通信。如果没有足够的资源，那么节点将收到来自父节点的连接失败响应，此时子节点即可以向其他父节点请求 ZigBee 网络地址来加入网络。网络层将不断重复这个过程直到节点成功加入网络为止。

3. 地址分配模式

在协调器组建网络之初，将自身短地址设置为 0x0000，在节点入网后将按照 ZigBee 标准规定的地址分配模式为节点分配短地址。用以下参数描述网络：C_m——最大子节点数，R_m——最大路由节点数，L_m——最大网络深度，其地址的分配与网络拓扑参数有很大的关系：

$$C_{skip}(d) = \begin{cases} 1 + C_m(L_m - d - 1), & R_m = 1 \\ \dfrac{1 + C_m - R_m - C_m R_m^{L_m - d - 1}}{1 - R_m}, & \text{其他} \end{cases} \tag{5-1}$$

其中，C_{skip} 指的是对应每一个网络深度的地址空间偏移量，如果在某一层 $C_{skip}=0$，则表示该节点不能接受任何子节点加入网路。对于每一层都是由父节点为其子节点分配地址的，若该子节点为第一个路由节点，那么该节点的地址就是父节点的短地址加 1，而对于同一深度的其他路由节点，其地址按照加入时间的先后分别以 C_{skip} 的偏移量依次递增。

对于网络中的终端设备节点，其地址是按照如下公式分配的：

$$A_n = A_{parent} + C_{skip}(d)R_m + n \tag{5-2}$$

其中，A_n 对应网络中某一深度的第 n 个子节点的地址。这样在每个节点加入网络之前，父节点将按照该地址分配机制为子节点分配相应的地址。在如图 5-3 所示的网络拓扑结构中，按照该地址分配模式，则节点的地址如图中标注所示。

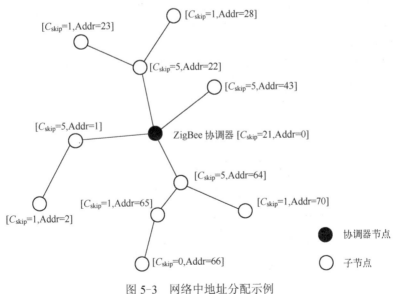

图 5-3　网络中地址分配示例

4. ZigBee 技术的应用场合

ZigBee 的目标是建立一个"无所不在的网络",尽管在无线网络方面存在着其他几种网络技术,如蓝牙、UWB 等,但 ZigBee 技术仍然以其独特的优势而熠熠发光。在无线网络技术朝着高速率高传输距离靠近时,ZigBee 技术却反其道而行之,向着低速率短距离迈进。这种特点适应了以下几种场合的应用。

(1)无线传感器网络。传感器网络是通向现实的物理世界的钥匙,将 ZigBee 自组网技术应用到无线传感器网络中,更加凸现其低功耗低成本的技术优势,传感器网络是目前的研究方向,而作为以 ZigBee 技术为基础的无线传感器网络更是研究热点。

(2)工业自动化领域。将 ZigBee 技术应用到工业中,使得工业现场的数据可以通过无线链路直接在网络上直接传输、发布和共享。

(3)智能家庭。通过 ZigBee 网络,我们可以远程控制家里的电器、门窗。下班前可以在路上就打开家里的空调;下雨的时候可以远程关闭门窗;家中有非法入侵时可以及时得到通知;方便的采集水电煤气的使用量;通过一个 ZigBee 遥控器,控制所有的家电设备……

(4)医疗领域。在医院,ZigBee 网络可以帮助医生及时准确地收集急诊病人的信息和检查结果,快速准确地做出诊断。戴有 ZigBee 终端的患者可以得到 24 小时的体温、脉搏监控……

(5)军事领域。方兴未艾的 ZigBee 技术的成熟与发展为我军的物流信息化提供了有力的硬件支持。ZigBee 技术用于战场监视和机器人控制,使得单兵作战成为可能。由 ZigBee 的应用领域可以看出,虽然 ZigBee 技术并不是为无线传感器网络应用而专门提出的,但其特点与无线传感器网络对无线节点的要求非常吻合,因而现在对 ZigBee 大部分的研究和应用都是针对无线传感网络的。

5.2 ZigBee 协议

ZigBee 协议栈结构由一些层构成,每个层都有一套特定的服务方法和上一层连接。数据实体(data entity)提供数据的传输服务,而管理实体(managenment entity)提供所有的服务类型。每个层的服务实体通过服务接入点(SAP,Service Access Point)和上一层相接,每个 SAP 提供大量的服务方法来完成相应的操作。

ZigBee 协议栈基于标准的 OSI 七层模型,但只是在相关的范围来定义一些相应层来完成特定的任务。IEEE 802.15.4—2003 标准定义了两个层:物理层(PHY 层)和媒介层(MAC 层)。ZigBee 联盟在此基础上建立了网络层(NWK 层)以及应用层(APL 层)的框架。APL 层又包括应用支持子层(APS,Application Support Sub-layer)、ZigBee 的设备对象(ZDO,ZigBee Device Objects)以及制造商定义的应用对象。

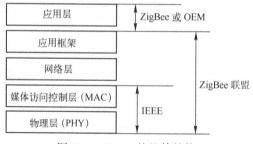

图 5-4   ZigBee 协议栈结构

5.2.1 物理层与媒体访问控制层

1. 物理层（PHY）

IEEE 802.15.4 协议的物理层是协议的最底层，承担着和外界直接作用的任务。它采用扩频通信的调制方式，控制 RF 收发器工作，信号传输距离约为 50m（室内）或 150m（室外）。

IEEE 802.15.4 有两个物理层，提供两个独立的频率段：868/915MHz 和 2.4GHz。868/915MHz 频段包括欧洲使用的 868MHz 频段以及美国和澳大利亚使用的 915MHz 频段，2.4GHz 频段全球通用。

2. 媒体访问控制层（MAC）

MAC 层遵循 IEEE 802.15.4 协议，负责设备间无线数据链路的建立、维护和结束，确认模式的数据传送和接收，可选时隙，实现低延迟传输，支持各种网络拓扑结构，网络中每个设备为 16 位地址寻址。它可完成对无线物理信道的接入过程管理，包括以下几方面：网络协调器（coordinator）产生网络信标、网络中设备与网络信标同步、完成 PAN 的入网和脱离网络过程、网络安全控制、利用 CSMA-CA（Carrier Sense Multiple Access with Collision Avoidance）机制进行信道接入控制、处理和维持 GTS（Guaranteed Time Slot）机制、在两个对等的 MAC 实体间提供可靠的链路连接。

3. 数据传输模型

MAC 规范定义了 3 种数据传输模型：数据从设备到网络协调器、从网络协调器到设备、点对点对等传输模型。对于每一种传输模型，又分为信标同步模型和无信标同步模型两种情况。在数据传输过程中，ZigBee 采用了 CSMA/CA 碰撞避免机制和完全确认的数据传输机制，保证了数据的可靠传输。同时为需要固定带宽的通信业务预留了专用时隙，避免了发送数据时的竞争和冲突。

MAC 规范定义了 4 种帧结构：信标帧、数据帧、确认帧和 MAC 命令帧。

1）信标帧

信标帧的负载数据单元由 4 部分组成：超帧描述字段、GTS 分配字段、待转发数据目标地址字段和信标帧负载数据。

（1）信标帧中超帧描述字段规定了这个超帧的持续时间、活跃部分持续时间以及竞争访问时段持续时间等信息。

（2）GTS 分配字段将无竞争时段划分为若干个 GTS，并把每个 GTS 具体分配给某个设备。

（3）转发数据目标地址列出了与协调者保存的数据相对应的设备地址。一个设备如果发现自己的地址出现在待转发数据目标地址字段中，则意味着协调器存有属于它的数据，所以它就会向协调器发出请求传送数据的 MAC 命令帧。

（4）信标帧负载数据为上层协议提供数据传输接口。例如，在使用安全机制时，这个负载域将根据被通信设备设定的安全通信协议填入相应的信息。通常情况下，这个字段可以忽略。

在信标不使能网络中，协调器在其他设备的请求下也会发送信标帧。此时信标帧的功能是辅助协调器向设备传输数据，整个帧只有待转发数据目标地址字段有意义。

2）数据帧

数据帧用来传输上层发到 MAC 子层的数据，它的负载字段包含上层需要传送的数据。数据负载传送至 MAC 子层时被称为 MAC 服务数据单元。它的首尾被分别附加了 MHR 头信息和 MFR 尾信息后，就构成了 MAC 帧。

MAC 帧传送至物理层后，就成为物理帧的负载 PSDU。PSDU 在物理层被"包装"，其首部增加了同步信息 SHR 和帧长度字段（PHR 字段）。同步信息 SHR 包括用于同步的前导码和 SFD 字段，它们都是固定值。帧长度字段的 PHR 标识了 MAC 帧的长度，其为一个字节长且只有其中的低 7 位是有效位，所以 MAC 帧的长度不会超过 127 字节。

3）确认帧

如果设备收到目的地址为其自身的数据帧或 MAC 命令帧，并且帧的控制信息字段的确认请求位被置 1，则设备需要回应一个确认帧。确认帧的序列号应该与被确认帧的序列号相同，并且负载长度应该为零。确认帧紧接着被确认帧发送，不需要使用 CSMA-CA 机制竞争信道。

4）命令帧

MAC 命令帧用于组建 PAN 网络、传输同步数据等。目前定义好的命令帧有 6 种类型，主要完成三方面的功能：把设备关联到 PAN 网络，与协调器交换数据，分配 GTS。命令帧在格式上和其他类型的帧没有太多的区别，只是帧控制字段的帧类型位有所不同。帧头的帧控制字段的帧类型为 011B（B 表示二进制数据），表示这是一个命令帧。命令帧的具体功能由帧的负载数据表示。负载数据是一个变长结构，所有命令帧负载的第一个字节是命令类型字节，后面的数据针对不同的命令类型有不同的含义。

5.2.2 网络层协议及组网方式

1. 网络层（NWK 层）介绍

网络层的作用是：建立新的网络、处理节点的进入和离开网络、根据网络类型设置节点的协议堆栈、使网络协调器对节点分配地址、保证节点之间的同步、提供网络的路由。

网络层确保 MAC 子层的正确操作，并为应用层提供合适的服务接口。为了给应用层提供合适的接口，网络层用数据服务和管理服务这两个服务实体来提供必需的功能。网络层数据实体（NLDE）通过相关的服务接入点（SAP）来提供数据传输服务，即 NLDE.SAP；网络层管理实体（NLME）通过相关的服务接入点（SAP）来提供管理服务，即 NLME.SAP。NLME 利用 NLDE 来完成一些管理任务和维护管理对象的数据库，通常称为网络信息库（NIB，Network Information Base）。

（1）网络层数据实体（NLDE）。

NLDE 提供数据服务，以允许一个应用在两个或多个设备之间传输应用协议数据（APDU，Application Protocol Data Units）。NLDE 提供以下服务类型。

- 通用的网络层协议数据单元（NPDU）：NLDE 可以通过一个附加的协议头从应用支持子层 PDU 中产生 NPDU。
- 特定的拓扑路由：NLDE 能够将 NPDU 传输给一个适当的设备。这个设备可以是最终的传输目的地，也可以是路由路径中通往目的地的下一个设备。

（2）网络层管理实体（NLME）。

NLME 提供一个管理服务来允许一个应用和栈相连接。NLME 提供以下服务。

- 配置一个新设备：NLME 可以依据应用操作的要求配置栈。设备配置包括开始设备作为 ZigBee 协调器或者加入一个存在的网络。

- 开始一个网络：NLME 可以建立一个新的网络。
- 加入或离开一个网络：NLME 可以加入或离开一个网络，使 ZigBee 的协调器和路由器能够让终端设备离开网络。
- 分配地址：使 ZigBee 的协调者和路由器可以分配地址给加入网络的设备。
- 邻接表（Neighbor）发现：发现、记录和报告设备的邻接表下一跳的相关信息。
- 路由的发现：可以通过网络来发现及记录传输路径，而信息也可被有效地路由。
- 接收控制：当接收者活跃时，NLME 可以控制接收时间的长短并使 MAC 子层能同步直接接收。

（3）网络层帧结构。

网络层帧结构由网络头和网络负载区构成。网络头以固定的序列出现，但地址和序列区不可能被包括在所有帧中。

（4）网络层关键技术。

ZigBee 协议栈的核心部分在网络层。网络层主要实现节点加入或离开网络、接收或抛弃其他节点、路由查找及传送数据等功能，支持 Cluster-Tree（簇-树）、AODVjr、Cluster-Tree＋AODVjr 等多种路由算法，支持星形（Star）、树形（Cluster-Tree）、网格（Mesh）等多种拓扑结构。

Cluster-Tree（簇-树）是一种由网络协调器展开生成树状网络的拓扑结构，适合于节点静止或者移动较少的场合，属于静态路由，不需要存储路由表。AODVjr 算法是针对 AODV（无线自组网按需平面距离矢量路由协议）算法的改进，考虑到节能、应用方便性等因素，简化了 AODV 的一些特点，但是仍然保持 AODV 的原始功能。

Cluster-Tree＋AODVjr 路由算法汇聚了 Cluster-Tree 和 AODVjr 的优点。网络中的每个节点被分成 4 种类型：Coordinator、RN+、RN-、RFD（RN：Routing Node，路由节点；RFD：Reduced Function Device）。其中，Coordinator 的路由算法跟 RN+相同，Coordinator、RN+和 RN-都是全功能节点（FFD： Full Function Device），能给其他节点充当路由节点；RFD 只能充当 Cluster-Tree 的叶子（Leaf Node）。如果待发送数据的目标节点是自己的邻居，则直接通信即可；反之，如果不是自己的邻居，则 3 种类型的节点处理数据包各不相同：RN+可以启动 AODVjr，主动查找到目标节点的最佳路由，且可以扮演路由代理（Routing Agent）的角色，帮助其他节点查找路由；RN-只能使用 Cluster-Tree 算法，它可以通过计算，判断该交给数据包请自己的父节点还是某个子节点转发；而 RFD 只能把数据交给父节点，请其转发。

2．网络层实现

（1）无线模块的设计。

根据不同类型节点功能不同的特点，可在不同的硬件平台设计模块。设计制作的 ZigBee 系列模块完全满足 IEEE 802.15.4 和 ZigBee 协议的规范要求，符合 ISM/SRD 规范，通过美国 FCC 认证。模块集无线收发器、微处理器、存储器和用户 API 等软、硬件于一体，能实现 1.0 版 ZigBee 协议栈的功能。Coordinator 可以连接使用 ARM 处理器开发的嵌入式系统，功能较多的路由节点（RN+，RN-）由高档单片机充当，功能较少的叶子节点（RFD）使用普通的单片机。模块还可以根据实际需要工作在不同的睡眠模式和节能方式。

在无线收发器里最重要的部件是射频芯片，它的好坏对信号的传输收发有着直接的影响。射频芯片采用 Chipcon 公司生产的符合 IEEE 802.15.4 标准的模块 CC2420；控制射频芯片的微处理器，可以根据需要选择 Atmel 公司的 AVR 系列单片机或者 Silicon Labs 公司的 8051 内核单片机。

单片机与射频芯片之间通过 SPI 进行通信，连接速率是 6Mbps。单片机与外部设备之间通过串口进行通信，连接速率是 38.4kbps。单片机自带若干 ADC 或者温度传感器，可以实现简单的模数转换或者温度监控。为了方便将代码移植到不同的硬件平台，模块固件采用标准 C 语言代码实现。

（2）网络的建立。

ZigBee 网络最初是由协调器发动并且建立的。协调器首先进行信道扫描（Scan），采用一个其他网络没有使用的空闲信道，同时规定 Cluster-Tree 的拓扑参数，如最大的儿子数（Cm）、最大层数（Lm）、路由算法、路由表生存期等。

协调器启动后，其他普通节点加入网络时，只要将自己的信道设置成与现有协调器使用的信道相同，并提供正确的认证信息，即可请求加入网络。一个节点加入网络后，可以从其父节点得到自己的短 MAC 地址、ZigBee 网络地址以及协调器规定的拓扑参数。同理，一个节点要离开网络，只需向其父节点提出请求即可。一个节点若成功地接收一个儿子，或者其儿子成功脱离网络，都必须向协调器汇报。因此，协调器可以即时掌握网络的所有节点信息，维护网络信息库（PIB，PAN Information Base）。

（3）路由设计与实现。

在传输数据时，不同类型的节点有不同的处理方法，协调器的处理机制与 RN+ 相同，网络层路由设计分为 RN+、RN− 和 RFD 3 个模块，因为实际点对点通信是通过 MAC 地址进行数据传输的，所以每个节点在接收到信息包时，都要维护邻居表，邻居表主要起地址解析（Address Resolution）的作用：将邻居节点的网络地址转换成 MAC 地址。另外，类型是 RN+ 的节点在接收到信息包或者启动 AODVjr 查找路由时，还必须维护路由表。邻居表和路由表的记录都有生存期，超过生存期的记录将被删除。

（4）测试方法。

无线通信有其特殊性，每个节点发送的数据包既是信号源，同时又可能是干扰源，因此无线网络的测试是一大难题。为了能在室内方便地测试网络性能，特引入黑名单机制，强制让一些节点对黑名单节点发送的数据包"视而不见"，以测试十几点甚至几十点的特殊网络。在实际应用时，去掉黑名单并不影响网络的工作性能。测试时，还可以采用符合 IEEE 802.15.4 的包（Sniffer），记录测试过程中空气中所传输的无线数据。每个模块还可以通过 I/O 输出自己的收发状态等信息。通过多种手段对测试过程进行分析，才能提高开发测试效率。

5.2.3 应用层

根据实际具体应用，应用层（APL 层）主要由用户开发。它维持器件的功能属性，发现该器件工作空间中其他器件的工作，并根据服务和需求在多个器件之间进行通信。

ZigBee 的应用层由应用子层（APS subdayer）、设备对象（ZDO，包括 ZDO 管理平台）以及制造商定义的应用设备对象组成。APS 子层的作用包括维护绑定表（绑定表的作用是基于两个设备的服务和需要把它们绑定在一起）、在绑定设备间传输信息。ZDO 的作用包括在网络中定义一个设备的作用（如定义设备为协调器或为路由器或为终端设备）、发现网络中的设备并确定它们能提供何种服务、起始或回应绑定需求以及在网络设备中建立一个安全的连接。

1. 应用支持子层（APS 层）

应用支持子层在网络层和应用层之间提供一个接口。接口的提供通过 ZDO 和制造商定义的应用设备共同使用的一套通用的服务机制来实现，此服务机制由两个实体提供：通过 APS 数据实体接入点（APSDE.SAP）的 APS 数据实体（APSDE），通过 APS 管理实体接入点（APSME.SAP）的 APS 管理实体（APSME）。APSDE 提供数据传输服务对于应用 PDUS 的传送在同一网络的两个或多个设备之间。APSME 提供服务以发现和绑定设备并维护一个管理对象的数据库，通常称为 APS 信息库（AIB）。

2．应用层框架（Application Framework）

ZigBee 应用层框架是应用设备和 ZigBee 设备连接的环境。在应用层框架中，应用对象发送和接收数据通过 APSDE.SAP（应用支持子层数据实体——服务接入点），而对应用对象的控制和管理则通过 ZDO 公用接口来实现。APSDE.SAP 提供的数据服务包括请求、确认、响应以及数据传输的指示信息。有 240 个不同的应用对象能够被定义，每个终端节点的接口标识从 1 到 240，为了使用 APSDE.SAP 还有两个附加的终端节点。标识 0 被用于 ZDO 的数据接口，255 则用于所有应用对象的广播数据接口，而 241．254 予以保留。

使用 APSDE.SAP 提供的服务，应用层框架提供了应用对象的两种数据服务类型：主值对服务（KVP，Key Value Pair service）和通用信息服务（GMS，Generic Message Service）。两者传输机制一样，不同的是 MSG 并不采用应用支持子层（APS）数据帧的内容，而是留给 profile 应用者自己去定义。

3．ZigBee 设备对象（ZDO）

ZigBee 设备对象（ZDO）描述了一个基本的功能函数类，在应用对象、设备 profile 和 APS 之间提供了一个接口。ZDO 位于应用框架和应用支持子层之间，它满足 ZigBee 协议栈所有应用操作的一般要求。ZDO 还具有以下作用。

（1）初始化应用支持子层（APS）、网络层（NWK）和安全服务文档（SSS）；

（2）从终端应用中集合配置信息来确定和执行发现、安全管理、网络管理以及绑定管理。ZDO 描述了应用框架层的应用对象的公用接口、控制设备和应用对象的网络功能。在终端节点 0，ZDO 提供了与协议栈中下一层相接的接口。

4．ZigBee 安全管理

安全层使用可选的 AES-128 对通信加密，保证数据的完整性。ZigBee 安全体系提供的安全管理主要是依靠相称性密匙保护、应用保护机制、合适的密码机制以及相关的保密措施。安全协议的执行（如密匙的建立）要以 ZigBee 整个协议栈正确运行且不遗漏任何一步为前提，MAC 层、NWK 层和 APS 层都有可靠的安全传输机制用于它们自己的数据帧。APS 层提供建立和维护安全联系的服务，ZDO 管理设备的安全策略和安全配置。

5.2.4 其他

1．MAC 层安全管理

MAC 层数据帧需要被保护时，ZigBee 使用 MAC 层安全管理来确保 MAC 层命令、标识以及确认等功能。ZigBee 使用受保护的 MAC 数据帧来确保一个单跳网络中信息的传输，但对于多跳网络，ZigBee 要依靠上层（如 NWK 层）的安全管理。MAC 层使用高级编码标准（AES，Advanced Encryption Standard）作为主要的密码算法和描述多样的安全组，这些组能保护 MAC 层帧的机密性、完整性和真实性。MAC 层作为安全性处理，但上一层（负责密匙的建立以及安全性使用的确定）控制着此处理。当 MAC 层使用安全使能来传送/接收数据帧时，它首先会查找此帧的目的地址（源地址），然后找回与地址相关的密匙，再依靠安全组来使用密匙处理此数据帧。每个密匙和一个安全组相关联，MAC 层帧头中有一个位来控制帧的安全管理是否使能。

当传输一个帧时，如需保证其完整性，MAC 层头和载荷数据会被计算使用，以产生信息完整码（MIC，Message Integrity Code）。MIC 由 4、8 或 16 位组成，被附加在 MAC 层载荷中。当需要保证帧机密性时，MAC 层载荷也有其附加位和序列数（数据一般组成一个 nonce）。当加密载荷时或保护其不受攻击时，此 nonce 被使用。当接收帧时，如果使用了 MIC，则帧会被校验，如果载荷已被编码，则帧会被解码。当每个信息被发送时，发送设备会增加帧的计数，而接收设备会跟踪每个发送设备的最后一个计数。如果一个信息被探测到一个老的计数，该信息会出现安全错误而不能被传输。MAC 层的安全组基于 3 个操作模型：计数器模型（CTR，Counter Mode）、密码链模型（CBC.MAC，Cipher Block Chaining）以及两者混合形成的 CCM 模型。MAC 层的编码在计数器模型中使用 AES 来实现，完整性在密码链模型中使用 AES 来实现，而编码和完整性的联合则在 CCM 模型中实现。

2. NWK 层安全管理

NWK 层也使用高级编码标准（AES），但和 MAC 层不同的是标准的安全组全部是基于 CCM 模型的。此 CCM 模型是 MAC 层使用的 CCM 模型的小修改，它包括所有 MAC 层 CCM 模型的功能，此外还提供单独的编码及完整性的功能。这些额外的功能通过排除使用 CTR 及 CBC.MAC 模型来简化 NWK 的安全模型。另外，在所有的安全组中，使用 CCM 模型可以使一个单密匙用于不同的组中。这种情况下，应用可以更加灵活地指定一个活跃的安全组给每个 NWK 的帧，而不必理会安全措施是否使能。

当 NWK 层使用特定的安全组来传输、接收帧时，NWK 层会使用安全服务提供者（SSP，Security Services Provider）来处理此帧。SSP 会寻找帧的目的/源地址，取回对应于目的/源地址的密匙，然后使用安全组来保护帧。NWK 层对安全管理有责任，但其上一层控制着安全管理，包括建立密匙及确定对每个帧使用相应的 CCM 安全组。

5.3   基于 ZigBee 的 TLM 定位算法

5.3.1   定位算法

定位算法有很多种，按照不同的标准可以有很多不同的分类，比较常用的方法是三边定位。在一个二维坐标系统中，最少需要到 3 个参考点的距离才能唯一确定一点的坐标。无线定位技术在三边定位的基础上演变出一些比较好的方法：基于测距技术的定位和不基于测距技术的定位。基于测距技术的定位主要有 TOA、TDOA、信号强度测距法；不基于测距的定位算法主要有质心法、凸规划定位算法、距离矢量跳数的算法。本节主要介绍一种采用阈值分段的定位方法（TLM，Transmission Line Matrix）。首先定义一个阈值距离，当目标节点和参考节点距离在阈值距离以内时采用改进的 RSSI 测距法，即建立一个特定环境中的信号传播模型；当距离在阈值距离以外时，由于 RSSI 变化不明显，因此采用基于接收链路质量指示（LQI，Link Quality Indicator）的 DV-Hop

算法来改善定位精度。

5.3.2 TLM定位算法设计

1. 阈值的确定

一般来说，RSSI 技术的基本原理是通过射频信号的强度来进行距离估计，即已知发射功率，在接收节点测量功率，计算传播损耗，使用理论或经验的信号传播模型将传播损耗转化为距离。常用的传播路径损耗模型有：自由空间传播模型、对数距离路径损耗模型、对数-常态分布模型等。经测量验证，当距离大于 5m 后 RSSI 变化很小，因此本书中定义阈值距离为 d=5m。

2. 距离小于阈值

找出特定环境中的 RSSI 和距离 d 的变化关系，便可以进行定位。目前许多无线收/发芯片都能提供 RSSI 检测值，本节采用 TI 公司的 CC2430 系列芯片，可以直接读取 RSSI。当一个节点向另外一个节点发送数据包时，在数据包的最后 2 个字节分别是 RSSI 和 LQI 值。用 CC2430 实时读取 RSSI 值，采用曲线拟合的方法得到一个特定环境的关系式。在一个预定的房间内分别记录未知节点到各参考节点的 RSSI 和距离 d_i，得到距离和 RSSI 的对应组（d_i，Pr），最后根据每个参考节点所测得的数据，以 d 为 X 轴，Pr 为 Y 轴，得到各自的 Pr~d 曲线。将 Pr~d 的对应关系绘制成二维变化曲线，根据试验测得的数据绘成曲线图，对曲线进行拟合，可以得到一个近似的关系式。

3. 距离大于阈值

当距离大于阈值时采用改进的 DV-Hop 算法，即将未知节点与锚节点之间的距离用网络平均每跳距离和两节点之间最短路径跳数之积来表示，再使用三边测量法获得节点位置信息。DV-Hop 算法的实现大致分为 3 个步骤：①距离矢量交换阶段；②广播与校正值计算；③利用三边测量法计算自身位置。参考节点的平均每跳距离计算如式（5-3）所示：

$$D = \frac{\sum_{j=1,i=1}^{M} \sqrt{(x_j - x_i)^2 + (y_j - y_i)^2}}{\sum_{J}^{M} h_j} \tag{5-3}$$

式中，D 表示平均每跳距离，h_j 表示参考节点 i 到参考节点 j 的最小跳数。图 5-5 为 DV-Hop 算法示意图，按照 L2 收到的距离和跳数信息，计算得到平均每跳距离为(40+75) /(2+5)=16.42。假设未知节点 A 从 L2 处首先获得校正值，则它到 3 个参考节点 L1、L2、L3 的距离分别为 3×16.42、2×16.42、3×16.42，然后使用三边测量法确定节点 A 的位置。

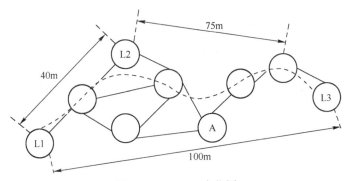

图 5-5　DV-Hop 定位图

该算法也存在一定的不足，当接收到不合理的跳数值之后，会影响参考节点的平均每跳距离，本书采用了基于LQI的改进方法。LQI表示接收链路质量指示，影响因素有收发之间的信号强度和接收灵敏度。如果两个节点传接数据包的比率很小，则定位计算时去掉这个节点。

5.3.3 算法仿真及结果

1. RSSI建模

采用TI公司的CC2430芯片，可以直接读取接收信号强度指示RSSI，在一个6m×6m的房间内，经多次测量得到RSSI和距离d的关系如表5-1所示。

表5-1 RSSI和距离d的关系

d/m	lg$d$	RSSI/dBm
1	0	−46
2	0.30	−54
2.5	0.40	−63
3	0.48	−68
3.5	0.54	−72
4	0.60	−75
4.5	0.65	−77

在Matlab软件中，纵轴为RSSI值，横轴为距离d取对数，由表5-1中的数据仿真，得到结果如图5-6所示。

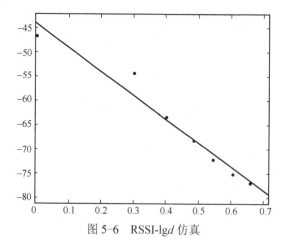

图5-6 RSSI-lg$d$仿真

由软件直接得到如下关系式：

$$RSSI = -(50.7\lg d + 43.49) \tag{5-4}$$

2. 仿真定位

在房间布点如下：8个参考节点，1个移动节点，所有节点坐标如表5-2所示。节点实际距离和建模距离如表5-3所示。

表 5-2 节点分布表		
节点内容	坐 标	RSSI
未知节点	(1.5, 2)	
参考节点		
1	(0, 0)	−62
2	(1.5, 5)	−63
3	(1, 4)	−59
4	(2, 3)	−50
5	(2, 4)	−55
6	(3, 3)	−55
7	(3, 1)	−60
8	(4, 5)	−73

表 5-3 节点实际距离和建模距离		
节 点 数	实际距离/m	建模距离/m
1	2.5	2.317
2	3	1.425
3	2.06	2.022
4	1.1	1.344
5	2.06	1.687
6	1.8	1.687
7	1.8	2.117
8	3.9	3.820

三边测量法在 Matlab 中仿真节点分布如图 5-7 所示，图中*为参考节点，•为未知节点。

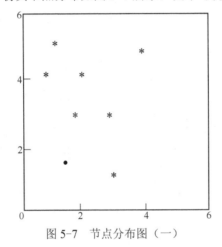

图 5-7 节点分布图（一）

未知节点实际坐标：（1.5000， 2.0000）

未知节点定位坐标：（1.2463， 2.2636）

在大量测量房间内的 RSSI 值后得到一个 RSSI 和位置的数据库，可以在一定程度上提高上述定位的精度。

3. DV-Hop 仿真

仿真所用参考节点以及未知节点的坐标如表 5-4 所示。

表 5-4 节点坐标分布

1	(0, 15)	6	(30, 25)
2	(16, 0)	7	(40, 22)
3	(23, 14)	8	(58, 58)
4	(18, 20)	9	(20, 18)
5	(21, 30)		

每个节点都向其邻居节点广播包含自身信息的向量分组（其中包含初始化为 1 的跳数和节点自身的坐标信息），接收节点记录下每个参考节点具有最小跳数的向量分组，忽略来自同一个参考节点具有较大跳数的向量分组，然后将跳数加 1，以后再转发给其他邻居节点，如此往复转发。各个节点之间的跳数如下：矩阵的元素分别表示 i 节点到 j 节点的跳数。如第一行第二列为 4，表示 1 号节点到 2 号节点跳数为 4 跳；第二行第 3 列为 1，表示 2 号节点到 3 号节点跳数为 1 跳。

$$h=\begin{matrix} 0 & 4 & 3 & 1 & 2 & 3 & 4 & 5 & 2 \\ 4 & 0 & 1 & 3 & 4 & 3 & 4 & 5 & 2 \\ 3 & 1 & 0 & 2 & 3 & 2 & 3 & 4 & 1 \\ 1 & 3 & 2 & 0 & 1 & 2 & 3 & 4 & 1 \\ 2 & 4 & 3 & 1 & 0 & 1 & 2 & 3 & 2 \\ 3 & 3 & 2 & 2 & 1 & 0 & 1 & 2 & 1 \\ 4 & 4 & 3 & 3 & 2 & 1 & 0 & 1 & 2 \\ 5 & 5 & 4 & 4 & 3 & 2 & 1 & 0 & 3 \\ 2 & 2 & 1 & 1 & 2 & 1 & 2 & 3 & 0 \end{matrix}$$

三边测量法在 Matlab 中仿真后得到的仿真结果如图 5-8 所示，图中*为参考节点，•为未知节点。

未知节点实际坐标：（20，18）

未知节点定位坐标（29.8813，42.0713）

4．基于 LQI 值改进

由于 8 号节点离未知节点距离较远，测得 LQI 值低，因此不考虑此点。考虑 LQI 值，当把 8 号节点改为（35，19）位置时，三边测量法在 Matlab 中的仿真结果如图 5-9 所示，图中*为参考节点，•为未知节点。

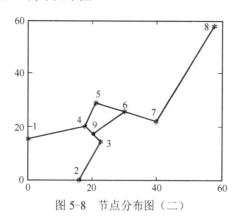

图 5-8　节点分布图（二）

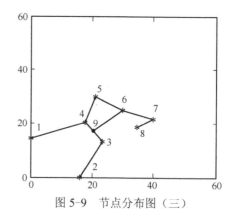

图 5-9　节点分布图（三）

未知节点实际坐标：（20，18）

未知节点定位坐标：（19.3508，15.6809）

5．定位误差分析

假设待定节点的真实坐标为（x，y），其定位坐标为（x_i，y_i），定义未知节点的定位误差计算如下：

$$\varphi = \sqrt{\left(x - x_i\right)^2 + \left(y - y_i\right)^2} \tag{5-5}$$

利用式（5-5）分别计算得到的误差结果如表 5-5 所示。

表 5-5 误差对比表

定 位 算 法	RSSI 建模	DV-Hop	改进的 DV-Hop
定 位 误 差	0.3659	26.0205	2.4802

本书的阈值分段定位方法（Threshold Localization Method）是 RSSI 建模和改进的 DV-Hop 方法的一个融合，在定位精度上有了一定的提高。当距离小于阈值时采用了 RSSI 模型，定位误差为 0.3659；当距离大于阈值时采用改进的 DV-Hop，定位误差为 2.4802。因此在充分考虑定位的范围后，未知节点的定位精度有了一定的提高。

5.4 ZigBee 网络定位应用实现

5.4.1 ZigBee 传感网络的建立

1. 基于 CC2430 的 ZigBee 开发环境的建立

本节内容主要有：开发环境的建立；运行 ZigBee 例程；基于 ZigBee 的一主多从的数据采集系统；基于 ZigBee 的定位功能实现。ZigBee 是一种近距离低功耗低速率无线网络，使用免费的 2.4GHz 频段，主要用于无线传感器网络、智能家居等方面。很多公司都推出了自己的 ZigBee 芯片和模块，本节使用基于 TI 公司的 CC2430，由无线龙公司生产的 ZigBee 模块，使用的 ZigBee 协议栈版本为 TI_ZStack-1.4.3-1.2.1（对应标准的 ZigBee 2006）。本节主要讲述其开发环境的建立方面的内容。使用的开发环境为：Windows 7、IAR 8051 7.30B。

1）安装 IAR 8051 7.30B

使用管理员权限运行安装程序 EW8051-EV-730B.exe，根据提示输入相应的注册码，完成相关的安装。

2）安装 TI 的 ZigBee 协议栈

从 TI 官网下载到其 ZigBee 协议栈压缩包 swrc073d.zip，解压后安装。Windows 7 下无法完成安装，根据之前在 WinXP 安装的经验，此安装程序生成一个名为<ZStack-1.4.3-1.2.1>的目录，此目录下有 ZigBee 协议栈和相关的文档和例程，故可以在 WinXP 的虚拟机中完成安装，之后复制到 Win7 中即可。

3）安装 Packet Sniffer

在进行 ZigBee 开发时，可以使用一个下载器和模块组成嗅探器（sniffer），相关信号的读取和显示使用 TI 的 Packet Sniffer 软件完成，从 TI 的网站上下载 swrc045j.zip，解压后安装。Packet Sniffer 监控的不仅是 ZigBee 的数据包，而是所有 IEEE 802.15.4 的无线数据包。程序界面如图 5-10 所示。

4）安装 SmartRF Flash Programmer

如同网卡的 MAC 地址，不同的 ZigBee 模块使用不同的 IEEE 地址（实用产品必须要向 IEEE 申请相关的地址），使用 SmartRF Flash Programmer 可以为 ZigBee 模块烧写程序及 IEEE 地址，读出模块中的程序。从 TI 的网站上下载 swrc044f.zip，解压后安装。还有一个名为 IEEE Address Program

Software 的软件，只能读写 IEEE 地址，在 swrc063.zip 中，若安装了 SmartRF Flash Programmer，则无须安装 IEEE Address Program Software。SmartRF Flash Programmer 的程序界面如图 5-11 所示。

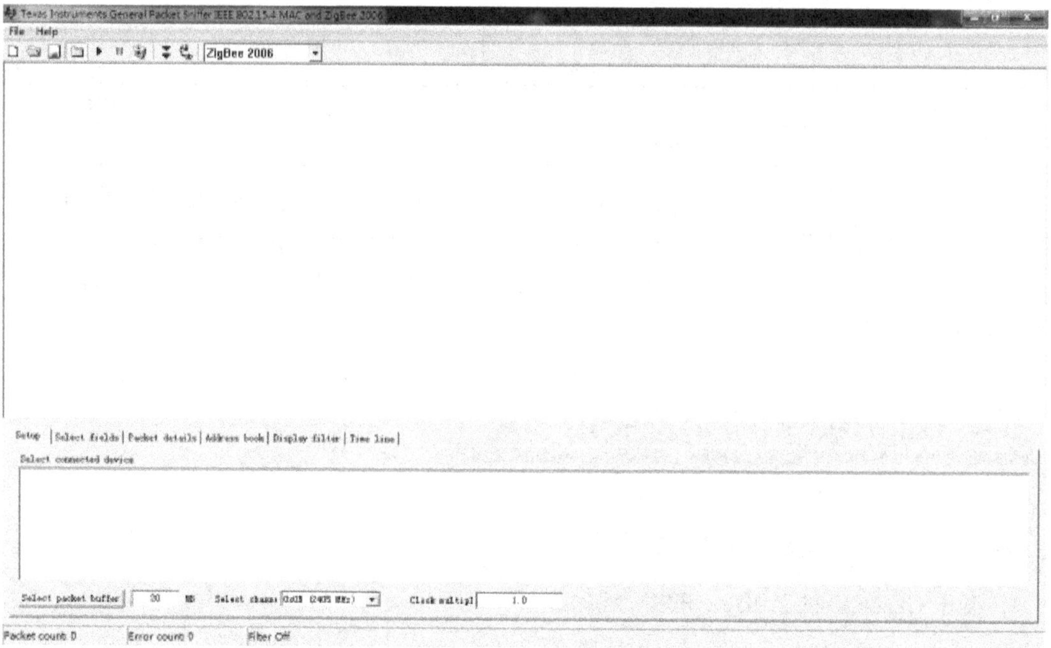

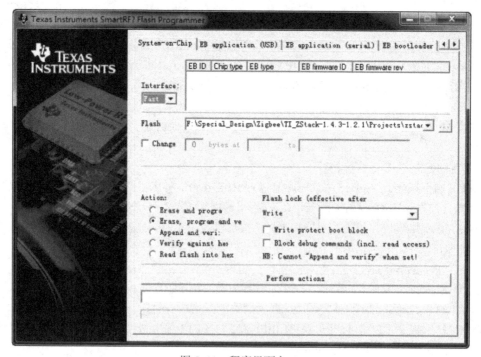

图 5-10　程序界面之一

图 5-11　程序界面之二

5）初识协议栈目录

<ZStack-1.4.3-1.2.1>的目录结构如图 5-12 所示，主要有<Components>、<Documents>、

104

<Projects>和<Tools>4 个目录，<Documents>中是相关的开发文档，<Tools>中是两个开发辅助工具 ZOAD 和 Z-Tool，ZOAD（Over-the-Air Technology，空中下载技术，短信增值服务的一种，主要使用户可以通过自己的手机操作来动态地请求业务）用于空中下载，Z-Tool 可用于观察网络状态、串口输出内容显示等。与用户关系最大的是<Components>和<Projects>，<Components/hal>存放硬件驱动代码，根据实际使用的开发板或产品的不同，CC2430 的引脚功能配置也不同，因此需要修改、增加相关的驱动代码。<Projects>中有多个例程用以学习 Ti ZigBee 的开发，提供了不同的程序框架，用户可以以相关的例程为模板创建自己的工程。对于硬件驱动代码，针对不同的外设，除了定时器、AD 等 CC2430 内部的外设不用自己编写驱动外，对于按键、LED、LCD 要根据实际的连接重写。一般情况下，不同厂商都采取核心模块+扩展板的设计，各厂商的不同点在于扩展板的不同，TI 原厂的扩展板也分为 DB 和 EB 两种。各厂商在设计时都会对 TI 的开发板有所参考，就本节所用的无线龙公司开发板而言，其与 TI 的 CC2430EB 最为相似，故之后使用的例程均为修改版的 EB 板例程。

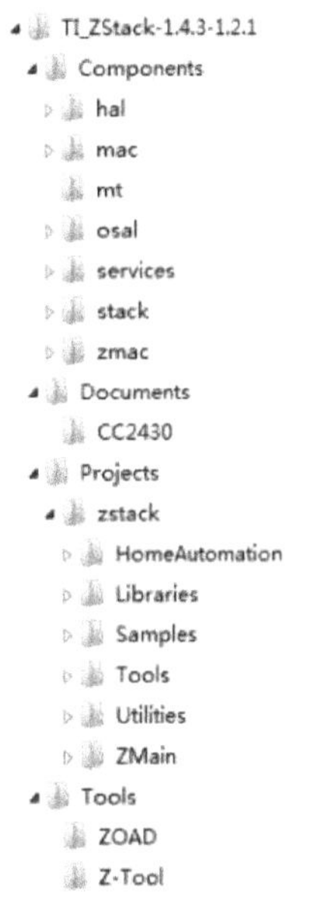

```
▲ 📁 TI_ZStack-1.4.3-1.2.1
   ▲ 📁 Components
      ▷ 📁 hal
      ▷ 📁 mac
        📁 mt
      ▷ 📁 osal
      ▷ 📁 services
      ▷ 📁 stack
      ▷ 📁 zmac
   ▲ 📁 Documents
        📁 CC2430
   ▲ 📁 Projects
      ▲ 📁 zstack
         ▷ 📁 HomeAutomation
         ▷ 📁 Libraries
         ▷ 📁 Samples
         ▷ 📁 Tools
         ▷ 📁 Utilities
           📁 ZMain
   ▲ 📁 Tools
        📁 ZOAD
        📁 Z-Tool
```

对于<Documents>中的文档（包括其中的<CC2430>目录），读者至少应阅读过以下内容：《Z-Stack Developer's Guide_F8W-2006-0022_》，《Z-Stack Sample Applications (F8W-2006-0023)》，《HAL Driver API _F8W-2005-1504_》，《Z-Stack Sample Application For CC2430DB_F8W-2007-0017_》，《Create New Application For The CC2430DB_F8W-2005-0033_》。

图 5-12　目录结构

2．运行 ZigBee 例程

1）修改 HAL

通俗地讲，HAL 及所谓的 Hardware Abstration Layer 即为开发板的硬件驱动，由于所用的是无线龙公司的开发板，与 TI 的原装开发板有差异，因此需要对协议栈自带的 HAL 进行修改。HAL 文件存放在目录<Components/hal>中，里面有<common>、<include>、<target>3 个目录，<common>中定义与外设无关的硬件操作，<include>存放头文件，而<target>存放目标文件，其中根据目标板的不同分为<CC2430BB>、<CC2430DB>、<CC2430EB>。所用的无线龙公司的开发板和 CC2430EB 最为相似，故修改<CC2430EB>中的内容。按键操作几乎在每个例程中都会用到，故此处以按键驱动的修改为例，演示 HAL 的修改。

这里先了解一下 TI 和无线龙公司扩展板的不同之处。TI 的 CC2430EB 原理图在 TI 文档 SWRU133.pdf（位于 SWRU133.zip 中）中。按键电路的原理图如图 5-13 所示。

CC2430EB 的按键其实是摇杆，上下左右 4 个方向和电阻网络相连，通过放大电路送到 CC2430 的 P0.6 脚，经 AD 采样后判断摇杆摆向哪个方向，按键编号为 SW1~SW4。摇杆也可像普通按键一样按下，产生一个直流电平变化，接到 P0.5 脚，按键编号为 SW5。除此之外，还有一个独立按键连到 P0.1 脚，按键编号为 SW6。

无线龙公司的开发板则采用 6 个独立按键，上下左右 4 个按键和电阻网络相连，接 P0.6，由 AD 采样得出是哪个键被按下。还有两个按键 OK、Cancel 分别直接和 P0.5、P0.4 相连。由于 TI 和无线龙公司上下左右 4 个按键的电阻网络有差异，AD 采样值有所不同，因此要予以修改。还有修改 SW5、SW6 的读取是无线龙公司开发板的 OK、Cancel 两个按键。

要修改的文件为 hal_key.c，要修改的部分是宏定义、uint8 HalKeyRead ()、void HalKeyPoll ()。

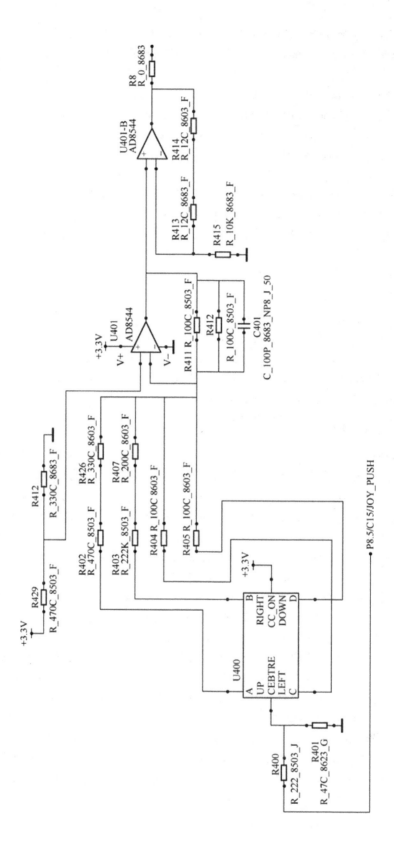

图 5-13 按键电路原理图

106

修改 SW6 的引脚定义，行 156 中的 HAL_KEY_BIT1 改为 HAL_KEY_BIT4。

```
156:  #define HAL_KEY_SW_6_BIT      HAL_KEY_BIT4
```

修改 uint8 HalKeyRead ()中的 SW5、SW6 有关的内容，注释掉以下语句。

```
#if defined (HAL_KEY_SW_6_ENABLE)
  if (!(HAL_KEY_SW_6_PORT & HAL_KEY_SW_6_BIT))    /* Key is active low */
  {
    keys |= HAL_KEY_SW_6;
  }
#endif
#if defined (HAL_KEY_SW_5_ENABLE)
  if (HAL_KEY_SW_5_PORT & HAL_KEY_SW_5_BIT)       /* Key is active high */
  {
    keys |= HAL_KEY_SW_5;
  }
#endif
```

在对应位置添加以下语句：

```
if (P0_5 == 0)
{
  keys |= 0x04；
}

if (P0_4 == 0)
{
  keys |= 0x20；
}
```

修改用于判断哪个方向键被按下的 P0.6 采样值，将 do…while 中的条件语句注释掉，代之以如下内容：

```
if ((adc >= 0x55) && (adc <= 0x70))
{
    ksave0 |= HAL_KEY_UP；
}
else if ((adc >= 0x40) && (adc <= 0x50))
{
  ksave0 |= HAL_KEY_DOWN；
}
else if ((adc >= 0x18) && (adc <= 0x30))
{
  ksave0 |= HAL_KEY_LEFT；
}
else if (adc <= 10)
{
  ksave0 |= HAL_KEY_RIGHT；
}
else
{
}
```

修改 void HalKeyPoll ()中的有关内容，修改同 HalKeyRead ()。

再把 void HalKeyEnterSleep (void)中的所有内容注释掉，将 uint8 HalKeyExitSleep (void)中的

```
#if defined (HAL_KEY_SW_5_ENABLE)
HAL_KEY_SW_5_INP |= HAL_KEY_SW_5_BIT;          /* Set pin input mode to tri-state */
#endif
```

注释掉，至此就完成了按键有关的 Hal 的修改。

2）ZigBee 工程设置

下面将以运行一个工程<GenericApp>为例，介绍 ZigBee 工程设置。CC2430 的开发环境为 IAR，相信接触过 MSP430 的读者对其不会感到陌生，有关 ZigBee 工程的设置实际上就是通过 IAR 的工程设置完成的。打开<Projects/zstack/Samples/GenericApp/CC2430DB>下的 GenericApp.eww。

打开工程后，界面如图 5-14 所示。

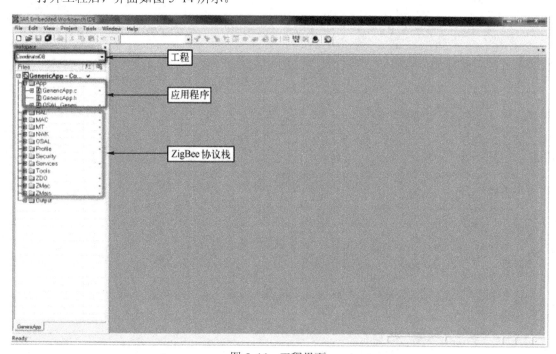

图 5-14   工程界面

同一个工程中包含多个 project，根据开发板的类型（EB 和 DB）、ZigBee 网络中的节点类型（Coordinator、Router 和 EndDevice）不同一共有 6 个 project，我们只需用到 CoordinatorEB 和 EndDeviceEB 这两个 project。先把 project 选择为 CoordinatorEB，在 GenericApp-CoordinatorEB 上右击，选择 Options…进入工程设置界面，选择 C/C++ Compiler→Preprocessor，设置预编译项。去掉 LCD_SUPPORTED=DEBUG，HAL_UART 在 GenericApp 中可加可不加，如图 5-15 所示。

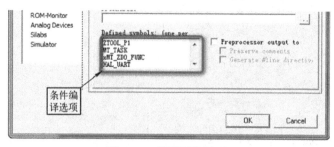

图 5-15   设置预编译项

通过条件编译选项设定是否添加相关的硬件驱动和调试选项，去掉 LCD_SUPPORTED= DEBUG 的原因是 TI 的开发板和无线龙公司开发板的 LCD 接口不一样，而我们又没有修改相关的 Hal 文件，因此无法使用 LCD 显示。加入 HAL_UART 的原因是我们将使用串口作为调试信息的输出。

3）ZigBee 工程启动流程解析

用户相关的应用程序代码在 App 类的文件中，其与 ZigBee 是如何关联起来的呢？如何调配处理器时间去处理应用程序、响应外设和进行无线收发呢？Ti 协议栈通过一个小型的操作系统实现了复杂多样的事件处理。CC2430 具有 128KB ROM、8KB RAM，如此大的空间为 SOC（System On Chip）提供了有力保障。操作系统的 API 介绍在《OSAL API_F8W-2003-0002_》中，在这个操作系统中提供了消息管理、任务同步、定时器管理、中断管理、任务管理、内存管理、电源管理和非易失内存管理等功能。用户的应用程序要以任务（task）的方式注册到系统中，一个 task 对应于自己的事件处理函数（event processor）。task 的添加、event 和 task 的关联、事件处理函数和对应 task 的关联将在以下流程解析中讲解。

（1）main()。

编译工程（快捷键 F7），将模块连接到 PC，调试工程（快捷键 Ctrl + D）。进入到函数的入口——main()函数，其位于 ZMain Group 的 ZMain.c 中。在 main()中完成相关硬件和软件的初始化，作为重点，我们要关注的是：

    190： osal_init_system();

和

    206： osal_start_system();   // No Return from here

我们先来看 osal_init_system()。右击 osal_init_system，选择 Go to definition of osal_init_system，追踪其定义（注意"追踪"的方法，下文所述的追踪都采用这个方法）。

（2）osal_init_system()。

osal_init_system()定义在 OSAL Group 的 OSAL.c 中，它进行了操作系统相关的初始化工作，需要重点关注的是：

    927： osalInitTpasks();

追踪其定义。

（3）osalInitTasks()和添加 task 到 OS。

osalInitTasks()定义在 App Group 的 OSAL_GenericApp.c 中，函数内容如下：

```
void osalInitTasks( void )
{
    uint8 taskID = 0;
    tasksEvents = (uint16 *)osal_mem_alloc( sizeof( uint16 ) * tasksCnt);
    osal_memset( tasksEvents, 0, (sizeof( uint16 ) * tasksCnt));
    macTaskInit( taskID++ );
    nwk_init( taskID++ );
    Hal_Init( taskID++ );
#if defined( MT_TASK )
    MT_TaskInit( taskID++ );
#endif
    APS_Init( taskID++ );
    ZDApp_Init( taskID++ );
    GenericApp_Init( taskID );
}
```

在这个函数中，我们看到了将 task 添加到系统的过程，每添加一个 task，taskID 就加 1。最后一句 GenericApp_Init()正是关注的重点，应追踪它。

（4）GenericApp_Init()和注册 event 到 task 中。

GenericApp_Init()位于 GenericApp.c 中，完成 endPoint 的设定和注册、按键事件的注册，即把相关的 event 和相关的 task 进行关联，当发生这些 event 时，会由和 task 关联的事件处理函数进行处理。到此，已经介绍了如何添加 task、如何关联 event 和 task，那么 task 和事件处理函数的关联又是如何进行的呢？先找找 GenericApp_Init 对应的事件处理函数，解决这个问题，要回到 ZMain.c 的 main()中的 osal_start_system()。

（5）osal_start_system()和 task 及事件处理函数的关联。

osal_start_system()定义在 OSAL.c 中。osal_start_system()中最有可能执行事件处理函数的就是977 行语句了

```
977: events = (tasksArr[idx])( idx, events );
```

其中，tasksArr 是函数数组，idx 代表 task 的 id，events 代表相应的事件。

在 OSAL_GenericApp.c 中找到 tasksArr 的定义，内容如下：

```
const pTaskEventHandlerFn tasksArr[ ] = {
  macEventLoop,
  nwk_event_loop,
  Hal_ProcessEvent,
#if defined( MT_TASK )
  MT_ProcessEvent,
#endif
  APS_event_loop,
  ZDApp_event_loop,
  GenericApp_ProcessEvent
};
```

如果追踪里面的数组成员，它们都是事件处理函数。注意，里面的成员顺序和 osalInitTasks()中 task 的添加顺序是一样的，即 task 的 ID 和其对应的事件处理函数在 tasksArr 中的序号是一样的，因此在调用(tasksArr[idx])(idx, events)时，完成了 task 和对应的事件处理函数的关联。

（6）事件处理。

上面介绍了 task 和对应事件处理函数的关联方式，我们重点分析用户自定义 task 的事件处理函数 GenericApp_ProcessEvent()。通过行 233：if (events & SYS_EVENT_MSG)和行 300：if (events & GENERICAPP_SEND_MSG_EVT) 可 知 ， 起 码 有 两 类 事 件 ： SYS_EVENT_MSG 和 GENERICAPP_SEND_MSG_EVT。显然，SYS_EVENT_MSG 是协议栈已经定义好的系统事件，而 GENERICAPP_SEND_MSG_EVT 就是用户自定义的事件了。事件号是一个 16 位的常量，使用独热码（one-hot code）编码，方便进行 event 的提取，这样一个 task 中最多可以有 16 个 event，SYS_EVENT_MSG 已经占用了 0x8000，故自定义的事件只能有 16 个。由于事件号使用独热码，故事件的提取和清除可以用简单的位操作指令实现。事件提取：events & GENERICAPP_SEND_MSG_EVT；事件清除：events ^ GENERICAPP_SEND_MSG_EVT。系统事件包含各种系统消息（message），系统事件中的消息号是 8 位常量，定义在 ZComDef.h 中。

```
322:  #define SPI_INCOMING_ZTOOL_PORT    0x21    // Raw data from ZTool Port
                                                  // (not implemented)
```

```
323： #define SPI_INCOMING_ZAPP_DATA    0x22    // Raw data from the ZAPP
                                                 // port (see serialApp。c)
324： #define MT_SYS_APP_MSG             0x23    // Raw data from an MT Sys
                                                 // message
325： #define MT_SYS_APP_RSP_MSG         0x24    // Raw data output for an MT
                                                 // Sys message
326：
327： #define AF_DATA_CONFIRM_CMD        0xFD    // Data confirmation
328： #define AF_INCOMING_MSG_CMD        0x1A    // Incoming MSG type message
329： #define AF_INCOMING_KVP_CMD        0x1B    // Incoming KVP type message
330： #define AF_INCOMING_GRP_KVP_CMD    0x1C    // Incoming Group KVP type
                                                 // message
331：
332： #define KEY_CHANGE                 0xC0    // Key Events
333：
334： #define ZDO_NEW_DSTADDR            0xD0    // ZDO has received a new
                                                 // DstAddr for this app
335： #define ZDO_STATE_CHANGE           0xD1    // ZDO has changed the
                                                 // device's network state
336： #define ZDO_MATCH_DESC_RSP_SENT    0xD2    // ZDO match descriptor
                                                 // response was sent
337： #define ZDO_CB_MSG                 0xD3    // ZDO incoming message callback
```

用户可以自定义系统事件的消息范围为 0xE0~0xFF，现只针对 SYS_EVENT_MSG 中的两个处理函数进行说明。

- AF_INCOMING_MSG_CMD：当模块接收到属于自己的无线数据信息时，就会触发 AF_INCOMING_MSG_CMD 消息，由相关的处理函数处理接收到的信息。
- ZDO_STATE_CHANGE：当网络状态改变时就会触发此消息，其在这个工程中的作用是：当节点建立网络（作为协调器）、加入网络（作为终端）时，运行

```
osal_start_timerEx( GenericApp_TaskID, GENERICAPP_SEND_MSG_EVT, GENERICAPP_
SEND_MSG_TIMEOUT );
```

osal_start_timerEx() 的作用是启动一系统定时器，当其溢出（GENERICAPP_SEND_MSG_TIMEOUT）时，会触发 task（GenericApp_TaskID）的事件（GENERICAPP_SEND_MSG_EVT）。这里又看到事件 GENERICAPP_SEND_MSG_EVT 了，它是用户定义的事件。

```
if ( events & GENERICAPP_SEND_MSG_EVT )
{
  // Send "the" message
  GenericApp_SendTheMessage();
  // Setup to send message again
  osal_start_timerEx( GenericApp_TaskID,
  GENERICAPP_SEND_MSG_EVT,
  GENERICAPP_SEND_MSG_TIMEOUT );
  // return unprocessed events
  return (events ^ GENERICAPP_SEND_MSG_EVT);
}
```

以上就是 GENERICAPP_SEND_MSG_EVT 的处理函数，先分析总的流程，GenericApp_SendTheMessage() 发送信息，osal_start_timerEx() 重新启动系统定时器，同样是指向 task

（GenericApp_TaskID）的事件（GENERICAPP_SEND_MSG_EVT），返回时要注意清除当前事件(events ^ GENERICAPP_SEND_MSG_EVT)，否则会反复处理同一个事件，陷入死循环。

4）ZigBee 应用模型

要对数据进行收发还需对 ZigBee 的应用模型有所了解。Profile 和 Endpoint 是 ZigBee 应用层中有关应用模型的概念，下面给出这两个概念的官方定义：

Profile：是在 ZigBee 网络中设备之间进行通信的关键——统一的域。

Endpoints：它的存在决定了 ZigBee 系统支持多应用程序，端口号为（1~240）。

在 GenericApp_Init(byte task_id)中有以下相关定义：

```
GenericApp_epDesc.endPoint = GENERICAPP_ENDPOINT;
GenericApp_epDesc.task_id = &GenericApp_TaskID;
GenericApp_epDesc.simpleDesc
= (SimpleDescriptionFormat_t *)&GenericApp_SimpleDesc;
GenericApp_epDesc.latencyReq = noLatencyReqs;
```

追踪相关的变量可知使用类型 endPointDesc_t 描述 endpoint 的类型，其定义在 AF.h 中：

```
typedef struct
{
    byte endPoint;
    byte *task_id;     // Pointer to location of the Application task ID.
    SimpleDescriptionFormat_t *simpleDesc;
    afNetworkLatencyReq_t latencyReq;
} endPointDesc_t;
```

需要进一步了解的是 SimpleDescriptionFormat_t，其定义也在 AF.h 中：

```
typedef struct
{
    byte          EndPoint;
    uint16        AppProfId;
    uint16        AppDeviceId;
    byte          AppDevVer：4;
    byte          Reserved：4;              // AF_V1_SUPPORT uses for AppFlags：4.
    byte          AppNumInClusters;
    cId_t         *pAppInClusterList;
    byte          AppNumOutClusters;
    cId_t         *pAppOutClusterList;
} SimpleDescriptionFormat_t;
```

其中有 AppProfId，即为 Profile Id，可以从这个结构中看到，profile 中有 In、Out 两种类型的 Cluster。此处 Cluster 可理解为操作，每类 Cluster 对应着一个 ClusterList，其中的每个成员对应一种操作，GenericApp 的 GenericApp_SimpleDesc 为：

```
const SimpleDescriptionFormat_t GenericApp_SimpleDesc =
{
    GENERICAPP_ENDPOINT,              //  int Endpoint;
    GENERICAPP_PROFID,               //  uint16 AppProfId[2];
    GENERICAPP_DEVICEID,             //  uint16 AppDeviceId[2];
    GENERICAPP_DEVICE_VERSION,       //  int   AppDevVer：4;
    GENERICAPP_FLAGS,                //  int   AppFlags：4;
    GENERICAPP_MAX_CLUSTERS,         //  byte  AppNumInClusters;
```

```
        (cld_t *)GenericApp_ClusterList,        //  byte *pAppInClusterList;
        GENERICAPP_MAX_CLUSTERS,                //  byte    AppNumInClusters;
        (cld_t *)GenericApp_ClusterList          //  byte *pAppInClusterList;
    };
```

5）运行例程

（1）运行。

至此，对 ZigBee 的一些基本概念已经介绍完了，让我们运行第一个例程吧。先确认是否已按前文所述修改 HAL 及工程设置。由于没有移植 LCD 驱动，因此使用串口输出相关的信息。修改 GenericApp.c 中的 void GenericApp_MessageMSGCB(afIncomingMSGPacket_t *pkt)如下：

```
void GenericApp_MessageMSGCB( afIncomingMSGPacket_t *pkt )
{
 switch ( pkt->clusterId )
{
    case GENERICAPP_CLUSTERID:
        HalUARTWrite(HAL_UART_PORT_0, (uint8*)pkt->cmd.Data, pkt->cmd.DataLength);
        // "the" message
#if defined( LCD_SUPPORTED )
        HalLcdWriteScreen( (char*)pkt->cmd.Data，  "rcvd" );
#elif defined( WIN32 )
        WPRINTSTR( pkt->cmd.Data );
#endif
        break;
    }
}
```

编译后分别下载，即可运行。

（2）使用 Packet Sniffer 观察无线数据。

为了了解有关的无线信号，使用 Packet Sniffer 侦测空中的 ZigBee 信号，使用一个 SmartRF04EB+CC2430 模块配合 Packet Sniffer 软件即可完成上述功能。运行 Packet Sniffer，先选择协议及物理设备的芯片类型，之后显示面板的功能如图 5-16 所示。

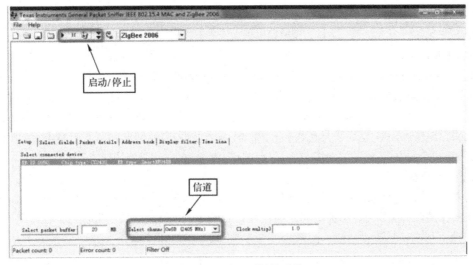

图 5-16　显示面板的功能

113

运行后会把数据划分并显示出来，如图 5-17 所示。

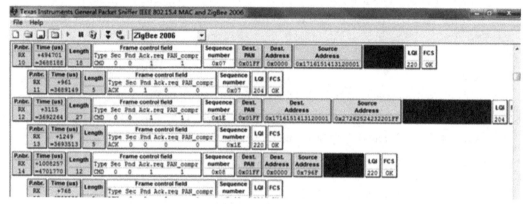

图 5-17　数据划分

各部分含义请自行学习。观察两个模块相互发送的"Hello World"，用户数据是在 APS 层，找到一段含 APS Payload 的数据包，内容如图 5-18 所示。

48 65 6C 6F 20 57 6F 72 6C 64 00 即为 Hello World 的字符串。

APS Payload					
48	65	6C	6C	6F	20
57	6F	72	6C	64	00

图 5-18　APS Payload 的数据包

3．一个接近实用的 WSN 系统

ZigBee 的出现是为了满足 WSN（Wireless Sensor Network）的要求。一般而言，WSN 有以下几个特征：

（1）采集点众多，分布面积广。

（2）网络节点间的位置关系不定，节点动态加入或脱离网络。

（3）采集点无法和市电网络相连，依赖于电池供电，要求有很好的节电及电源管理。

为了实现节能的特性，还跟 CC2430 模块以外的采集模块有关，本书主要关注 CC2430 自身的管理使用，故对外界数据的采集简化为从 AD 中采集数据。目标系统将具备以下功能：

（1）协调器建立网络，终端节点加入网络。

（2）节点能采集多种数据。

从例程中选用一个合适的范例作为模板可以大大缩短开发时间，节约成本。选用 SimpleApp 作为模板。SimpleApp 中有两个例程，一个是控制器-开关，一个是收集器-传感器，这里使用收集器-传感器例程。收集器-传感器例程中以传感器终端的温度及电源电压为数据源，传感器定时采集这两个数据，送往收集器，收集器收到数据后通过串口传给 PC。可以说，SimpleApp 本身就是一个接近实用的 WSN 例程，本书的目标在于学习 SimpleApp 的使用，并加上一个通过 AD 采集数据的功能。此外，由于 SimpleApp 的传感器终端启动后就一直采集发送数据，无法由收集器控制其采集的开启/关停，因此将增添由 PC 发送指令到收集器、再由收集器发送指令控制某终端的某项采集功能的开启/关闭。

1）建立新工程

为了和例程 SimpleApp 区分开，新建工程命名为 WSNApp，其中只包含 Collector 和 Sensor，且只为 EB 板设置，本节内容不会对程序的运行有实质影响，修改工程名只是为了管理上的方便。也可不修改工程名，只进行功能上的修改，直接跳到下一节的内容。先原地复制 SimpleApp 工程文件夹，并修改目录名为 WSNApp。WSNApp 中有两个目录，其中一个存放应用程序，删除 SimpleController.c 和 SimpleSwitch.c，将 SimpleApp.h 更名为 WSNApp.h，其中存放的具体 Project

114

设置。如果还没打开过相关工程，里面应该只有 3 个文件 SimpleApp.ewd、SimpleApp.ewp 和 SimpleApp.eww。将这 3 个文件均改名为 WSNApp，扩展名保持不变。这 3 个文件都是 XML 格式的文本文件，可以用记事本等工具打开修改，修改 WSNApp.eww，先将所有的 SimpleApp 替换为 WSNApp。其代码结构如下：

```
<member>
  <project>WSNApp</< span>project>
  <configuration>SimpleCollectorDB</< span>configuration>
</< span>member>
<member>
  <project>WSNApp</< span>project>
  <configuration>SimpleCollectorEB</< span>configuration>
</< span>member>
<member>
  <project>WSNApp</< span>project>
  <configuration>SimpleControllerDB</< span>configuration>
</< span>member>
```

每个 member 下是相应的 project 及相关的设置，删除所有的 DB 及 Controller、Switch，最后只保留以下内容：

```
<member>
  <project>WSNApp</< span>project>
  <configuration>SimpleCollectorEB</< span>configuration>
</< span>member>
<member>
  <project>WSNApp</< span>project>
  <configuration>SimpleSensorEB</< span>configuration>
</< span>member>
```

修改 WSNApp.ewp，先将所有的 SimpleApp 替换为 WSNApp。WSNApp.ewp 存放工程的目录结构，WSNApp.ewp 中的 configuration 段定义的是各个 project 的设置，group 段定义的是各个 project 中各文件的关联关系。删除有关 DB 及 Controller、Switch 的 configuration 段。修改 App 的 group 段中的 DB 及 Controller、Switch 段落。

修改 WSNApp.ewd，先删除有关 DB 及 Controller、Switch 的 configuration 段即可。

2）Collector 的修改

Collector 程序要添加 PC 和 Collector 之间的通信并通过无线发送指令到 Sensor。要为 Collector 添加一个用户事件，用于发送数据。

（1）串口设置。

TI 的协议栈中已经有了有关的串口通信的驱动，可直接调用，使用串口有关的指令，需包含 hal_uart.h 头文件，在 SimpleCollector.c 和 sapi.c 中均要包含。要添加预编译指令 HAL_UART。使用 halUARTCfg_t 来配置串口，配置串口时需配置输入/输出缓冲区的大小等信息。由于用户 task 的初始化在 sapi.c 中，因此串口的初始化也放在 sapi.c 中。首先在 sapi.h 中定义以下常量：

```
#ifdef COLLECTOR
  #define SERIAL_PORT_THRESH 48
  #define SERIAL_PORT_RX_MAX   64
  #define SERIAL_PORT_TX_MAX   64
  #define SERIAL_PORT_IDLE   6
```

```
#define SERIAL_PORT_RX_CNT   80
#endif
```

由于 sapi.h 和 sapi.c 是 Collector 和 Sensor 共用的，故使用条件编译的方式定义常量。

在 sapi.c 中，先定义串口的配置变量：

```
void SAPI_Init( byte task_id )
{
  uint8 startOptions；
#ifdef COLLECTOR
  halUARTCfg_t uartConfig；
#endif
```

在 SAPI_Init() 的末尾初始化串口：

```
#ifdef COLLECTOR
  uartConfig.configured = TRUE；              // 2430 don't care.
  uartConfig.baudRate = HAL_UART_BR_38400；  // CC2430 only allow 38.4k or 115.2k
  uartConfig.flowControl = HAL_UART_FLOW_OFF；   // Turn off flow control to fit most
                                                 // serial ports' setting
  uartConfig.flowControlThreshold = SERIAL_PORT_THRESH；
  uartConfig.rx.maxBufSize        = SERIAL_PORT_RX_MAX；
  uartConfig.tx.maxBufSize        = SERIAL_PORT_TX_MAX；
  uartConfig.idleTimeout          = SERIAL_PORT_IDLE；   // 2430 don't care.
  uartConfig.intEnable            = TRUE；              // 2430 don't care.
  uartConfig.callBackFunc         = rxCB；
  HalUARTOpen (HAL_UART_PORT_0,  &uartConfig)；
#endif
// Set an event to start the application
  osal_set_event(task_id,  ZB_ENTRY_EVENT)；
}
```

此处有两个需要注意的地方，串口波特率只能为 38400B/s 或 115.2kB/s，接收数据的回调函数是 rxCB。定义函数 rxCB 来处理来自串口的数据，收到数据后触发相关的事件。

在 SimpleCollector.c 中，向 PC 传送数据的指令位于 zb_ReceiveDataIndication() 中，为：

```
#if defined( MT_TASK )
debug_str( (uint8 *)buf )；
#endif
```

由于使用自定义的串口操作，需在预编译中去除 MT_TASK，故无法使用其 debug_str() 函数向 PC 发送数据，将相关代码替换为：

```
HalUARTWrite ( HAL_UART_PORT_0,  buf,  32 )；
```

（2）接收来自 PC 的数据。

收到数据后要通知 OS 收到了串口数据，在 SimpleCollector.c 中定义了相关的事件：

```
#define SERIAL_PORT_MSG_RCV_EVT     0x0008
```

定义指向数据的指针和数据长度：

```
static uint8 *otaBuf = NULL；
static uint8 otaLen；
```

rxCB 的定义如下：

```
void rxCB(uint8 port,  uint8 event)
{
  uint8 *buf,  len;

  if (!otaBuf)
  {
    if (!(buf = osal_mem_alloc(SERIAL_PORT_RX_CNT)))
    {
      return;
    }
  }

  len = HalUARTRead(port,  buf,  SERIAL_PORT_RX_CNT);

  if (!len)   // Length is not expected to ever be zero.
  {
    osal_mem_free(buf);
    return;
  }

  otaBuf = buf;
  otaLen = len;

  osal_set_event( sapi_TaskID,  SERIAL_PORT_MSG_RCV_EVT );
}
```

当数据接收完毕后，触发事件 SERIAL_PORT_MSG_RCV_EVT。

（3）Collector 向 Sensor 发送指令。

由 sapi.c 中的

```
if ( events & ( ZB_USER_EVENTS ) )
{
  // User events are passed to the application
  zb_HandleOsalEvent( events );

  // Do not return here,  return 0 later
}
```

可知：在 zb_HandleOsalEvent()中处理用户自定义的事件，当收到 PC 传来的数据后触发了 SERIAL_PORT_MSG_RCV_EVT，将无线发送指令的程序作为此事件的响应，原有的 SimpleCollector.c 中的 void zb_HandleOsalEvent(uint16 event)是空的，为其添加以下内容：

```
void zb_HandleOsalEvent( uint16 event )
{
  if ( event & SERIAL_PORT_MSG_RCV_EVT )
  {
    Collector_SendData( otaBuf,  otaLen );
  }
}
```

其中，Collector_SendData()的定义如下：

```
void Collector_SendData( uint8 *buf,  uint8 len )
{
  volatile uint16 tempDstAddr;
```

```
        tempDstAddr = buf[0];
        tempDstAddr = tempDstAddr << 8;
        tempDstAddr += buf[1];
        zb_SendDataRequest( tempDstAddr, COLLECTOR_CMD_ID, 1, &buf[2], 0, 0,
AF_DEFAULT_RADIUS );
        osal_mem_free( otaBuf );
    }
```

其中的 **zb_SendDataRequest()** 即为通过无线发送指令的函数，其中的参数 COLLECTOR_CMD_ID
是由 Endpoint 发送的 cluster。原有的 Collector 程序只能接受无线数据，不能发送无线数据，这里
是通过设置发送 cluster 来实现的，增添发送 cluster 代码：

```
#define NUM_OUT_CMD_COLLECTOR            1

const cld_t zb_OutCmdList[NUM_OUT_CMD_COLLECTOR] =
{
  COLLECTOR_CMD_ID
};

const SimpleDescriptionFormat_t zb_SimpleDesc =
{
MY_ENDPOINT_ID,              //  Endpoint
MY_PROFILE_ID,               //  Profile ID
DEV_ID_COLLECTOR,            //  Device ID
DEVICE_VERSION_COLLECTOR,    //  Device Version
0,                           //  Reserved
NUM_IN_CMD_COLLECTOR,        //  Number of Input Commands
(cld_t *) zb_InCmdList,      //  Input Command List
NUM_OUT_CMD_COLLECTOR,       //  Number of Output Commands
(cld_t *) zb_OutCmdList   //  Output Command List
};
```

COLLECTOR_CMD_ID 在 **WSNApp.h** 中定义：

```
#define COLLECTOR_CMD_ID                1
```

3）Sensor 的修改

Sensor 要增添的内容有：①在 endpoint 中增加接收 cluster；②添加指令处理内容；③增添外
部 AD 采集内容。

（1）修改 Endpoint 描述。

在 **SimpleSensor.c** 中添加及修改以下内容：

```
#define NUM_IN_CMD_SENSOR               1
const cld_t zb_InCmdList[NUM_IN_CMD_SENSOR] =
{
  COLLECTOR_CMD_ID
};
const SimpleDescriptionFormat_t zb_SimpleDesc =
{
  MY_ENDPOINT_ID,              //  Endpoint
  MY_PROFILE_ID,               //  Profile ID
  DEV_ID_SENSOR,               //  Device ID
  DEVICE_VERSION_SENSOR,       //  Device Version
  0,                           //  Reserved
```

118

```
        NUM_IN_CMD_SENSOR,                // Number of Input Commands
        (cld_t *) zb_InCmdList,       //  Input Command List
        NUM_OUT_CMD_SENSOR,               //  Number of Output Commands
        (cld_t *) zb_OutCmdList      //  Output Command List
    };
```

（2）指令处理。

指令为一个字节，其各个位定义为各采集数据的开关，在 SimpleSensor.c 中定义了以下位选常量：

```
        #define GLOBAL_SWITCH            0x80
        #define TEMP_SWITCH              0x40
        #define BATT_SWITCH              0x20
        #define ADC_SWITCH               0x10
```

当 Sensor 接到数据后会调用函数 zb_ReceiveDataIndication()，为其添加以下内容：

```
        void zb_ReceiveDataIndication( uint16 source，uint16 command，uint16 len，uint8
    *pData )
      {
        if (command == COLLECTOR_CMD_ID)
        {
          HalUARTWrite ( HAL_UART_PORT_0，pData，1 );
          if (GLOBAL_SWITCH & pData[0])
          {
            if (TEMP_SWITCH & pData[0])
            {
              osal_start_timerEx( sapi_TaskID, MY_REPORT_TEMP_EVT，myTempReportPeriod )；
            }
            else
            {
              osal_stop_timerEx( sapi_TaskID, MY_REPORT_TEMP_EVT )；
            }
            if (BATT_SWITCH & pData[0])
            {
              osal_start_timerEx( sapi_TaskID, MY_REPORT_BATT_EVT，myBatteryCheckPeriod )；
            }
            else
            {
              osal_stop_timerEx( sapi_TaskID, MY_REPORT_BATT_EVT )；
            }
          }
          else
          {
            myApp_StopReporting()；
          }
        }
      }
```

根据不同位的值来做出是否关停所有采集或特定的采集功能。

至此即可通过 PC 发送指令到 Collector，再由 Collector 发送到 Sensor，控制某项采集功能的开启/关闭。如网络中有短地址为 0x796F 的节点，要关闭其所有的采集功能，PC 向 Collector 发送 0x79、0x6F、0x80 即可。

4）增添采集外部数据功能

要添加采集外部数据的功能，Collector 及 Sensor 都要添加响应的内容。

（1）Sensor。

通过对 Sensor 部分的分析，需要定义采集时间、添加事件及相关的处理。定义采集时间如下：

```
static uint16 myADCCheckPeriod = 1000;      // milliseconds
```

每隔 1s 采集一次数据。定义 ADC 取值的函数，添加新事件 MY_REPORT_ADC_EVT：

```
#define MY_REPORT_ADC_EVT                0x0010
```

在 zb_HandleOsalEvent()中添加有关内容：

```
if ( event & MY_REPORT_ADC_EVT )
{
  // Read ADC7 value
  pData[0] = ADC_REPORT;
  pData[1] = HalAdcRead(0x07,  HAL_ADC_RESOLUTION_8);
  zb_SendDataRequest( 0xFFFE,   SENSOR_REPORT_CMD_ID ,   2,   pData,   0,
AF_ACK_REQUEST,  0 );
  osal_start_timerEx( sapi_TaskID,  MY_REPORT_ADC_EVT,  myADCCheckPeriod );
}
```

其中的 ADC_REPORT 定义为：

```
#define ADC_REPORT        0x03
```

HalAdcRead(0x07,   HAL_ADC_RESOLUTION_8)是 Ti 的协议栈自带的 ADC 驱动，以 8 位分辨率读取 AD7 的值。

在 zb_ReceiveDataIndication()中添加有关内容：

```
if (ADC_SWITCH & pData[0])
{
  osal_start_timerEx( sapi_TaskID,  MY_REPORT_ADC_EVT,  myADCCheckPeriod );
}
else
{
  osal_stop_timerEx( sapi_TaskID,  MY_REPORT_ADC_EVT );
}
```

接下来是 myApp_StartReporting()和 myApp_StopReporting()：

```
void myApp_StartReporting( void )
{
  osal_start_timerEx( sapi_TaskID,  MY_REPORT_TEMP_EVT,  myTempReportPeriod );
  osal_start_timerEx( sapi_TaskID,  MY_REPORT_BATT_EVT,  myBatteryCheckPeriod );
  osal_start_timerEx( sapi_TaskID,  MY_REPORT_ADC_EVT,  myADCCheckPeriod );
  HalLedSet( HAL_LED_1,  HAL_LED_MODE_ON );
}

void myApp_StopReporting( void )
{
  osal_stop_timerEx( sapi_TaskID,  MY_REPORT_TEMP_EVT );
  osal_stop_timerEx( sapi_TaskID,  MY_REPORT_BATT_EVT );
  osal_stop_timerEx( sapi_TaskID,  MY_REPORT_ADC_EVT );
  HalLedSet( HAL_LED_1,  HAL_LED_MODE_OFF );
```

```
    }
```

（2）Collector。

Collector 中有关的修改不多，集中在 zb_ReceiveDataIndication()。先要定义常量 ADC_REPORT：

```
    #define ADC_REPORT          0x03
```

再将 zb_ReceiveDataIndication()中的

```
    if ( pData[0] == BATTERY_REPORT )
    {
      ⋮
    }
    else
    {
      ⋮
    }
```

修改为 switch-case 结构：

```
    switch( pData[0] )
    {
    case BATTERY_REPORT:
     tmpLen = (uint8)osal_strlen( (char*)strBattery );
     pBuf = osal_memcpy( pBuf,  strBattery,  tmpLen );
     *pBuf++ = (sensorReading / 10 ) + '0';        // convent msb to ascii
     *pBuf++ = '.';                                // decimal point ( battery reading is in units of 0.1 V
     *pBuf++ = (sensorReading % 10 ) + '0';        // convert lsb to ascii
     *pBuf++ = ' ';
     *pBuf++ = 'V';
     break;
    case TEMP_REPORT:
      tmpLen = (uint8)osal_strlen( (char*)strTemp );
      pBuf = osal_memcpy( pBuf,  strTemp,  tmpLen );

      *pBuf++ = (sensorReading / 10 ) + '0';       // convent msb to ascii
      *pBuf++ = (sensorReading % 10 ) + '0';       // convert lsb to ascii
      *pBuf++ = ' ';
      *pBuf++ = 'C';
      break;
    case ADC_REPORT:
      tmpLen = (uint8)osal_strlen( (char*)strADC );
      pBuf = osal_memcpy( pBuf,  strADC,  tmpLen );

      *pBuf++ = (sensorReading / 10 ) + '0';       // convent msb to ascii
      *pBuf++ = (sensorReading % 10 ) + '0';       // convert lsb to ascii
      break;
    default:
      {}
    }
```

Collector 的预编译内容为：

```
    CC2430EB
```

```
HOLD_AUTO_START
SOFT_START
REFLECTOR
NV_INIT
xNV_RESTORE
HAL_UART
COLLECTOR
```

Sensor 的预编译内容为：

```
CC2430EB
NWK_AUTO_POLL
HOLD_AUTO_START
REFLECTOR
POWER_SAVING
NV_INIT
```

编译并下载后即可运行。使用串口调试工具，可以接受数据显示，并可向 Collector 发送指令，控制 Sensor 的采集行为。

以下为要注意的操作事项，节点首次下载后，要先按下 SW6，停止 LED1 的闪烁。之后按下 SW1 即可。

4. 可视化数据显示

在实际应用中，Collector 要配置相关的存储外设记录数据，或是配合上位机来接收所有数据进行处理及显示。在有上位机的情况下，只需传送数据，而不用传送 ASCII 码，故可将 Collector 的 zb_ReceiveDataIndication() 修改为：

```
void zb_ReceiveDataIndication( uint16 source, uint16 command, uint16 len, uint8 *pData )
{
    uint8 buf[32];
    uint8 *pBuf;
    uint8 tmpLen;
    uint8 sensorReading;

    if (command == SENSOR_REPORT_CMD_ID)
    {
        // Received report from a sensor
        sensorReading = pData[1];
        // If tool available,  write to serial port
        tmpLen = (uint8)osal_strlen( (char*)strDevice );
        pBuf = osal_memcpy( buf,  strDevice,  tmpLen );
        _ltoa( source,  pBuf,  16 );
        pBuf += 4;
        *pBuf++ = ' ';
        *pBuf++ = pData[0];
        *pBuf++ = sensorReading;
        *pBuf++ = '\r';
        *pBuf++ = '\n';
        *pBuf = '\0';
        tmpLen = (uint8)osal_strlen( (char*)buf );
        HalUARTWrite ( HAL_UART_PORT_0,  buf,  tmpLen );
    }
}
```

保留发送字符串 strDevice[] = "Device：0x"及"\r\n"，用做传送帧的帧头和帧尾。

上位机程序如图 5-19 和图 5-20 所示。节点为网络中各节点的短地址，选择一个节点为当前显示节点，可以切换显示其电池电量、温度、ADC 采集值。数据值显示在上方的文本框中，数据绘制成波形显示在下侧。

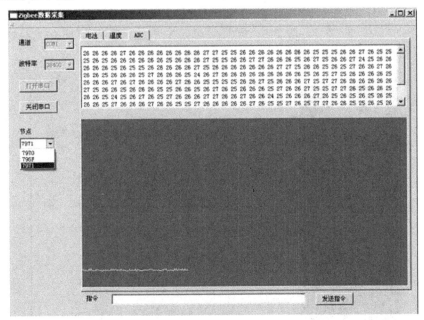

图 5-19　数据显示之一

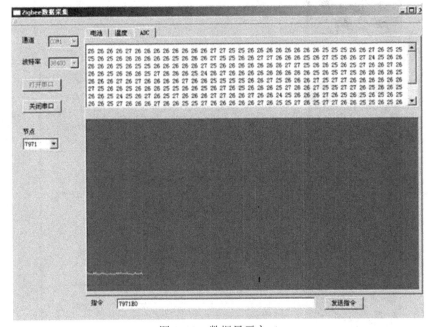

图 5-20　数据显示之二

5．利用建立的网络进行 ZigBee 定位

下面介绍如何利用前面建立起来的无线传感网络进行 ZigBee 的定位。

1）初始化物理地址

在开始之前，首先要将所有节点的物理地址（IEEE 地址）恢复为默认值。在一个定位系统中各个节点只能和一个网关（相当于 ZigBee 网络中的协调器）构成网络。具体方法是：打开 SmartRF04 Flash Programmer 软件（此软件在 "\C51RF-CC2431 无线实时定位系统 V3.00\C51RF-CC2431 系统软件及驱动\物理地址烧写" 目录下），加载一个 HEX 文件（在系统自带光盘中的位置为 "\C51RF-CC2431 无线实时定位系统 V3.00\C51RF-CC2431 演示程序\appEx_cc2430.hex"），然后按图 5-21 和图 5-22 所示步骤完成。

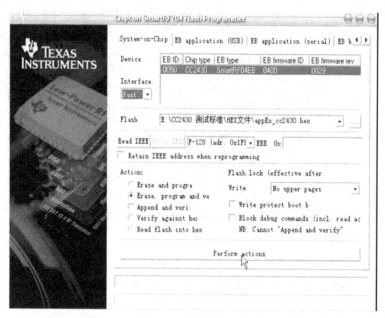

图 5-21　演示图之一

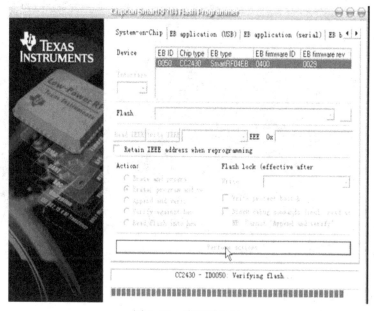

图 5-22　演示图之二

124

2）各节点的形成

（1）网关部分。

① 网关程序下载。

网关部分在 ZigBee 网络中的角色为 COORD（即协调器），芯片选择为 CC2430（也可以是 CC2431）。它在整个系统中有着至关重要的作用。首先它要接收由监控软件提供的各参考节点和移动节点（也称定位节点）的配置数据，并发送给相应的节点；其次，还要接收各节点反馈的有效数据并传输给监控软件。IAR 安装文件在 "\C51RF-CC2431 系统软件及驱动\" 目录下。打开 C：\TexasInstruments\ZStack-1.4.3-1.2.1\Projects\zstack\Samples\Location\CC2430DB 工程，选择网关进行编译下载，见图 5-23 和图 5-24。

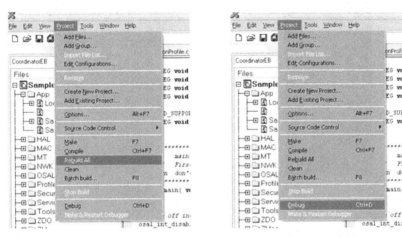

图 5-23　编译和下载

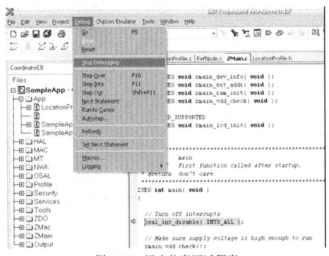

图 5-24　退出仿真调试程序

② 分配物理地址。

在退出调试状态以后，设置网关 64 位 IEEE 地址，打开 SmartRF04 Flash Programmer，界面如图 5-25 所示。在系统检测到设备以后，单击 Read IEEE 读出默认的 IEEE 地址，在没有对其设置前默认为 0xFFFFFFFFFFFFFFFF，在这里将它设置为一个唯一的非默认 IEEE 地址（不得与其他任何一个节点相同）。在设置好 IEEE 地址后，单击 Write IEEE 将地址写入芯片。

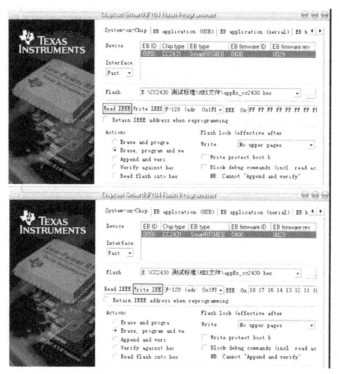

图 5-25　演示图

（2）参考节点部分。

参考节点在整个定位系统中的作用是提供一个自己的坐标为移动节点（也称定位节点）提供参考，在一套定位系统中至少有 4 个参考节点（参考节点越多，定位精度越高），在网络中具有路由的功能（相当于路由器），芯片可选择为 CC2430（也可选择 CC2431）。

图 5-26　选择节点的程序环境

首先进入参考节点的程序环境，如图 5-26 所示。

在修改后，将程序按照图 5-27 所示步骤进行编译和下载。

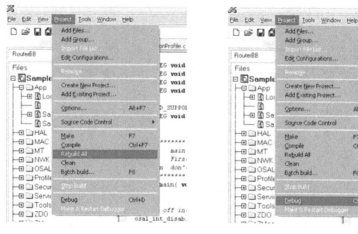

图 5-27　编译和下载

126

在进入仿真调试状态以后，可以对程序进行断点调试和在线仿真。图 5-28 所示为退出仿真调试状态。

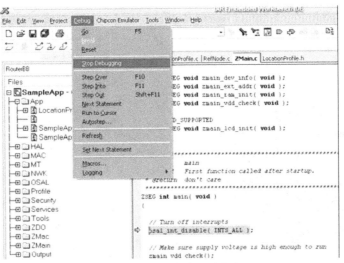

图 5-28　退出仿真调试状态

在退出仿真调试状态后，按照网关配置 IEEE 地址的方法，为每个参考节点设置一个唯一的 IEEE 地址（不得与其他任何一个节点相同）。

（3）移动节点部分。

移动节点（也称定位节点）在整个定位系统中用于计算自身位置坐标，在网络中也具有路由功能，在整个定位系统中可以有一个和多个移动节点，此节点芯片选择为 CC2431（必须为 CC2431）。首先进入定位节点的程序环境，如图 5-29 所示。

同样，按照网关部分介绍的方法将程序写入芯片并配置唯一的 IEEE 地址（不得与其他任何一个节点相同）。值得注意

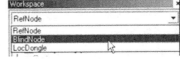

图 5-29　选择程序环境

的是：由于涉及定位坐标计算，CC2430 的硬件不具备这样的功能，所以移动节点选择的是 CC2431。

3）联机调试

本系统实现了 CC2431 和 ZigBee 协议栈的完美结合，再加上无线电定位功能，实现了无线电定位，通过参数设置及其制作工艺，可以实现最高精度为 3m 的精确定位。在此系统中能够通过上位机软件设置并修改自己的地图，通过 PC 直观显示检测对象和检测对象的具体位置。系统设置 4 个及 4 个以上的参考节点，为移动节点的位置提供参考，如需提高精度，可以将参考节点的数量提高至 8 个。当移动节点发送自己的位置坐标后，参考节点接收信号并回复一个应答信号，通过参考节点将正确的位置发送给网关；最后通过 PC 软件在绘制的地图上显示出正确的位置。该系统功能强大，操作简单。参考节点和移动节点上电后自动加入网络，在首次使用时需要对各个参考节点的平面位置坐标（X，Y）进行设定。在第一次设定以后参考节点将记住自己的位置，以后使用中在加入网络后即可自动找到自己的位置，同样也可以通过 PC 软件对其进行修改。移动节点也仅仅对其 A 值和 N 值进行设定，这样整个系统就设置完成了。

（1）系统硬件连接。

将网关节点（LocDongle）插入网络扩展板中（见图 5-30），用 RS232 串口线和 PC 连接，连接开发电源。

每个参考节点（Ref）接上天线并连接电池盒，把每个节点放置在已规划好的定位区域上的相应位置，各节点根据节点坐标摆放，见图 5-31。

图 5-30　网关硬件

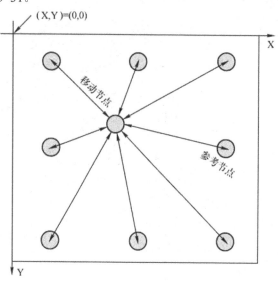

图 5-31　定位系统节点分布

移动节点（Blind）接上天线并连接电池盒。移动模块最好在参考节点构建的范围内。移动节点如图 5-32 所示。

（2）监控软件设置。

打开软件（软件在"\C51RF-CC2431 无线实时定位系统 V3.00\C51RF-CC2431 系统软件及驱动\定位监控软件"目录下的"Z-Location Engine1.3.0.zip"）以后，需要对软件进行简单设置，如图 5-33 所示。将所有复选框选中，另外还可以设置节点在没有信号时在地图上存在的时间。

图 5-32　移动节点

图 5-33　对软件进行设置

（3）绘制监控区域地图。

监控区域地图应该直观、一目了然，对监控区域事故高发地段应该进行特别标注。地图采用绘图软件绘制，最好在已有的地图中修改，详细注释。绘制完成后，将地图保存为（*.bmp）格式，等待调用。在地图绘制好以后，将地图加载到监控软件中，首先打开由 Chipcon 公司提供的监控软件 Z-Location Engine，如图 5-34 所示。

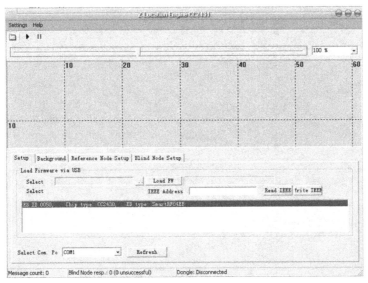

图 5-34　Z-Location Engine

在图 5-34 中，可以看到软件的一个简单界面，在 Setup 页中可以选择我们将要与网关通信的端口，在这里选择串口 1。

打开标签页 Background，在此页可以在显示区域中加载绘制的地图，在显示栏中有相应的网格作为标尺，单位为米。加载地图时，首先找到地图的正确路径，再设置它的长和宽，然后单击 Updata 按钮就完成了整个地图的加载，如图 5-35 所示。

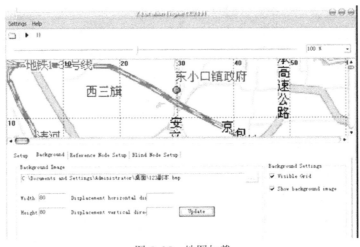

图 5-35　地图加载

（4）参考节点安装。

参考节点要根据实际距离安装，距离计算越准确，定位精度越高。参考节点必须配合监控软件安装,要保证节点的安放位置和监控软件中地图上的位置区域相同。图 5-35 中,每个网格之间的距离是 10 米。上电复位以后,标签切换至 Reference Node Setup ,在此标签中,对节点的位置进行设置,在设置前,节点没有自己的坐标,图中呈现的是"NEW+地址",双击"NEW+地址",在 Update Node 设置栏设置参考节点的必要参数,X,Y 分别表示参考节点的横、纵坐标,在设置好参数后,单击 Update 按钮在显示栏地图上可以看见参考节点以黄色的小球体出现在地图中,并在左侧显示区中显示出坐标,如图 5-36 所示。

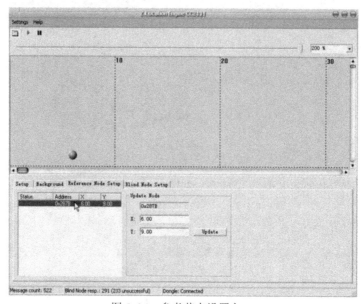

图 5-36　参考节点设置之一

　　以同样的方法加载其他参考节点,正确设置它们的参数(注意,在设置时一定要将地图和实际地形相对应)。这里设置了 4 个参考节点。设置完成以后如果需要对其中节点的参数进行修改,则只需要按照设置的步骤操作就可以完成。另外,也可以单击黄颜色的小球查看节点的数据。见图 5-37。

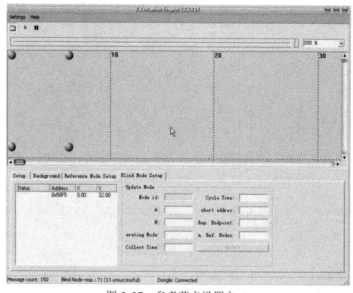

图 5-37　参考节点设置之二

（5）移动节点。

标签切换至 Blind Node Setup。此标签用于加载移动节点设置，在移动节点上电后和参考节点一样，呈现"NEW+地址"，在此标签中将自动检测到此设备，如图 5-38 所示。

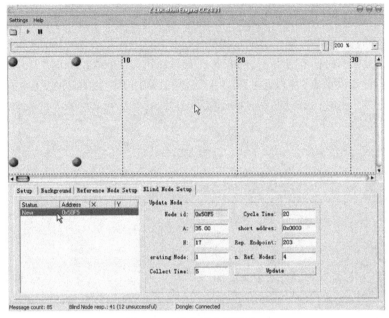

图 5-38　移动节点设置之一

双击"NEW+地址"会出现该移动节点的参数，单击 Update 按钮将数据加载到节点中，如图 5-39 所示。

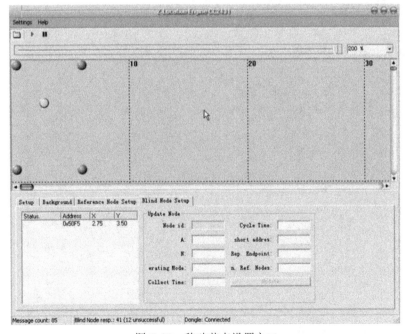

图 5-39　移动节点设置之二

在本系统的使用中，关键的步骤是绘制地图时一定注意其精确度、参考节点坐标的正确设置及参考节点的个数。这几个步骤都会影响定位精度。

　　（6）调试。

　　上面已经将定位系统的环境构建完成，接下来将对整个定位系统进行调试。当移动节点出现在监控软件的显示区域后，在实际环境中将移动节点和各个参考节点重合，使其具有相同的位置，然后调节移动节点的 A 值和 N 值，有助于提高定位的精度。A 值在 30～50 之间，N 值在 0～30 之间。通过实验，A 值的最佳范围为 45～49，N 值最佳范围为 15～25，如图 5-40 和图 5-41 所示。设置完成以后，移动移动节点，可以看见移动节点在监视软件中位置的自动变化，如图 5-42 所示。

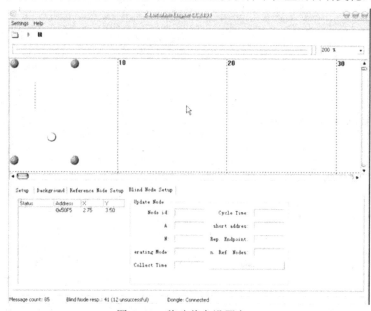

图 5-40　移动节点设置之三

图 5-41　移动节点设置之四

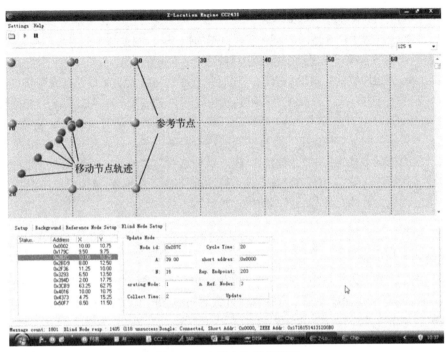

图 5-42　大型定位系统演示

5.4.2　基于 ZigBee 技术的煤矿井定位系统设计

鉴于煤矿生产的特殊性，各种矿井重大灾害和伤亡事故随时都有可能发生，国家对其安全生产要求越来越严格。但是，当前的煤矿井下普遍存在入井人员管理困难，无法及时准确掌握井下人员的作业情况和动态分布，尤其在发生突发事件时，难以迅速判断险区人员的数量、位置和身份，不能及时准确地制定救援方案。因此，井下人员定位系统的研制对煤矿行业显得尤为迫切。本节介绍的定位系统通过采用先进的 ZigBee 技术和 CAN 总线，结合地面上的以太网可以使管理人员随时、随地掌握入井人员的位置、活动轨迹、人员分布状况等，便于管理和调度，也可作为日常考勤使用；事故发生时，该系统上传的数据能为救援人员采取措施提供科学依据，缩短决策时间，从而最大限度地把事故的损失和影响降到最低程度。建立可靠实用的煤矿井下人员定位系统，对改善煤矿的安全生产管理、为煤矿行业的安全生产保驾护航有着重要的现实意义。

1. 系统使用的关键技术

（1）ZigBee。

ZigBee 技术应用在这里是因为其具有低功耗、低成本、支持地理定位功能的优势，而这些恰好适用于煤矿井下巷道多、曲折、多风门等结构特点，以及电源供电限制严格、煤矿安全生产技改资金短缺等特点。尽管它的数据率较低，但是这一传输速率仍能满足井下人员定位系统的需求。

（2）CAN 总线。

CAN 是控制器局域网的简称，是一种串行双向的数据通信协议。它最早应用在 20 世纪 80年代初的汽车工业中，其总线规范 2.0A 和 2.0B 现已被 ISO 定为国际标准。CAN 协议是建立在国际标准组织的开放系统互连模型基础上的，其模型结构只有三层，即只取 OSI 底层的物理层、数据链路层和顶层的应用层。其信号传输介质为双绞线，40m 以内通信速率最高达 1Mbps，直接传输距离最远达 10km。CAN 的信号传输采用短帧结构，每帧的数据字节数为 8 个，因而传输时间短，受干扰的概率低。CAN 具有很高的可靠性和卓越的性能，特别是与工业过程监控设备的互连，因此日益受到工业界的重视，成为最有前途的总线之一。

由于 ZigBee 无线网络的穿透能力有限，故而井下通信网络需要必要的有线网络支持。本系统设计之所以采用 CAN 总线，关键在于其与其他总线（如 RS232、RS422 和 RS485）相比具有以下主要优势：①CAN 为多主方式工作，网络上任意节点均可在任意时刻主动地向网络上其他节点发送信息，不分主从；②挂接的节点数目主要取决于驱动电路，目前最多可达 110 个；③CAN 节点在错误严重的情况下具有自动关闭输出功能，以使总线上其他节点的操作不受影响；④采用非破坏性总线优先级仲裁技术；⑤CAN 总线具有较高的性能价格比，它结构简单，器件容易购置，每个节点的价格较低，且能充分利用现有的单片机开发工具。

2．系统设计

（1）系统的整体构成。

整个系统由井上和井下两部分设备组成。井上部分包括工控机（服务器）、以太网相关设备及远程终端；井下部分由 CAN 节点、双绞线（符合矿用阻燃标准）、中继器、无线基站等构成。系统的整体结构如图 5-43 所示。

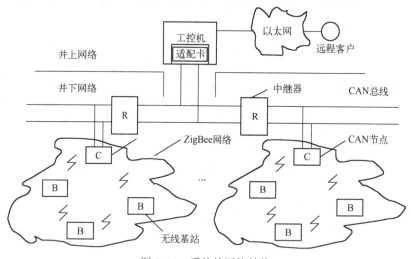

图 5-43　系统的网络结构

（2）定位系统的工作原理。

系统主要实现对井下人员和关键设备的监测。在竖井与巷道交叉点附近安装 CAN 节点；在巷道、工作面等安装若干个无线基站，入井人员按要求佩戴装有身份卡的安全帽或腰带。当入井人员在巷道或工作面等区域活动时，身份卡每隔一定时间定时发送射频信号，该射频信号进入无线基站覆盖的范围内，基站提取该信号的时间、身份卡 ID、位置等信息；然后该基站按 ZigBee 协议自组无线网络，将信息转发至下一个无线基站或若干无线基站，最后接入 CAN 节点，CAN 节点通过 CAN 总线将该信息传输到工控机。工控机通过后台数据库解析身份卡 ID，这样可以记录入井人员的位置、时间、状态等信息，通过借助井下 GIS 电子地图把位置信息按时间连线，便可得到人员的井下活动轨迹，而且还可实现考勤统计、人员分布统计等工作。同理，对装有身份卡的关键设备（如运输车等）也可实现定位监控管理。

在定位过程中，需要实现以下两个关键技术。①身份卡 ID：每个身份卡都有 64 位的永久地址，作为其唯一性标识，可以将这个地址映射为对应用层有意义的名字（如矿工姓名、关键设备名称），从而可对每个移动目标进行身份辨认；②定位判定：移动目标可由一个 ZigBee 网络进入另一个 ZigBee 网络，由接收到移动目标信号的无线基站决定其位置。位置判断的依据为两个无线信号参数：LQI（Link Quality Indicator）和 SSI（Signal Strength Indicator），这两个值由无线基站在接收到移动目标的信号后得出。位置判断的精度取决于无线基站分布的密度，需要根据现场实际情况确定。

3. 系统硬件设计

（1）身份卡和无线基站。

身份卡和无线基站的硬件大体相同，只是无线基站比身份卡多一个外部存储器，主要用于存储接收到的移动目标信息。它们的核心器件是 JN5121。JN5121 是由 Jennic 公司生产的 IEEE 802.15.4 无线微控制器，对 2.4GHz 频段 IEEE 802.15.4 标准（包括 ZigBee 规范）的应用提供完整的解决方案，通过单个 JN5121 芯片即可构成标准的 ZigBee 终端产品。JN5121 微控制器是一个具有 16MHz 主频的 32 位 RISC 处理器，在功耗、代码效率和代码大小方面高度优化，其内置的 64KB 的 ROM 集成了点对点通信与网状通信的完整协议栈，96KB 的 RAM 存储可以支持网络路由和控制器功能而不需要外部扩展任何的存储空间。此外，还有 4 路 12 位 A/D 转换、2 路 11 位 D/A 转换、21 条通用逻辑输入/输出（DIO0～DIO20）、2 个比较器、2 个应用程序定时器、3 个系统定时器、2 个 UART 串口、SPI 接口以及 2 个串行接口。集成的休眠振荡器和节电功能也可以保证整个系统的低功耗。在休眠模式下功耗小于 5μW，报文接收电流小于 50mA，报文发送电流小于

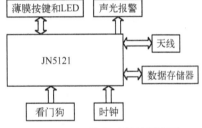

40mA，接收灵敏度为–93dBm，发射功率为+1dBm。因此，在开发过程中，需要添加的外围硬件电路较少，可显著减少设计的工作量。无线基站的硬件结构如图 5-44 所示。薄膜按键完成身份卡复位启动；LED 为电源指示灯；声光报警主要在接收到地面紧急指令时起警示作用；电源为一节锂电池，至少能使用 6 个月；如果电池电压过低，身份卡将发出报警信息，以提醒工作人员充电或者更换电池；看门狗电路为防止程序运行时跑飞而设计；

图 5-44　无线基站硬件原理图

时钟芯片为 JN5121 提供时间基准；外扩存储器用于用户数据保存和备份。

（2）CAN 节点硬件设计。

CAN 节点是系统硬件设计的核心部分，它起着承上启下的作用。它既是井下 ZigBee 网络中的协调器，又是 CAN 网络的一个端节点。因此，它的主要任务是组织 ZigBee 网络，组织的过程中要完成 ZigBee 协议和 CAN 数据协议转换功能。CAN 节点硬件结构如图 5-45 所示。

图 5-45　CAN 节点硬件原理图

LPC2294 是 Philips 公司生产的一种内置 CAN 的 ARM7TDMI 内核的 32 位微控制器，共有 144 个引脚，有 Time 通道、4 路 CAN 通道和 9 个外部中断，内部嵌入 256KB Flash 和 16KB 静态 RAM，有 2 个 UART 口，1 个 I2C 和 2 个 SPI 口，具有外部中断从睡眠状态唤醒功能，可实现在

线编程；LPC2294 接收、发送数据并完成相应的协议转换。高速光耦起光电隔离作用；CAN 收发器 TJA1050 是 82C250 的升级产品，它具有两个主要特性：电磁兼容性和不上电时呈无源特性。保护电路主要防止总线上信号的电磁反射、滤除线路上的高频干扰等。

（3）CAN 适配卡。

适配卡使用广州周立功公司生产的 PCI-5121，它是一款具有 PCI 接口的高性能双路 CAN 总线通信适配卡，符合 PCI2.1 规范，实现完全电气隔离的 CAN 接口/PCI 控制电路，使 PC 避免地环流的损坏，增强系统在恶劣环境中使用的可靠性。它集成有 8KB 高速双端口存储器，可完成大量的数据传输，CAN 通信波特率可在 5kbps～1Mbps 之间设定。该卡有通用的 ZLGVCI 驱动库接口，自动安装，支持在 VC++、C++ Builder、Delphi 等环境下开发，还支持高层协议 CANopen、DeviceNET 等的驱动库接口，可实现 CAN 在高层协议中的应用。

4．系统软件设计

整个系统的软件流程如图 5-46 所示。系统软件设计主要包括无线基站组网模块（ZigBee 组网模块）、CAN 节点（JN5121 模块、ARM LPC2294 模块）、工控机模块。这里的重点和难点是 ZigBee 组网模块。

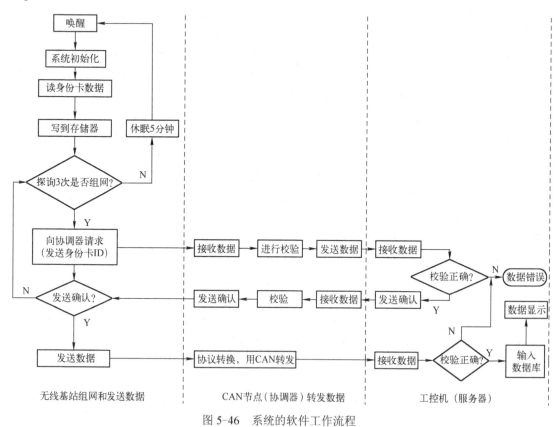

图 5-46　系统的软件工作流程

JN5121 模块使用 C 语言编写，软件开发套件（SDK）可以从 Jennic 公司的网站下载获得；ARM LPC2294 模块选用 μC/OS－Ⅱ嵌入式实时操作系统来实现，包括数据协议转换、CAN 控制器初始化、CAN 接收、发送程序、总线异常处理等。工控机模块的编写采用 C#和 SQL 语言，数据库采用 SQL Server 2003。

CAN 节点作为无线基站与工控机之间传输数据的枢纽，负责 ZigBee 网络拓扑、网络构建和为无线基站与身份卡分配网络地址、ZigBee 与 CAN 数据协议转换。无线基站的 JN5121 采用休眠-唤醒工作方式，采用这种方式主要基于以下两点考虑：① 按 802.15.4 要求，假定在无线基站与协调器连接过程中一旦协调器异常掉电，那么无线基站必须先退出网络，协调器再次得电后，二者重新连接组网；②省电、降低功耗。为保证数据传输通道是连通的，每次定位数据传输前在无线基站与工控机间进行握手（发送组网请求和接收应答）。无线基站发送组网请求（最多不超过 3次），当工控机收到该请求并判断为有效请求时，方返回确认应答信号。当无线基站与工控机之间无法连接或 CAN 通信异常时，不会传输定位数据，保证了无线基站发送数据不会丢失。

ZigBee 组网模块的工作流程如图 5-47 所示。首先，要对每个设备的 ZigBee 堆栈进行初始化，该初始化是在 Jennic 公司提供的 BOS（Basic Operating System）控制下进行的；创建 PAN（Personal Area Network）协调器，每一个网络必须有一个且只能有一个 PAN 协调器，建立网络的第一步就是需要选择并且初始化这个协调器。初始化 PAN 协调器的动作只在相应的被事先约定的设备（CAN 节点上的 JN5121 芯片）上进行。一旦初始化完成就必须为它的网络选定一个 PAN ID 作为网络的标识，PAN ID 可以被人为预定义，也可以通过侦听其他网络的 ID 然后选择一个不会冲突的 ID 的方式来获取。当然，用户也可以使设备优先扫描指定的通道来确定不和其他网络冲突的 PAN ID。每个设备都具有一个唯一的固定的 64 位 IEEE MAC 地址，但作为组网的标识它还必须分配给自己一个 16 位的网络地址，通常称为短地址。使用短地址进行通信可以使网络通信更加轻量级、更加高效。这一短地址是由用户预先定义的，PAN 协调器的短地址通常被定义为 0x0000H。

然后，PAN 协调器通过一次能量扫描检测来找到一个相对安静的通道，利用此通道来建立自己的无线网络。一旦 PAN 协调器建立网络后，其他的网络设备（无线基站、身份卡）就可以加入网络了。一个设备如果需要加入网络，首先要完成自己的初始化过程，然后通过频道扫描找到相对应的 PAN 协调器。如果 PAN 协调器同意其加入网络，便发送一个 16 位的短地址给该设备，作为该设备在网络中的标识。当网络中出现 PAN 协调器和至少一个其他网络设备后，网络便可以进行数据传输了。

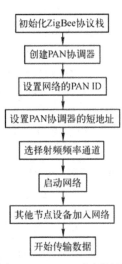

图 5-47　ZigBee 组网过程

习　题

1. ZigBee 无线通信的主要特征有哪些？
2. ZigBee 协议的体系结构是什么样子的？
3. ZigBee 协议最低的硬件要求是什么？
4. ZigBee 协议与 IEEE 802.15.4 的区别有哪些？
5. 在 ZigBee 中基本的路由算法是如何实现的？
6. 目前 ZigBee 的市场应用大体都采用什么方式？
7. 简述 TLM 定位算法的设计实现。
8. 实际动手测量一下 ZigBee 的定位误差。

9. ZigBee 协议分为几层？其中哪几层是 ZigBee 联盟设置的？

10. 简述 ZigBee 定位芯片 CC2431 与传统的 8051 有哪些区别？

11. ZigBee 定位芯片 CC2431 有哪些主要组成部分？

12. 建立 ZigBee 无线开发实验平台的基本配置包括哪些？

13. 实验过程中 ZigBee 使用了哪几个频段？其中在中国能使用的是哪几个？

14. 简述实验的工作流程。

15. 自己动手使用 ZigBee 芯片进行通信。

16. 设计一个程序，使用 ZigBee 传输的数据进行定位计算。

17. 尝试在实验的基础上添加扩展应用。

参 考 文 献

[1] Kwang-il Hwang.Enhanced self-configuration scheme for a robust ZigBee-based home automation[J]. IEEE Transactions on Consumer Electronics, 2010, 56(2):583.

[2] Jae Yeol Ha, Hong Seong Park, Sunghyun. Choi et al. EHRP : Enhanced hierarchical routing protocol for zigbee mesh networks ee[J]. IEEE communications letters, 2007, 11(12) :1028-1030.

[3] Hyunjue Kim, Jong-Moon Chung, Chang Hyun Kim et al. Secured communication protocol for internetworking ZigBee cluster networks[J]. Computer communications, 2009, 32(13/14) :1437-1444.

[4] Li-Hsing Yen, Wei-Ting Tsai. The room shortage problem of tree-based ZigBee. IEEE802.15.4 wireless networks [J]. Computer communications, 2010, 33(4) :454.

[5] 周怡颖, 凌志浩, 吴勤勤等. ZigBee 无线通信技术及其应用探讨. 自动化仪表, 2005, 26(6) :5-9.

[6] 原羿, 苏鸿根. 基于 ZigBee 技术的无线网络应用研究. 计算机应用与软件, 2004, 21(6) :89-91.

[7] 王东, 张金荣, 魏延等. 利用 ZigBee 技术构建无线传感器网络. 重庆大学学报（自然科学版）, 2006, 29(8) :95-97, 110.

[8] 胡培金, 江挺, 赵燕东等. 基于 ZigBee 无线网络的土壤墒情监控系统. 农业工程学报, 2011, 27(4) : 230-234. DOI:10.3969/j.issn.1002-6819.2011.04.040.

[9] 顾瑞红, 张宏科. 基于 ZigBee 的无线网络技术及其应用. 电子技术应用, 2005, 31(6) :1-3.

[10] 李文仲, 段朝玉. ZigBee2006 无线网络与无线定位实战. 北京：北京航空航天大学出版社, 2008.

第6章

UWB 定位技术

　　超宽带（UWB，Ultra-WideBand）技术是一种使用 1GHz 以上带宽且无须载波的先进无线通信技术。虽然是无线通信，但其通信速度可以达到几百 Mbps 以上[1]。由于不需要价格昂贵、体积庞大的中频设备，UWB 冲击无线电通信系统的体积小且成本低。而 UWB 系统发射的功率谱密度可以非常低，甚至低于美国联邦通信委员会（FCC，Federal Communications Commission）规定的电磁兼容背景噪声电平，因此短距离 UWB 无线电通信系统可以与其他窄带无线电通信系统共存。

　　近年来，UWB 通信技术受到越来越多的关注，并成为通信技术的一个热点。作为室内通信用途，FCC 已经将 3.1～10.6GHz 频带向 UWB 通信开放。IEEE 802 委员会也已将 UWB 作为个人区域网（PAN，Personal Area Network）的基础技术候选对象来探讨。UWB 技术被认为是无线电技术的革命性进展，巨大的潜力使得它在无线通信、雷达跟踪以及精确定位等方面有着广阔的应用前景。

6.1　UWB 简介

6.1.1　UWB 的定义

UWB 的定义经历了以下 3 个阶段。

　　第一阶段：1989 年前，UWB 信号主要是通过发射极短脉冲获得的，这种技术广泛用于雷达领域并使用脉冲无线电这个术语，属于无载波技术。

　　第二阶段：1989 年，美国国防高级研究计划署（DARPA，Defense Advanced Research Projects Agency）首次使用 UWB 这个术语，并规定若一个信号在衰减 20dB 处的绝对带宽大于 1.5GHz 或相对带宽大于 25%，则这个信号就是 UWB 信号[2]。

　　第三阶段：为了促进并规范 UWB 技术的发展，2002 年 4 月 FCC 发布了 UWB 无线设备的初步规定，并重新给出了 UWB 的定义。按此定义，UWB 信号的带宽应大于等于 500MHz，或其相对带宽大于 20%。这里相对带宽定义为：

$$\frac{f_H - f_L}{f_c} \qquad (6\text{-}1)$$

其中，f_H、f_L 分别为功率较峰值功率下降 10 dB 时所对应的高端频率和低端频率，f_c 是信号的中心频率，$f_c = (f_H + f_L)/2$，如图 6-1 所示。

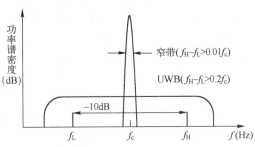

图 6-1　超宽带信号与窄带信号的比较

从 FCC 的定义可以看出，现在的 UWB 已经不仅仅局限于最初的脉冲通信了，而是包括了任何使用超宽频谱（带宽大于 500MHz 或相对带宽大于 20%）的通信形式。另外，FCC 还规定了 UWB 室内通信、室外手持设备、穿墙成像、医疗成像等多种应用条件下使用频谱的限制。根据规定，室内 UWB 通信实际使用的频谱范围为 3.1～10.6GHz，这一范围内的有效全向辐射功率（EIRP，Effective Isotropic Radiated Power）不超过−41.3dBm/MHz[3]。

6.1.2　UWB 的发展与现状

UWB 的历史渊源可以追溯到 100 多年前波波夫和马克尼发明越洋无线电报的时代。1942 年，De Rose 提交了涉及 UWB 型随机脉冲系统的专利，但由于第二次世界大战的原因直至 1954 年才得以发表；1961 年，Hoeppner 的专利也涉及到了脉冲通信系统的表述；1964～1987 年，Harmuth 的著作奠定了 UWB 收发信机的设计基础；Ross 及 Robbins（R&R）的美国专利于 1974 年发表，是 UWB 通信方面最早的里程碑式的专利。

由于脉冲 UWB 技术的脉冲宽度通常为亚纳秒量级，信号带宽通常达数吉赫兹（GHz），比当时各类无线通信技术的带宽要大得多。由此，最终在 1989 年被美国国防部确定为超宽带（UWB）技术。直至 2002 年，FCC 才批准 UWB 无线电在严格限制条件下可在公众通信频段 3.1～10.6GHz 上运行，从而有力推进了 UWB 通信的发展，并催生了有载波型 UWB，诸如高速直接序列扩频 DS-UWB 及多频带 OFDM MB-OFDM-UWB 的快速创新与发展应用[4]。随之而来的便是各种技术方案围绕国际标准的制定方面展开的激烈竞争。2005 年初，WiMedia 联盟和 ECMA 的成员将 WiMedia UWB 平台规范提交给 ECMA（European Computer Manufactures Association），推出了 ECMA-368 和 ECMA-369 标准；2005 年 3 月，FCC 批准 MBOA-UWB、DS-UWB 的高速产品测试；2005 年 6 月，英国政府监管部门表示支持 UWB 的发展，并向欧盟提出规范和标准建议；2005 年 8 月，日本政府批准 UWB 所使用的 3.4～4.8GHz 的频谱与辐射规范；2006 年 2 月，国际电信联盟（ITU，International Telecommunications Union）在确定了各国频谱分配原则后，第一次核准 UWB 全球性监管标准建议；2006 年 6 月，WiMedia 联盟又将 ECMA-368 和 ECMA-369 标准提交至 ISO（International Organization for Standardization）；2007 年 3 月，ISO 正式通过了 WiMedia 联盟提交的 MB-OFDM 标准，其正式成为 UWB 技术的第一个国际标准[5]。

2006 年，英国、日本、韩国等国家根据 ITU 的规定，陆续公布了 UWB 的监管规范，以逐步开放民用超宽带产品的研发。2007 年 2 月 28 日，欧盟批准欧洲 27 个成员国家可以使用 UWB 有源 RFID 定位系统。目前已有超过 20 多家厂商开发并推出了 UWB 芯片、应用开发平台和相关设备，其中走在前列的主要是美国的制造商，另外也包括一些以色列、日本、英国、欧洲和中国台湾的企业。如美国的 XtremeSpectrun 公司已经研发出了能够在各种设备之间进行无线传输音频、视频的 UWB 芯片组；Pulse Link 公司在 2003 年第一季度就推出了传输速率达 400Mbps 的 UWB 芯片组。另外，一些 UWB-USB 典型产品也已问世，如贝尔金（Belkin）及利用 Alereon 解决方案的 IOGEAR 等都推出了 UWB-USB 产品。此外还出现了一些围绕 UWB 的系统与网络制造商，如 Aetherwire、Memsen、MeshDynamics、Multispectral Solutions 等。与国外先进国家相比，我国的 UWB 研发起步相对较晚。从 1999 年开始，我国研究者开始关注 UWB 技术的发展。2001 年，国家"863"计划启动了高速 UWB 实验演示系统的研发项目，经过遴选，由东南大学、清华大学、中国科技大学分别进行研发，各自提出方案，分别于 2005 年 12 月和 2006 年 4 月完成并通过验收。另外，我国学者在国内外学术刊物和重要会议上发表的有关 UWB 的学术文章的数量也在逐年增加[6]。在 2011 年的中国国际信息通信展览会上，深圳国人通信有限公司推出了超宽带数字光纤分

140

布系统（UW-DDS），这是可实现多制式多业务共同接入、协同发展以及共建共享的最新解决方案，已在国家大剧院等场所应用并获得巨大成功。

6.1.3 UWB 技术的主要特点

UWB 技术的主要特点如下。

（1）结构简单。

UWB 通过发送纳秒级脉冲来传输数据信号，不需要传统收发器所需的上、下变频，也不需要本地振荡器、功率放大器和混频器等，系统结构的实现比较简单，设备集成更为简化。

（2）隐蔽性好，保密性强。

UWB 通信系统发射的信号是占空比很小的窄脉冲，所需的平均功率很小，可以隐蔽在噪声或其他信号当中传输。另外，采用编码技术对脉冲参数进行伪随机化后，其他系统对这种脉冲信号的检测将更加困难。

（3）功耗低。

UWB 系统使用间歇的脉冲来发送数据，脉冲持续时间很短，UWB 的发射功率一般小于0.56mW，所以其系统耗电很低。

（4）多径分辨力强。

UWB 发射的是持续时间极短的单脉冲且占空比（在一串理想的脉冲周期序列中，正脉冲的持续时间与脉冲总周期的比值）较低，多径信号在时间上很容易分离，不容易产生符号间干扰。

（5）数据传输率高。

UWB 以非常宽的频率范围来换取高速的数据传输，近距离传输速率可达 500Mbps，是实现个人通信和无线局域网的一种理想调制技术。

（6）穿透能力强，定位精确。

超宽带无线电具有很强的穿透障碍物的能力，还可在室内和地下进行精确定位，定位精度可达厘米级。

（7）抗干扰能力强。

UWB 采用跳时扩频信号，系统具有较宽阔的频带，根据香农公式 $C = B \log_2(1+S/N)$，在 C 一定的情况下，高带宽可以降低信噪比，因此 UWB 具有很强的抗干扰性[7]。

6.1.4 UWB 的关键技术

1. 脉冲信号

超宽带无线电中的信息载体为脉冲无线电（IR，Impulse Radio）。脉冲无线电是指采用冲激脉冲（超短脉冲）作为信息载体的无线电技术。这种技术的特点是：通过对非常窄（往往小于 1ns）的脉冲信号进行调制，以获得非常宽的带宽来传输数据。典型的脉冲波形有高斯脉冲、基于正弦波的窄脉冲、Hermite 多项式脉冲等。无论哪种波形，都能够满足单个无载波窄脉冲信号的两个特点：一是激励信号的波形为具有陡峭前后沿的单个短脉冲；二是激励信号具有包括从直流到微波的很宽的频谱。目前脉冲源的产生可采用集成电路或现有半导体器件实现，也可采用光导开关的高开关速率特性实现。

IR-UWB 直接通过天线传输，不需要对正弦载波进行调制，因而实现简单，成本低，功耗小，抗多径能力强，空间/时间分辨率高。IR-UWB 是 UWB 技术早期采用的方式[8]。

2．调制方式

UWB 无线通信的调制方式有两种：传统的基于脉冲无线电方式和非传统的基于频域处理方式，其中传统的基于脉冲无线电的调制方式又包括脉冲位置调制、脉冲幅度调制等。

脉冲位置调制（PPM，Pulse Position Modulation）是最典型的超宽带无线通信方式。它是一种利用脉冲位置承载数据信息的调制方式，即采用改变发射脉冲的时间间隔或发射脉冲相对于基准时间的位置来传递信息，脉冲的极性和幅度都不改变。在这种调制方式中，一个脉冲重复周期内脉冲可能出现的位置有 2 个或 M 个，脉冲位置与符号状态一一对应。按照采用的离散数据符号状态数的不同，PPM 调制可以分为二进制 TH-PPM（二进制跳时脉冲位置调制）和多进制 TH-PPM（多进制跳时脉冲位置调制）。其中多进制 TH-PPM 又分为正交调制和等相关调制，两者的区别在于信息符号控制脉冲时延的机理不同，等相关调制要比正交调制复杂。此外，还有一种 PPM 调制称为伪混沌脉冲位置（PC-PPM，Pseudo Chaotic-PPM）调制，它在 PPM 调制的基础上采用了伪混沌理论，这种方法虽然具有很好的频谱特性，但并不能满足多用户系统的需求。

另一种典型的超宽带无线通信调制方式为脉冲幅度调制（PAM，Pulse Amplitude Modulation），它利用信息符号控制脉冲幅度，PAM 既可以改变脉冲幅度的极性，也可以仅改变脉冲幅度的绝对值大小。通常所讲的 PAM 只改变脉冲幅度的绝对值，即信息直接触发超宽带脉冲信号发生器以产生超宽带脉冲。对于数字信号"1"，驱动信号发生器产生一个较大幅度的超宽带脉冲；对于数字信号"0"，则产生一个较小幅度的超宽带脉冲，而发射脉冲的时间间隔是固定不变的。二相调制（BPM，Bi-Phase Modulation）和开关键控（OOK，On Off Keying）是 PAM 的两种简化形式。BPM 通过改变脉冲的正负极性来调制二元信息，所有脉冲幅度的绝对值相同；OOK 则通过脉冲的有无来传递信息。

传统的基于脉冲无线电的调制方式中，除了以上两种外，UWB 系统中还有一些其他的调制方式，如直接序列超宽带（DS-UWB，Direct-Sequence UWB）调制、混合调制、数字脉冲间隔调制（DPIM， Digital Pulse Interval Modulation）等。DS-UWB 调制方式与 DS-CDMA 的基带信号有很多相同的地方，但它采用了占空比极低的窄高斯脉冲，因此这种信号有很大的带宽；混合调制方式是将 DS-UWB 和 PPM 进行结合；DPIM 在传输带宽需求和传输容量方面具有较高的效率，同步也相对简单（只需要时隙同步），但它没有考虑多用户的情况。

非传统的基于频域处理的调制方式为载波干涉（CI，Carrier Interferometry），它的波形能量不是分布在连续的频域，而是分布在离散的单频上。还有一种调制方式叫做多频带调制。多频带调制可以采用正交频分复用（OFDM）或时频多址（TFMA，Time Frequency Multiple Access）。多频带调制的优势有：①由于多频带调制方式的带宽可以根据不同的情况进行调整，因此可以提高 UWB 的频谱利用率；②UWB 的允许频带是一系列的分离频带，多频带调制可以使这些频带独立应用，提高了 UWB 系统频带利用的灵活性；③多频带调制中多个频带相互独立，因此可以根据不同的情况进行取舍，更有利于与现存无线系统的共存。多频带调制有很多优点，但它也有着系统复杂、成本高和功耗高的缺点。

3．信道模型

信道的传播环境是影响无线通信系统性能的主要因素之一。建立准确的传输信道模型对于系统的设计是十分重要的。

UWB 信道不同于一般的无线多径衰落信道。传统无线多径衰落信道一般采用瑞利分布来描述单个多径分量幅度的统计特性，前提是每个多径分量可以视为多个同时到达多径分量的合成。UWB 可分离的不同多径到达时间之差可短至纳秒级，在典型的室内环境下，每个多径分量包含的路径数目是有限的，而且频率选择性衰落要比一般窄带信号严重得多。

通信信道的数学模型可用输入和输出信号之间的统计相关性来表示，最简单的情况是用信道输出在相应输入条件下的条件概率来建模，建模的关键点和难点是构建准确而完整的模型。迄今为止，人们对 UWB 的信号传播进行了大量的测试，主要集中在室内环境，由于不同的测量有很多不同之处，基于各自不同的测量数据，已提出了很多 UWB 的室内信道模型，其中包括它们的信道测量实验环境、数据描述、路径损耗模型、多径模型等，但目前尚未有一个通用的 UWB 信道模型。IEEE 802 委员会关于 UWB 的信道模型提案主要有：Intel 的 S-V 模型，△-K 模型，Win-Cassioli 模型，Ghassemzadeh-Greenstein 模型，Pendergrass-Beeler 模型。其中，修正后的 S-V 模型被推荐为 IEEE 802.15.3a的室内信道模型，该模型能很好拟合 UWB 实验中得到的数据，已经得到广泛的认可，成为各研究机构进行 UWB 系统性能仿真的公共信道平台。

由于 UWB 系统工作环境所带来的诸多挑战，在对所提出的各种 UWB 信道模型的评价方面，还缺乏准确的比较准则，现在的研究也主要集中于室内传播环境，对室外传播的信道特点的研究还远远不够。

4. 天线设计

天线是任何无线系统物理层的重要组成部分，UWB 系统也不例外。通常天线频域分析证明任何标准的天线都是受带宽限制的，但 UWB 系统的频带宽度非常宽，甚至高达几吉赫兹（GHz），如何在如此宽的频宽范围内兼顾不同频率的信号的特点，实现一个高性能的匹配阻抗的天线，是一个十分棘手的问题。

半波偶极子天线是通信系统中常用的天线，但是它不适合于 UWB 系统，因为在 UWB 系统中，它会产生严重的色散，导致波形严重畸变。对数周期天线可以发射宽带信号，但它是窄带系统中常用的宽带天线，同样不适合于 UWB 系统，因为它会带来拖尾振荡。在 UWB 系统中，通常使用的是面天线，它的特点是能产生对称波束，可平衡 UWB 馈电，因此它能够保证比较好的波形。目前，UWB 系统天线设计还处于研究阶段，没有形成有效的统一数学模型。

5. 收发信机设计

在得到相同性能的前提下，UWB 收发信机（接收机和发射机）的结构比传统的无线收发信机要简单。UWB 收发信机中，信息可用几种不同技术调制。在接收端，天线收集信号能量经放大后通过匹配滤波或相关接收机处理，再经高增益门限电路恢复原来的信息，相对于超外差式接收机而言，它的实现相对简单且制造成本低，无须本振、功放、压缩振荡器、锁相环、混频器等器件。另外，还可以采用数字信号处理（DSP，Digital Signal Processing）芯片和软件无线电提高系统的性能。UWB 收发信机的基本结构如图 6-2 所示。

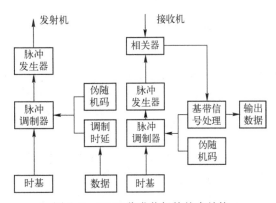

图 6-2　UWB 收发信机的基本结构

143

6.1.5 UWB 与其他近距离无线通信技术的比较

当前流行的近距离无线通信技术主要有超宽带技术（UWB）、蓝牙（Bluetooth）、红外（IrDA，Infared Data Association）、ZigBee（IEEE 802.15.4）、RFID 等。下面将这几种近距离无线通信技术分别和超宽带技术进行比较。

1. IEEE 802.11a

IEEE 802.11a 是 IEEE 制定的无线局域网标准之一，它在 IEEE 802.11 的基础上做了适当改进，主要用来解决办公室局域网和校园网中用户与用户终端的无线接入。IEEE 802.11a 工作在 5 GHz 频带，物理层速率可达 54Mbps，传输层速率可达 25Mbps。IEEE 802.11a 用做无线局域网时的通信距离可以达到 100m，而 UWB 只能在 10m 以内的范围通信，但是在 10m 以内的范围中，UWB 有着几百兆的高传输速率，这是 802.11a 所无法比拟的。另外，与 UWB 相比，IEEE 802.11a 的功耗相当大，芯片价格也较为昂贵。

2. 蓝牙

蓝牙技术是爱立信、IBM 等 5 家公司在 1998 年联合推出的一项无线网络技术。蓝牙工作于 2.4GHz 的 ISM（即工业、科学、医学）频段，无须申请专用许可证；其传输距离为 10cm～10m，传输速率为 1Mbps；它采用跳频技术，能够抗信号衰落。从技术参数上来看，UWB 的优越性在于其高的传输速率，与蓝牙相比，其有效距离差不多，功耗也差不多，但 UWB 的传输速率是蓝牙速度的几百倍。蓝牙的优势在于：经过多年的发展，蓝牙已经具有较完善的通信协议，而 UWB 的工业实用协议还在制定中。从市场角度分析，蓝牙产品已经成熟并得到推广和使用，而 UWB 的研究还处在起步阶段。

3. HomeRF

HomeRF 是专门针对家庭住宅环境而开发出来的无线网络技术，借用了 802.11 规范中支持的 TCP/IP 协议，而其语音传输性能则来自 DECT（无绳电话）标准。HomeRF 工作于 2.4 GHz 的 ISM 频段，传输距离约为 50m，传输速率为 1～2Mbps。与 UWB 技术相比，HomeRF 具有传输距离较远的优势，但是在 10m 以内，其传输速率也远小于 UWB。

4. ZigBee

ZigBee 是一种低速率、低时延、低功耗、低成本、低复杂度的无线连接技术，固定、便携或移动设备均可使用。ZigBee 的传输速率为 20～250kbps，分别在 20kbps（868 MHz）、40kbps（915 MHz）以及 250kbps（2.4GHz）提供数据传输；ZigBee 的时延很短，从睡眠状态转入工作状态只需 15ms，节点连接进入网络只需 30ms；ZigBee 设备的功耗很低，可以在电池的驱动下运行数月甚至数年。

ZigBee 填补了低成本、低功耗和低速率无线通信市场的空缺，与其他近距离无线通信标准在应用上几乎无交叉。其成功的关键在于丰富而便捷的应用，而不是技术本身。如今，它广泛应用在自动控制、家居自动化、军事领域、环境科学、医疗健康、空间探索、商业应用等诸多领域的实际应用环境中。表 6-1 所示为几种近距离无线通信技术的比较。

表 6-1　几种近距离无线通信技术的比较

	UWB	IEEE 802.11a	HomeRF	蓝牙	ZigBee
频率范围/GHz	3.1～10.6	5	2.4	2.4～2.4835	0.868、0.915、2.4
传输速率/bps	1 G	54 M	1～2 M	1 M	20、40、250
通信距离/m	<10	10～100	50	0.1～10	30～70
发射功率/mW	<1	>1000	>1000	1～100	1
应用范围	近距离多媒体	无线局域网	家庭语音和数据流	家庭和办公室互连	数据量较小的工业控制

从表 6-1 中可以看出，UWB 的优势较为明显，在 10m 以内，具有几百兆比特每秒（Mbps）的高传输速率，其不足之处在于较小的发射功率限制了传输距离。由于各种技术有着各自的特点，因此相互间存在着竞争，但也可以互相结合、互相弥补、共同发展。

6.2　UWB 定位技术

6.2.1　UWB 的定位方法

无线定位系统要实现定位，一般是要先获得和位置相关的变量，建立定位的数学模型，然后再利用这些参数和相关的数学模型来计算目标的位置坐标[9]。因此，按测量参数的不同，可将 UWB 的定位方法分为基于接收信号强度（RSS，Received Signal Strength）法、基于到达角度（AOA，Angle of Arrival）法和基于接收信号时间（TOA/TDOA，Time/Time Difference of Arrival）法。

基于接收信号强度法是由测量节点间能量的情况来估计距离的，利用接收信号强度与移动台至基站距离成反比的关系，通过测出接收信号的场强值、已知的信道衰落模型和发射信号的场强值估算出收发信号机之间的距离，根据多个距离值估计出目标移动台的位置。这种方法操作简单，成本较低，但容易受多径衰落和阴影效应的影响，从而导致定位精度较差。另外，这种方法的精度与信号的带宽没有直接关系，因此不能充分体现 UWB 很宽的带宽在定位上的优势。

基于到达信号角度法是通过测量未知节点和参考节点间的角度来估计位置，通过多个基站的智能天线矩阵测量从定位目标最先到达的信号的到达角度，从而估计定位目标的位置。在障碍物较少的地区，采用该方法可获得较高的精确度；而在障碍物较多的环境中，由于无线传输存在多径效应，定位误差将会增大。而 UWB 无线电信号具有非常宽的带宽，从而具有明显的多径效应，尤其是在室内环境下，这样从各种物体上反射回来的信号将严重影响角度的估计。因此，该方法同样不太适合用于 UWB 的定位。

基于接收信号时间法是由接收信号的传播时间来估计距离的。相对于前两种方法，TOA 方法有着不可比拟的优势：它的定位精度最高，可以充分利用 UWB 超宽带宽的优势，而且最能体现出 UWB 信号时间分辨率高的特点，因此本书中将重点介绍基于 TOA 的 UWB 定位技术，有关 TOA 定位方法的基本内容已在 3.2.1 节论述过，在此不予赘述。由于 TOA 方法是雷达领域使用最为普遍的距离估计方法，术语"TOA"也经常跟"测距"互换使用。关于在 UWB 中使用 TOA 法定位的具体过程将在下面详细讨论。

6.2.2　基于时间的 UWB 测距技术

"测距"定义为计算从一个参考节点到一个目标节点的距离。在网络中，参考节点希望得到关于目标节点的距离信息，可以通过建立一条到达目标节点的链路来获得。利用这条通信链路，可以计算出需要的参数值，如接收信号强度、到达角度、接收信号时间等，进而可以估计出参考节点到目标节点的距离[10]。

本书采用的是基于接收信号时间的 UWB 定位方法，该方法所需的定位参数为发送机和接收机之间的传播时延。在测得传播时延的基础上，参考节点和目标节点的距离可通过乘法计算得出。因此，在该方法中，测距的实质即为测量传播时延。下面介绍传统的测距方式。

1. TOA 测距

传统的 TOA 测距方式包括双程测距（TWR，Two Way Ranging）和单程测距（OWR，One Way Ranging）。

（1）双程测距。

双程测距是指在节点间没有公共时钟的情况下，可以利用收发节点间的往返时间来估计这两个节点间的距离。如图 6-3 所示，节点 A 在 T_0 时刻发送含有时间标记信息的包给节点 B，等节点 B 和此时间标记信息做好同步后，便会回送一个信号给节点 A，以表示同步完成，节点 A 根据收到的信号来决定传播时间。

节点 A、B 间的距离可以由下面两个公式得到：

$$T_{of} = \frac{1}{2}[(T_1 - T_0) - T_{Reply}] \tag{6-2}$$

$$d = T_{of} \times c \tag{6-3}$$

其中，c 为光速（$c = 3 \times 10^8 \text{m/s}$）。

（2）单程测距。

单程测距技术适用于节点间有一个共同的时钟的情况，这种方法可以直接估计节点间的传播时间，如图 6-4 所示。

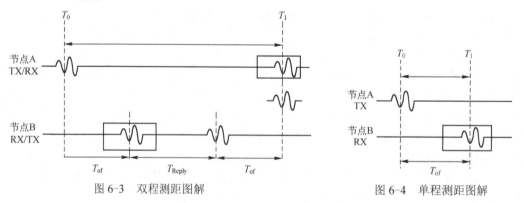

图 6-3　双程测距图解　　　　　　　　图 6-4　单程测距图解

节点 A、B 之间的距离可由下面两个公式得到：

$$T_{of} = T_1 - T_0 \tag{6-4}$$

$$d = T_{of} \times c \tag{6-5}$$

其中，c 为光速（$c = 3 \times 10^8 \text{m/s}$）。

2. TDOA 测距

TDOA 技术适用于参考节点之间同步而未知节点与参考节点不同步的情况。TDOA 可以通过估计未知节点和两个参考节点间两个信号的到达时间差来获得，此方法传统上采用的是 TOA 测距中的 OWR 技术，在此不予赘述。

6.2.3 基于时间的 UWB 测距技术的主要误差来源

对于基于 TOA 测距的方法来讲，主要的误差来源是时钟同步精度、多径传播、非视距传播、多址干扰等[11]。

1．时钟同步精度

由于 UWB 信号的时间超分辨特性，利用 UWB 信号进行定位的系统通过测量信号到达时间（TOA）或者信号到达时间差（TDOA），再将其转换为目标节点与参考节点之间的距离或距离差，然后利用定位算法计算目标节点的位置。因而，TOA/TDOA 估计误差直接导致测距误差，从而产生目标节点定位误差。

TOA 估计需要目标节点与参考节点之间精确的时间同步，TDOA 估计需要参考节点之间精确的时钟同步，因此，非精确的时间同步将导致 UWB 系统的定位误差。但由于硬件的局限，完全精确的时间同步是不可能的。

2．多径传播

TOA 估计算法中，经常用匹配滤波器输出最大值的时刻或相关最大值的时刻作为估计值。由于多径的存在，使相关峰值的位置有了偏移，从而估计值与实际值之间存在很大误差。多径传播是引起各种信号测量值出现误差的主要原因之一，尤其在基于信号强度定位和基于信号到达角度定位中，多径传播是造成定位误差的首要原因。对 TOA 和 TDOA 定位方法来说，即使在基站和移动站之间存在视距（LOS）传播，多径传播也会引起时间测量误差。由于超宽带无线电采用持续时间极短的窄脉冲，其时间、空间分辨力都很强。因此超宽带无线通信系统的多径分辨率极高，在进行测距、定位、跟踪时可以达到更高的精度。目前已经提出了诸如 MUSIC、ESPIT、边缘检测等多种抑制多径的方法。

3．非视距传播（NLOS）

视距（LOS）传播是得到准确的信号特征测量值的必要条件，当两个点之间不存在直接传播路径时，只有信号的反射和衍射成分能够到达接收端，此时第一个到达的脉冲的时间不能代表 TOA 的真实值，信号到达角度也不能代表 AOA 的真实值，存在非视距误差。

在没有任何非视距误差的条件下，正确估计目标的位置是不可能的。在这种情况下，可以使用非参数估计技术（如模式识别）。非参数估计技术的基本思想是：预先从所有已知位置的参考节点处收集一系列 TOA 测量值，当获得一组新的 TOA 测量值时，利用预先测得的 TOA 值作为参考。

在实际系统中，获得 NLOS 误差的统计信息通常是比较容易的。有研究人员经过观察发现，NLOS 情况下 TOA 测量值的方差通常大于 LOS 情况下 TOA 测量值的方差。利用该方差的差别来识别 NLOS 场景，然后使用简单的 LOS 重建算法减少定位估计误差。在无线系统中，要跟踪一个移动用户，可以使用有偏或无偏卡尔曼滤波器对目标位置进行精确定位。NLOS 传播也会导致首达路径不是信号最强的路径，因此，传统的选择信号最强的路径作为首达路径的 TOA 估计方法亦会对 TOA 估计值产生偏差。

4. 多址干扰

在多用户环境下，其他用户的信号会干扰目标信号，从而降低估计的准确性。减小这种干扰的一种方法就是把来自不同用户的信号从时间上分开，即对不同节点使用不同的时隙进行传输。例如，在 IEEE 802.15.3 PAN 标准中，不同节点之间采用时分复用方式进行传输，这样在一个给定网络中的任何两个节点都不会同时发射信号。然而，即使是使用时分复用方式进行传输，来自邻近网络的多址干扰仍然存在。而且，由于时分复用会使得频谱效率降低，有时该方法也不太适用。

6.2.4 UWB 信号时延估计方法

前面已经提到，UWB 信号具有极宽的带宽和良好的时间分辨能力，因此使用 TOA 的测距技术进行定位理论上可以达到很高的精度。但 UWB 定位通常在密集多径环境中进行，在这种情况下，能量最大的路径往往不是最早到达的直达路径（DP，Direct Path），使用传统的 TOA 估计方法很难确定 DP 的位置，因而难以达到理论上的测距精度。高精度的 TOA 估计值是精确定位的基础，所以如何获得高精度的 TOA 估计值是 UWB 定位的关键问题。

近些年来，TOA 估计算法得到了较为充分的研究，包括采用高采样速率、基于匹配滤波的相干 TOA 估计算法，以及采用较低采样率、基于能量检测的非相干 TOA 估计算法。基于匹配滤波器的相干 TOA 算法采用高采样速率、高精度的匹配滤波器，通过对匹配滤波器的峰值检测或与设置门限相比较，实现对直达路径 DP 的判断。但是由于最大值对应的是最强径，而最强径可能不是直达路径，所以匹配滤波器算法限制了 TOA 的估计精度，而且速度较慢。基于非相干能量检测的 TOA 估计算法采用较低的采样速率，同时也不需要产生精确的本地模板，直接计算信号的能量，从低速率的能量采样序列中检测到 DP 所在的能量块。但由于采样速率较低导致时间辨析度也相对较低，无法确定 DP 的精确位置，从而导致 TOA 估计的精度不高。下面分别介绍几种传统的时延估计方法。

1. 相关函数法

相关函数法是最基本的时延估计算法，用来检测两路信号的相关程度。在 UWB 系统中，相关接收机中会保留一定时长的脉冲信号，用来检测接收的信号，当接收机与发射机时钟同步时，就可以用相关法来检测信号的时延值。用相关函数法估计信号到达时间的系统框图如图 6-5 所示。

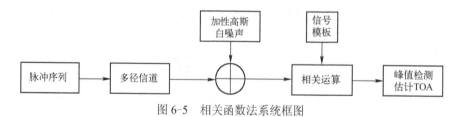

图 6-5 相关函数法系统框图

如果发送的脉冲序列为：

$$s_{\text{tx}}(t) = \sum_{j=0}^{N-1} p(t - jT_{\text{f}}) \qquad (6\text{-}6)$$

其中，$p(t)$ 为 UWB 脉冲，T_{f} 为帧周期，N 为发送序列中脉冲个数。则经过多径信道后，接收信号表示为：

$$s_{\text{rx}}(t) = s_{\text{tx}}(t)h(t) + w(t) \qquad (6\text{-}7)$$

其中，$w(t)$为零均值加性高斯白噪声，通常情况下，认为在一个符号周期内信道是非时变的。

在传统的相关算法中，对接收信号进行相关运算，可得：

$$R(t) = \int_0^{T_f} s_{rx}(\tau) p(t - \tau) d\tau \tag{6-8}$$

对该式进行峰值检测，即检测信号 $R(t)$ 的最大值所对应的时间，即为所要的时延估计值。由于存在噪声，所以要进行多次试验，最后对每次估计的时延结果进行平均计算来提高估计性能[12]。

2．三阶累积量方法

三阶累积量方法可以解决相关函数法对高斯噪声敏感的问题，而且对相关高斯噪声同样有效，这主要是因为高斯噪声的三阶累积量理论上为 0。

考虑两个空间上分离传感器的情况，它们的测量数据 $x_1(n)$ 和 $x_2(n)$ 表示为：

$$\begin{cases} x_1(n) = s(n) + w_1(n) \\ x_2(n) = s(n - D) + w_2(n) \end{cases} \tag{6-9}$$

其中，$s(n–D)$ 代表 $s(n)$ 的时延信号，D 代表时延，$w_1(n)$ 和 $w_2(n)$ 是高斯噪声，可以相关，也可以不相关，且都与 $s(n)$ 相互独立，则 $x_1(n)$ 的三阶累积量为：

$$c_{3x_1} = E\{x(n)x(n + \tau_1)x(n + \tau_2)\} = E\{s(n)s(n + \tau_1)s(n + \tau_2)\} = c_{3s} \tag{6-10}$$

定义 $x_1(n)$ 和 $x_2(n)$ 的互三阶累积量为：

$$\begin{aligned} c_{x_1x_2x_1} &= E\{x_1(n)x_2(n + \tau_1)x_1(n + \tau_2)\} \\ &= E\{s(n)s(n - D + \tau_1)s(n + \tau_2)\} \\ &= c_{3s}(\tau_1 - D, \tau_2) \end{aligned} \tag{6-11}$$

分别对式（6-10）和式（6-11）进行二维傅里叶变换，可得双谱关系：

$$P_{3x_1}(\omega_1, \omega_2) = P_{3s}(\omega_1, \omega_2) \tag{6-12}$$

互双谱关系为：

$$P_{x_1x_2x_1}(\omega_1, \omega_2) = P_{3s}(\omega_1, \omega_2) e^{j\omega_1 D} \tag{6-13}$$

所以

$$T(\tau) = \int_{-\infty}^{+\infty} \int_{-\infty}^{+\infty} \frac{P_{x_1x_2x_1}(\omega_1, \omega_2)}{P_{3x_1}(\omega_1, \omega_2)} d\omega_1 d\omega_2 = \int_{-\infty}^{+\infty} d\omega_2 \int_{-\infty}^{+\infty} e^{j\omega_1(D-\tau)} d\omega_1 \tag{6-14}$$

对该式进行谱峰检测，可知在 $\tau = D$ 处取峰值，即可得到估计的信号时延值[13]。

3．四阶累积量法

采用 DS-UWB 二进制 PAM 模型，其表达式为：

$$s(t) = \sum_{m=-\infty}^{+\infty} \sum_{n=0}^{N_c-1} b_m c_n p(t - mT_s - nT_c) \tag{6-15}$$

式中，b_m 为二进制调制数据，T_s 代表符号所占用的时间长度，N_c 代表码片个数；c_n 为扩频码，T_c 代表码片所占用时间长度，$p(t)$ 为单个 UWB 脉冲波形，表达式为：

$$p(t) = (1 - 4\pi t^2 / \tau_m^2) \exp\left(-\frac{2\pi t^2}{\tau_m^2}\right) \tag{6-16}$$

其中，τ_{m} 是脉冲宽度因子。

根据 S-V（Saleh-Valenzuela）模型，第 k 簇的信道冲激响应表达式为：

$$h^{(k)}(t) = \sum_{l=1}^{L} \alpha_l \mathrm{e}^{\mathrm{j}\varphi_l^{(k)}} \delta(t-\tau_l^{(k)}) \tag{6-17}$$

其中，L 是第 k 簇中包含的总多径数，α_l 是第 k 簇中第 l 条路径的幅度，服从瑞利分布。$\tau_l^{(k)}$ 是第 k 簇中第 l 条路径的时延。相位 $\varphi_l^{(k)}$ 服从$[0,2\pi]$的均匀分布。$\alpha_l^{(k)} = \alpha_l \mathrm{e}^{\mathrm{j}\varphi_l^{(k)}}$ 代表整个衰减幅度。相对于幅度衰减，簇之间各多径的时延可以认为是不变的，即 UWB 信道可视为准静态信道，所以认为 $\tau_l^{(k)} = \tau_l$，于是第 k 簇的信道冲激响应表示为：

$$h^{(k)}(t) = \sum_{l=1}^{L} \alpha_l^{(k)} \delta(t-\tau_l) \tag{6-18}$$

所以接收到的 UWB 信号表示为：

$$y^{(k)}(t) = s(t)h^{(k)}(t) + w^{(k)}(t) = \sum_{l=1}^{L} \alpha_l^{(k)} s(t-\tau_l) + w^{(k)}(t) \tag{6-19}$$

将接收到的信号进行傅里叶变换，则接收信号的频域表达式是：

$$Y^{(k)}(f) = S(f)H^{(k)}(f) + W^{(k)}(f) = S(f)\sum_{l=1}^{L} \alpha_l^{(k)} \mathrm{e}^{-\mathrm{j}2\pi f\tau_l} + W^{(k)}(f) \tag{6-20}$$

其中，$Y(f)$、$S(f)$、$W^{(k)}(f)$和 $H^{(k)}(f)$分别是 $y(t)$、$s(t)$、$w^{(k)}(t)$和 $h^{(k)}(t)$的傅里叶变换。

由上式可得：

$$\hat{H}^{(k)}(f) = \frac{Y^{(k)}(f)}{S(f)} = \sum_{l=1}^{L} \alpha_l^{(k)} \mathrm{e}^{-\mathrm{j}2\pi f\tau_l} + V^{(k)}(f) = X^{(k)}(f) + V^{(k)}(f) \tag{6-21}$$

其中，$V^{(k)}(f) = W^{(k)}(f)/S(f)$。

$\hat{H}^{(k)}(f)$ 的四阶累积量为：

$$C_{4\hat{H}}(f_1,f_2,f_3) = C_{4X}(f_1,f_2,f_3) + C_{4V}(f_1,f_2,f_3) = C_{4X}(f_1,f_2,f_3) \tag{6-22}$$

其中，$C_{4\hat{H}}(f_1,f_2,f_3)$ 的定义为：

$$C_{4\hat{H}}(f_1,f_2,f_3) = \mathrm{cum}[\hat{H}^*(f), \hat{H}^*(f-f_1), \hat{H}^*(f-f_2), \hat{H}^*(f-f_3)] \tag{6-23}$$

因为 $X(f)$ 是一个类似于复谐波信号的模型，所以

$$C_{4\hat{H}}(f) = C_{4X}(f) = -2\sum_{i=1}^{L_\rho-1} \alpha_i^4 \mathrm{e}^{\mathrm{j}2\pi\tau_k f} \tag{6-24}$$

因此，$C_{4\hat{H}}(f)$ 也是一个复谐波信号模型。$C_{4\hat{H}}(f)$ 的傅里叶变换是 $C_{4\hat{H}}(f)$ 的 $2\frac{1}{2}$ 谱，通过搜索谱峰就会得到信号的多径到达时延。

4. MUSIC 方法

MUSIC 算法是一种高分辨率的信号到达时间估计方法。实验证明，使用 MUSIC 方法能够在多径成分密集的情况下，解决传统相关算法中多径分辨率低的问题，也能解决三阶累积量法和四阶累积量法不能分辨更多多径的问题。

根据式（6-19）所表示的四阶累积量法中的信号模型，$y^{(k)}(t)$的离散形式可以写为：

$$y^{(k)}(n) = \sum_{l=1}^{L} \alpha_l^{(k)} s(n - \tau_l) + w^{(k)}(n), \quad n = 1, \ldots, N \tag{6-25}$$

其中，N指每个分量中的离散抽样数。每个分量的接收信号可以写成向量形式：

$$Y^{(k)} = S\alpha^{(k)} + W^{(k)} \tag{6-26}$$

其中，$Y^{(k)} = [Y^{(k)}[1], \ldots, Y^{(k)}[N]]_{N \times 1}^{\mathrm{T}}$，

$\alpha^{(k)} = [\alpha_1^{(k)} \alpha_2^{(k)} \ldots \alpha_L^{(k)}]_{L \times 1}^{\mathrm{T}}$，

$W^{(k)} = [W^{(k)}[1], \ldots, W^{(k)}[N]]_{N \times 1}^{\mathrm{T}}$，

$S = [s(t - \tau_1), \ldots, s(t - \tau_L)]_{N \times L}$，其中$s(t - \tau_l) = [s(1 - \tau_l), \ldots, s(N - \tau_l)]_{N \times 1}$，$1 \leqslant l \leqslant L$。

在式（6-26）接收到的宽带信号的向量表达式中，假设噪声的自相关矩阵为$C_w = \sigma_w^2 I$，则接收信号的自相关矩阵为：

$$\begin{aligned} R_{YY} &= E[Y^{(k)} Y^{(k)\mathrm{T}}] \\ &= E\{[S\alpha^{(k)} + W^{(k)}][S\alpha^{(k)} + W^{(k)}]^{\mathrm{T}}\} \\ &= SE[\alpha^{(k)} \alpha^{(k)\mathrm{T}}]S^{\mathrm{T}} + \sigma_w^2 I \\ &= SPS^{\mathrm{T}} + \sigma_w^2 I \end{aligned} \tag{6-27}$$

其中，$P = E[\alpha^{(k)} \alpha^{(k)\mathrm{T}}]$，且$P$为秩为$L$的对称正定矩阵。由于相关矩阵$R_{YY}$具有下列特性：

① 赫米特特性，即$R_{YY}^{\mathrm{T}} = R_{YY}$

② 非负定性，即对任何非零向量W均有$W^{\mathrm{T}} R_{YY} W \geqslant 0$

同样，相关矩阵$R_{ss} = SPS^{\mathrm{T}}$，$C_w = \sigma_w^2 I$也具有以上特性。由于$R_{ss}$为非负定、赫米特特矩阵，因此$R_{ss}$有$N$个非负特征值，即

$$\lambda_{s1} \geqslant \lambda_{s2} \geqslant \ldots \geqslant \lambda_{sN} \geqslant 0 \tag{6-28}$$

且有相应的N个归一化正交的特征向量$q_i (i = 1, \ldots, N)$满足于

$$R_{ss} q_i = \lambda_{si} q_i, i = 1, \ldots, N \tag{6-29}$$

及

$$q_i^{\mathrm{T}} q_j = \begin{cases} 1, i = j \\ 0, i \neq j \end{cases} \tag{6-30}$$

特征向量构成的矩阵$Q = [q_1, \ldots, q_N]$为酉阵，即

$$QQ^{\mathrm{T}} = Q^{\mathrm{T}} Q = I = \sum_{i=1}^{N} q_i q_i^{\mathrm{T}} \tag{6-31}$$

因此，R_{ss}可以表示为：

$$R_{ss} = Q\Lambda Q^{\mathrm{T}} = \sum_{i=1}^{N} \lambda_{si} q_i q_i^{\mathrm{T}} \tag{6-32}$$

式中，$\Lambda = \mathrm{diag}[\lambda_{s1}, \ldots, \lambda_{sN}]$为特征值构成的对角矩阵。

设L个信号源互不相关且离散抽样数$N > L$，可以证明，N个特征值中有L个特征值大于0，（$N - L$）个特征值等于0，即

$$\lambda_{s1} \geqslant \lambda_{s2} \geqslant ... \geqslant \lambda_{sL} > 0, \ \lambda_{s(L+1)} = \lambda_{s(L+2)} = ... = \lambda_{sN} = 0 \qquad (6\text{-}33)$$

则有

$$\boldsymbol{R}_{ss} = \sum_{i=1}^{L} \lambda_{si} \boldsymbol{q}_i \boldsymbol{q}_i^{\mathrm{T}} \qquad (6\text{-}34)$$

根据 $\boldsymbol{W}^{(k)} = [W^{(k)}[1],...W^{(k)}[N]]_{N \times 1}^{\mathrm{T}}$ 以及式（6-31），噪声相关矩阵 $\boldsymbol{C}_w$ 可表示为：

$$\boldsymbol{C}_w = \sigma_w^2 \boldsymbol{I} = \sum_{i=1}^{N} \sigma_w^2 \boldsymbol{q}_i \boldsymbol{q}_i^{\mathrm{T}} \qquad (6\text{-}35)$$

这就是说，$\boldsymbol{q}_i$ 也是 $\boldsymbol{C}_w$ 的特征向量，而相应的特征值为 σ_w^2。

将式（6-34）、式（6-35）代入式（6-27）可得：

$$\begin{aligned}
\boldsymbol{R}_{YY} &= \boldsymbol{R}_{ss} + \boldsymbol{C}_w \\
&= \sum_{i=1}^{L} \lambda_{si} \boldsymbol{q}_i \boldsymbol{q}_i^{\mathrm{T}} + \sum_{i=1}^{N} \sigma_w^2 \boldsymbol{q}_i \boldsymbol{q}_i^{\mathrm{T}} \\
&= \sum_{i=1}^{L} (\lambda_{si} + \sigma_w^2) \boldsymbol{q}_i \boldsymbol{q}_i^{\mathrm{T}} + \sum_{i=L+1}^{N} \sigma_w^2 \boldsymbol{q}_i \boldsymbol{q}_i^{\mathrm{T}}
\end{aligned} \qquad (6\text{-}36)$$

或者

$$\boldsymbol{R}_{YY} = \sum_{i=1}^{N} \lambda_i \boldsymbol{q}_i \boldsymbol{q}_i^{\mathrm{T}} \qquad (6\text{-}37)$$

即 $\boldsymbol{q}_i$ 也是 $\boldsymbol{R}_{YY}$ 的特征向量，而相应的特征值为：

$$\lambda_i = \begin{cases} \lambda_{si} + \sigma_w^2, & i = 1,...,L \\ \sigma_w^2, & i = L+1,...,N \end{cases} \qquad (6\text{-}38)$$

也就是说，$\boldsymbol{q}_1,...,\boldsymbol{q}_L$ 对应于信号，而 $\boldsymbol{q}_{L+1},...,\boldsymbol{q}_N$ 对应于噪声，其组成的子空间分别为信号子空间 $\boldsymbol{U}_s$ 与噪声子空间 $\boldsymbol{U}_w$，且

$$\boldsymbol{U}_s = [\boldsymbol{q}_1,...,\boldsymbol{q}_L], \boldsymbol{U}_w = [\boldsymbol{q}_{L+1},...,\boldsymbol{q}_N] \qquad (6\text{-}39)$$

由式（6-27）和式（6-38）可以得到：

$$(\boldsymbol{R}_{YY} - \sigma_w^2 \boldsymbol{I}) \boldsymbol{q}_i = (\lambda_i - \sigma_w^2) \boldsymbol{I} \boldsymbol{q}_i = 0 = \boldsymbol{SPS}^{\mathrm{T}} \boldsymbol{q}_i, i = L+1,...,N \qquad (6\text{-}40)$$

因为 $\boldsymbol{S}$ 满秩，$\boldsymbol{P}$ 非奇异，故有

$$\boldsymbol{S}^{\mathrm{T}} \boldsymbol{q}_i = 0, i = L+1,...,N \qquad (6\text{-}41)$$

因此，路径延时参数可以通过寻找 MUSIC 伪频谱峰值处的路径时延而做出估计，MUSIC 伪频谱可以写为：

$$F_{\mathrm{MUSIC}}(\tau) = \frac{1}{s(t-\tau)^{\mathrm{T}} \boldsymbol{U}_w \boldsymbol{U}_w^{\mathrm{T}} s(t-\tau)} \qquad (6\text{-}42)$$

时延值 $\hat{\tau}$ 可以通过下式获得：

$$\hat{\tau} = \arg(\min \mathrm{trace}\{(\boldsymbol{I} - \boldsymbol{S}(\boldsymbol{S}^{\mathrm{T}}\boldsymbol{S})^{-1}\boldsymbol{S}^{\mathrm{T}})\hat{\boldsymbol{U}}_s \hat{\boldsymbol{U}}_s^{\mathrm{T}}\}) \qquad (6\text{-}43)$$

6.2.5 UWB 定位算法实现

定位的过程是首先测量定位的参数，根据定位参数信息确定定位的几何模型，由几何模型列

出对应的方程组，解方程组即可得到目标节点的位置。定位方程组一般是非线性的，求解非线性方程组的算法有很多，不同的方法最终的定位精度也不同。为了减小无解或者发生迭代溢出的可能性，一般会设定 5 个参考节点，从中选出 4 个接收信号功率最高的节点作为最佳参考点，然后再联立方程组进行计算。提高定位精度的方法包括选择高精度的定位算法、提高定位参数的测量精度和增加参考节点数目等。

UWB 定位算法中位置的估计就是求解定位方程组以获得目标所在位置坐标的过程，前面已经讨论过在二维平面中采用 TOA/TDOA 方法进行定位的具体计算过程。下面将以采用 TOA 参数的球形定位为例，讨论 UWB 定位算法。

在获得信号的传输时间 TOA 后，可以根据球形定位模型建立方程组，三维定位至少需要 4 个参考节点，从而需要建立 4 个方程。在笛卡儿坐标系中，设参考节点 i 的坐标位置为 (x_i, y_i, z_i)，目标节点坐标位置为 (x, y, z)，则根据每个参考节点到目标节点的距离可得出 4 个方程：

$$\sqrt{(x-x_i)^2 + (y-y_i)^2 + (z-z_i)^2} = ct_i, \qquad i = 1, 2, 3, 4 \tag{6-44}$$

其中，c 是光速，t_i 为信号传输到第 i 个参考节点的传输时间，即 TOA。

该非线性方程组的求解方法有：迭代算法、非迭代算法或者基于最优化的算法等。非迭代算法包括几何方法、球面插值算法和最小二乘估计（LSE，Least Square Estimation）算法；迭代算法有泰勒序列展开法等；最优化算法有高斯-牛顿法等。下面对几种典型算法进行详细介绍。

1. 几何方法

几何方法又称直接计算方法。将非线性方程组两边取平方可得：

$$\begin{cases} (x-x_1)^2 + (y-y_1)^2 + (z-z_1)^2 = c^2 t_1^2 \\ (x-x_2)^2 + (y-y_2)^2 + (z-z_2)^2 = c^2 t_2^2 \\ (x-x_3)^2 + (y-y_3)^2 + (z-z_3)^2 = c^2 t_3^2 \\ (x-x_4)^2 + (y-y_4)^2 + (z-z_4)^2 = c^2 t_4^2 \end{cases} \tag{6-45}$$

将方程组中第 2、3、4 式分别减去第 1 式可得：

$$c^2(t_i^2 - t_1^2) = 2x_{1i}x + 2y_{1i}y + 2z_{1i}z + \beta_{i1}, \qquad i = 2, 3, 4 \tag{6-46}$$

其中，$x_{1i} = x_1 - x_i, y_{1i} = y_1 - y_i, z_{1i} = z_1 - z_i, \beta_{i1} = x_i^2 + y_i^2 + z_i^2 - (x_1^2 + y_1^2 + z_1^2)$。

式（6-46）又可以简化为：

$$\begin{cases} a_2 x + b_2 y + c_2 z = g_2 \\ a_3 x + b_3 y + c_3 z = g_3 \\ a_4 x + b_4 y + c_4 z = g_4 \end{cases} \tag{6-47}$$

其中，$a_i = x_{1i}, b_i = y_{1i}, c_i = z_{1i}, g_i = [c(t_i + t_1)/2 - \beta_{i1}/2ct_{i1}]ct_{i1}$

联立式（6-47）中第 1、2 式消去 y 可以得到：

$$x = Az + B \tag{6-48}$$

其中，$A = \dfrac{b_2 c_3 - b_3 c_2}{a_2 b_3 - a_3 b_2}, B = \dfrac{b_3 g_2 - b_2 g_3}{a_2 b_3 - a_3 b_2}$。

联立式（6-47）中第 1、2 式消去 x 可以得到：

$$y = Cz + D \tag{6-49}$$

其中，$C = \dfrac{a_2 c_3 - a_3 c_2}{a_3 b_2 - a_2 b_3}, D = \dfrac{a_3 g_2 - a_2 g_3}{a_3 b_2 - a_2 b_3}$。

将式（6-48）、式（6-49）代入式（6-47）并令 $i = 1$，得到：

$$Ez^2 + Fz + G = 0 \qquad (6\text{-}50)$$

其中，$E = A^2 + C^2 + 1, F = 2A(B - x_1) + 2C(D - y_1) - 2z_1, \quad G = (B - x_1)^2 + (D - y_1)^2 + z_1^2 - c^2 t_1^2$。

式（6-50）的两个根为：

$$z = \frac{-F \pm \sqrt{F^2 - 4EG}}{2E} \qquad (6\text{-}51)$$

如果式（6-51）求出的两个根均合理，则将这两个值分别代入式（6-48）与式（6-49）求出横坐标 x 与纵坐标 y。但是其中仅有一个点为待定位的目标节点，如果其中一个点坐标无物理意义或超出了待定位区域，则可以舍去该点；如果求出的两个点坐标都是合理的且距离较近，则可以选取该两点的中心位置作为待定位的目标节点的坐标值。然而由于实际使用过程中不可避免地存在误差，采用几何方法得到的解有可能是两个复根，或者两个解均超过了待定位区域，因而可以引入冗余，通过增加额外的目标节点来减小定位误差。

2．最小二乘法

当时延估计中存在误差时，上面介绍的几何方法仍然适用，因为目标节点的位置是通过直接计算获得的。但此时一种更好的定位方法是进行统计。当存在测量误差时，多个球面、多个双曲面相交时存在多个交点，因此，通过统计能够获得比较理想的解。

一般而言，从 N 个参考节点接收到的信号向量 $\boldsymbol{r}_\mathrm{m}$ 可以建模为：

$$\boldsymbol{r}_\mathrm{m} = C(\boldsymbol{\theta}_\mathrm{s} + \boldsymbol{n}_\mathrm{m}) \qquad (6\text{-}52)$$

其中，$\boldsymbol{n}_\mathrm{m}$ 为测量的噪声向量，并设该噪声向量均值为 0，协方差矩阵为 $\boldsymbol{\Sigma}_\mathrm{m}$，$\boldsymbol{\theta}_\mathrm{s}$ 为待估计的参数向量。对于 TOA 方法，向量 $\boldsymbol{r}_\mathrm{m}$ 与 $\boldsymbol{n}_\mathrm{m}$ 为 $N{\times}1$ 的矩阵；对于 TDOA 方法，向量 $\boldsymbol{r}_\mathrm{m}$ 与 $\boldsymbol{n}_\mathrm{m}$ 为 $(N\text{-}1){\times}1$ 的矩阵。$C(\boldsymbol{\theta}_\mathrm{s})$ 的值取决于所使用的定位方法：

$$C(\boldsymbol{\theta}_\mathrm{s}) = \begin{cases} T(\boldsymbol{\theta}_\mathrm{s}) & \text{对于 TOA} \\ R(\boldsymbol{\theta}_\mathrm{s}) & \text{对于 TDOA} \end{cases} \qquad (6\text{-}53)$$

其中，$T(\boldsymbol{\theta}_\mathrm{s}) = [t_1, t_2, \ldots, t_N]^\mathrm{T}, R(\boldsymbol{\theta}_\mathrm{s}) = [t_2 - t_1, t_3 - t_1, \ldots, t_N - t_1]^\mathrm{T}$。$t_i$、$t_i - t_1$ 分别为 TOA、TDOA 测量值，t_i、$t_i - t_1$ 均为 $\boldsymbol{\theta}_\mathrm{s}$ 的线性函数。

求解式（6-52）的一种典型方法为最小二乘估计方法：

$$f(\hat{\boldsymbol{\theta}}_\mathrm{s}) = [\boldsymbol{r}_\mathrm{m} - C(\hat{\boldsymbol{\theta}}_\mathrm{s})]^\mathrm{T} [\boldsymbol{r}_\mathrm{m} - C(\hat{\boldsymbol{\theta}}_\mathrm{s})] \qquad (6\text{-}54)$$

$C(\boldsymbol{\theta}_\mathrm{s})$ 为未知参数向量 $\boldsymbol{\theta}_\mathrm{s}$ 的非线性函数，一种比较直接的求解方法为使用梯度下降法迭代搜索函数的最小值。使用该方法需要给出目标位置的初始估计，然后根据下式进行更新：

$$\hat{\boldsymbol{\theta}}_\mathrm{s}^{(k+1)} = \hat{\boldsymbol{\theta}}_\mathrm{s}^{(k)} - \delta \nabla f(\hat{\boldsymbol{\theta}}_\mathrm{s}^{(k)}) \qquad (6\text{-}55)$$

其中，$\boldsymbol{\delta} = \mathrm{diag}(\delta_x, \delta_y, \delta_z)$ 为步长矩阵，$\hat{\boldsymbol{\theta}}_\mathrm{s}^{(k)}$ 为第 k 次估计值，$\nabla = \partial/\partial \boldsymbol{\theta}$，表示对向量 $\boldsymbol{\theta}$ 求导。

3．DFP 法

DFP 法是指由 Davidon 提出，后来由 Fletcher 和 Powell 加以改进而最终形成的 Davidon-

Fletcher-Powell 算法，简称 DFP 算法。

目标函数定义为：

$$f(p) = \sum_{i=1}^{k} (\sqrt{(x-x_i)^2 + (y-y_i)^2 + (z-z_i)^2} - r_i)^2 \tag{6-56}$$

式中，k 为参考节点数目，r_i 为第 i 个参考节点到目标节点的距离，$p = [x, y, z]^T$ 为目标节点的位置坐标。显然，目标函数为所有参考节点到目标节点测距误差的平方和。优化的目标是求目标函数的最小值。

首先，给定一个初始点 p_0（通常取所有节点位置的均值），初始矩阵 B_0（通常取单位阵），令 $k=0$，计算 g_0（g 为目标函数的梯度，$g_k = \nabla f(p) = [\partial f / \partial x, \partial f / \partial y, \partial f / \partial z]^T_{p=p_k}$）；

其次，令 $s_k = -B_k g_k$；

第三，通过精确的一维搜索确定步长 α_k，$f(p_k + \alpha_k s_k) = \min f(p_k + \alpha_k s_k)$，其中 $\alpha_k \geqslant 0$；

第四，令 $p_{k+1} = p_k + \alpha_k s_k$，若 $\|g_{k+1}\| \leqslant \varepsilon$，则 $p^* = p_{k+1}$，停止计算；否则令 $s_k = p_{k+1} - p_k$，$y_k = g_{k+1} - g_k$；

最后，由 DFP 修正公式 $B_{k+1} = B_k - (B_k y_k y_k^T B_k)/(y_k^T B_k y_k) + (s_k s_k^T)/(y_k^T s_k)$ 得 B_{k+1}，令 $k = k+1$（k 为迭代次数，可预先设定，k 越大精确度越高，不过耗时也越长），如果 k 小于预先设定的值则继续第二步，否则退出循环，输出最后结果。

4. 泰勒级数展开法

为了将式（6-52）表示的问题转换为最小二乘问题，可以通过泰勒级数展开法（TSP，Taylor Series Expansion）将非线性函数 $C(\theta_s)$ 线性化，将 $C(\theta_s)$ 在初始位置 θ_0 处进行泰勒级数展开得到：

$$C(\theta_s) \approx C(\theta_0) + H(\theta_s - \theta_0) \tag{6-57}$$

其中，H 为矩阵 $C(\theta_s)$ 的雅可比行列式，则得到 θ_s 的最小二乘解为：

$$\hat{\theta}_s = \theta_0 + (H^T H)^{-1} H^T [r_m - C(\theta_0)] \tag{6-58}$$

在下一次递归中，令 $\theta_0 = \theta_0 + \hat{\theta}_s$，重复以上过程，直到 $\hat{\theta}_s$ 足够小，满足设定的门限：

$$\|\hat{\theta}_s\| < \varepsilon \tag{6-59}$$

此时的 θ_0 即为目标节点的估计位置。使用泰勒级数展开法，每一次迭代后位置估计值都接近于目标的真实解。但是该算法需要目标位置的初始估计值，且该初始估计的精度对算法的性能影响较大；另外，在将非线性函数 $C(\theta_s)$ 线性化的过程中，如果线性化后的函数与 $C(\theta_s)$ 差别较大，通常会带来一定的误差[14]。

6.2.6 其他形式的 UWB 定位

1. 24GHz UWB 定位

除了 3.1～10.6GHz 之外，FCC 还为 UWB 设备分配了高频段 22～29GHz。Meier C. 等人设计并实现了工作在 24GHz 左右的 UWB 定位系统，利用 PN（Pseudo Noise，伪噪声）码的延迟相关来进行时延估计，实现时利用了宽带扩频和高速数字信号处理技术。试验中 RN（Reference Node，参考节点）端与 UN（Unknown Node，未知节点）端相距 1～2.5m，UN 端以 5cm/s 的速度在该范围内移动，其定位精度达到 2mm 左右，在使用了相位误差纠正算法并利用卡尔曼滤波对定位误差（视为高斯分布）进行平滑处理后，定位精度可达毫米级。

在这个高频段 UWB 定位系统中，要求 1.6GHz 的 Chirp 速率，这有利于抑制其他 MPC 对 DP 检测的影响，只是吉赫兹（GHz）级的码片速率远远超出了一般扩频系统的承受能力，实现起来成本相当高。而对比现有文献资料，达到毫米级是相当高的定位精度，该系统展示了 UWB 在小范围内的高精度定位和跟踪能力，因此在某些特定场合具有应用价值。

2．调频连续波 UWB 定位

调频连续波利用了线性扫频（linear frequency sweep）技术，因而在雷达中得到广泛应用，但易受到多径效应的干扰，且室内定位能力较差。将调频连续波与 UWB 技术结合，一方面可满足 UWB 规范，另一方面可通过对脉冲波形的选择来进行脉冲频率调制（PFM, Pulsed Frequency Modulation），PFM-UWB 的接收设计较为简单。目前有研究人员设计的 PFM-UWB 定位系统工作在 7.5GHz，扫频宽度为 1GHz，采用雷达中常见的 RTT（Round Trip Time，往返时间）定位方式，定位距离在 10m 内时精度可达 2cm。

3．声学超宽带定位及其推广

从 FCC 对 UWB 信号相对带宽的定义，声学信号也可以视为超宽带（Acoustic UWB）信号。尽管 A-UWB 信号带宽通常在千赫兹（kHz）以下，但考虑到声音传播速度，也可认为具备了和 UWB 同等的距离分辨率：空气中传播时光速为 3×10^8m/s，声速为 340m/s，其传播速度比值约为 1.13×10^6，因此当 A-UWB 信号带宽在 3.6～12.2kHz 时就能相当于 3.1～10.6GHz 的 UWB 信号，A-UWB 定位系统相对 UWB 系统来说易于实现，且同样能反映超宽带条件下的定位性能，初步实验结果表明 A-UWB 可以获得厘米（cm）级的定位精度。

应当注意到 A-UWB 是机械波的形式，其原理与常见的 UWB 无线电信号存在很大差别，但其应用要远远早于采用电磁波方式的 UWB。例如，自然界中的蝙蝠就是成功运用 A-UWB 的典型代表。它通过 RTT 定位方式发送超声波，能在运动中辨识空间位置和周围环境，事实上这种自主式的测距定位导航一直是研究者们梦寐以求的目标之一[15]。

6.3　UWB 定位应用

由于具有高速率、低功耗和低成本等特点，UWB 非常适合于无线个域网（WPAN, Wireless Personal Area Network）。利用 UWB 可在数字电视、投影机、摄录一体机、PC、机顶盒之间传输可视文件和数据流，或者在笔记本电脑和外围设备之间实现数据传输。

UWB 可方便地应用于高精度定位导航和智能交通系统中，为车辆防撞、电子牌照、电子驾照、智能收费、车内智能网络、测速、监视、分布式信息站等应用提供高性能、低成本的解决方案。

UWB 也可应用在小范围，高分辨率，能够穿透墙壁、地面、身体的雷达和图像系统中，诸如军事、公安、消防、医疗、救援、测量、勘探和科研等领域，用于隐秘安全通信、救援应急通信、精确测距和定位、探测雷达、穿墙雷达、监视和入侵检测、医学成像等。

6.3.1　UWB 定位应用现状

1．UWB 测距应用

最新的 FCC 报告为 UWB 雷达与传感器应用开放了更宽的频带：5.925～7.250GHz，16.2～

17.7GHz，23.12～29.0GHz。UWB 定位研究的著名学者 Fontana 总结了近年来 UWB 的测距应用，从不同精度需求和应用场合，可分为入侵检测系统、防冲撞系统和精确测距系统。其中，入侵检测（Intrusion Detection）属于粗略测距应用，不要求精确坐标，便于对特定区域内的目标监控，对区域外物体进行示警。

防冲撞（Obstacle Avoidance）系统可用于智能交通管理、自动巡航系统等，目标检测灵敏度要比入侵检测系统高得多。SPIDER 是一种典型的防冲撞系统，工作频率在 6.35GHz 左右，−3dB 带宽达到 500MHz，高功率段（0.8W）SPIDER 系统的测距范围可达 300m，利用 DP 检测其精度可接近 0.3m。

PALS（Precision Asset Location System）是以测距为基础的精确定位系统。2003 年美国海军研究机构开发了符合 FCC 民用规范的 PALS650，工作频段范围在 3.1～10.6GHz 之间。定位方式采用 TDOA，在 LOS 环境下定位范围可达 200m，接收 SNR 较高时采用平均处理后的定位精度接近 0.08m。

2．雷达探测、成像和跟踪等应用

雷达探测、遮挡目标检测是 UWB 测距定位技术的传统应用方式，此类应用还可以推广至雷达探地和透墙检测系统。医学成像也是 UWB 定位应用较多的领域之一，最近英国 University of Bristol 的研究者首次给出了该项应用的临床结果，成功地利用 UWB 定位技术完成了乳癌检测和成像。

跟踪是一种实时性要求较高的定位应用。DARPA 的研究者利用 UWB 定位技术，实现对空间飞行器舱外摄像机的位置跟踪，采用的是 TDOA 定位方式。当然，这种应用场景接近理想化：几乎不存在多径效应，实际上 UWB 定位跟踪同样可应用于诸多复杂环境。

3．业界 UWB 定位系统的发展

2005 年初 UWB 被 CNN 评为 2004 年十大热门技术之一，UWB 的产品化进程也一直是研究者和业界所关注的议题。下面介绍几种近年来比较有代表性的 UWB 定位示范性系统。

（1）Ubisense 7000 系统。

Ubisense 7000 系统是由英国 Ubisense 公司利用 UWB 技术构建的精确实时无线定位系统。其运用到达时间差（TDOA）和到达角度（AOA）的混合定位算法，利用三维坐标将定位误差降低到最小。相比基于 RFID 技术、Wi-Fi 技术等的定位系统，该系统具有很好的稳定性，在典型应用环境中可达到 15cm 的定位精度。

Ubisense 7000 系统包含 3 部分：位置固定的传感器（Ubisense Sensor），能够发射 UWB 信号来确定位置；电池供电的活动标签（Ubisense Tag），能够接收并估算从标签发送过来的信号；综合所有位置信息的软件平台（Software Platform），能够获取、分析并传输信息给用户和其他相关信息系统。基于 UWB 技术的 Ubisense 7000 定位系统的主要特点如下：

① 精确可靠的实时定位。
② 有源射频标签。
③ 适用于室内/户外环境。
④ 高精度，可以达到 15cm。
⑤ 基座设施可互相替换。
⑥ 高可靠性（两个感应器跟踪三维定位）。

⑦ 动态更新率取决于标签的移动速度。

⑧ 提供成熟的软件平台[16]。

关于 Ubisense 7000 定位系统的工作原理和流程，将在下一小节结合具体实例进行详细讲解。

（2）Localizers 系统。

Localizers 系统是由美国 AETHER WIRE&LOCATION 公司开发的室内定位系统。待定位的超宽带接收机和几个参考定位的收发信机之间进行脉冲通信，通过监测信号中携带的伪随机码的时延来判断到不同参考点的距离。知道（根据）3 个以上的参考点就可以确定未知点的三维位置，其定位原理如图 6-6 所示。

Localizers 两点间的最大距离是 30～60m，测距精度为 1cm。Localizers 节点的体积为 8mm³，价格 50 美分，功耗 30μW。

（3）Sapphire 系统。

Sapphire 系统是由 Multispectral Solutions 公司开发的 UWB 室内定位系统。该系统由多个漫游器（其中一个作为参考）、至少 4 个接收机和 1 个与计算机相连的控制中心组成，Sapphire 系统的结构如图 6-7 所示。

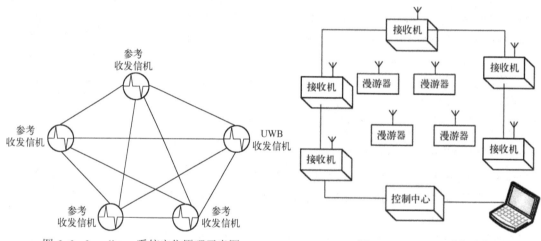

图 6-6　Localizers 系统定位原理示意图　　　　图 6-7　Sapphire 系统结构

漫游器可发射中心频率为 6.2GHz、10dB 带宽/1.25GHz 的无线电信号。漫游器工作电压为 3V，工作电流 30mA，一块 CR2477 锂电池能工作 3.8 年。

接收机包含两部分：高速 UWB 检测器和接口控制电路。高速 UWB 监测器进行原始信号到达时间的测量，测量分辨率为 1ns。测量结果通过接口控制电路直接或者通过其他接收机间接送到控制中心。

控制中心通过 CAT-5 电缆向接收机供电并收集接收机的测量数据，根据 4 个接收机的数据可以计算出漫游器的三维位置。

Sapphire 的定位精度是 0.3m，经过数据平滑后能达到 0.1m，漫游器的直径只有 3cm，5s 平均输出的信号强度只有 5nW[17]。

4. UWB 定位的应用趋势

根据当前频谱使用情况，EHF（极高频）频段上资源丰富，宽带或超宽带应用都可独自占用频带，这是未来无线通信发展可能的方向之一，极高频段的 UWB 定位系统正反映了这一趋势。

利用 UWB 定位技术进行仿生学应用是目前较新的应用领域，如根据 UWB 信号特点进行类似于蝙蝠（Bat-type）的定位成像，配置单个发射机和两个接收机作为感应器，发射 UWB 信号并接收由墙面、边缘和角落等目标的反射信号来确定距离，根据不同的反射特征来识别不同目标，这是定位、成像和特征分类等技术的综合使用。

另外，UWB 由于自身的技术特点，具备定位时对周围环境和自身位置高清晰辨识的能力，因此可在某些极端环境下对视觉损伤（Visually Impaired）起到恢复与支持作用。

略感遗憾的是，由于对 UWB 定位的应用研究起步较晚和一些技术规范等原因，还未能见到国内自主研发出 UWB 定位系统的相关报道。但可喜的是，工业和信息化部已经对我国 UWB 的预开放频段进行公示，公示频段包含低频段的 4.2～4.8GHz 和高频段的 6～9GHz，并且已经有相关科研机构研制出了 UWB 数据传输系统，这预示着我国 UWB 定位系统的出现和应用都将为期不远。

6.3.2　UWB 定位应用实例

本小节列举两个采用 UWB 技术进行定位的具体实例，分别是基于 Ubisense 7000 平台的仓储物流系统和基于 TDOA 测距技术的超宽带标签定位系统。

1. 基于 Ubisense 7000 平台的仓储物流系统

上一小节已经对 Ubisense 7000 做了简要介绍，接下来先对 Ubisense 7000 定位系统的工作原理和流程进行详细说明，进而介绍基于 Ubisense 7000 平台的仓储物流系统。

在 Ubisense 7000 定位系统中，标签发射极短的 UWB 脉冲信号，传感器接收此信号，并根据脉冲到达的时间差和脉冲到达的角度计算出标签的精确位置，如图 6-8 所示。由于采用了 UWB 技术，加上传感器内部有一个 UWB 接收器阵列，从而可以以很高的精度计算出角度，确保较高的定位精度和室内应用环境的可靠性。传感器通常按照蜂窝单元的形式进行组织，典型的划分方式是矩形单元，附加的传感器根据其几何覆盖区域进行增加。每个定位单元中，主传感器配合其他传感器工作，并与单元内所有检测到位置的标签进行通信。通过类似于移动通信网络的蜂窝单元组合，能够做到较大面积区域的覆盖。同时，传感器也支持双向的标准射频通信，允许动态改变标签的更新率，使交互式应用成为可能。

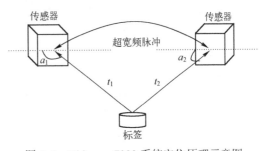

图 6-8　Ubisense 7000 系统定位原理示意图

标签的位置通过标准以太网线或无线局域网发送到定位引擎软件。定位引擎软件将数据进行综合，并通过 API 接口传输到外部程序或 Ubisense 定位平台，实现空间信息的处理以及信息的可视化。由于标签能够在不同定位单元之间移动，定位平台能够自动在一个主传感器和下一个主传感器之间实现无缝切换。在建立系统时，需要对整体的多单元空间结构指定 3D 参考坐标系。当标签在参考坐标系内的多个单元中移动时，可视化模块能够实时显示标签位置。

（1）Ubisense 传感器。

Ubisense 传感器是一种精密测量装置。它包含一个天线阵列以及 UWB 信号接收器，能够可靠地检测定位标签发出的低功率 UWB 脉冲信号，同时可以区别直射信号和反射信号，从而计算该标签的实际位置。在工作过程中，每个 Ubisense 传感器独立测定 UWB 信号的方向角和仰角

（AOA）；而到达时间差信息（TDOA）则由一对 Ubisense 传感器来测定，而且这两个 Ubisense 传感器均部署了时间同步线。这种独特的 AOA、TDOA 相结合的测量技术，可以构建灵活而强大的定位系统。

目前，Ubisense 单个传感器能较为准确地测得标签位置。若事先设定标签在空间坐标系中 Z 轴的高度，Ubisense 传感器就能够测定其具体位置。对于几米范围之内的位置测定，并且标签固定于相对较大的物体（如拖车、小汽车）上的情况来说，这种操作模式是非常好的高效的方式。

Ubisense 传感器并不需要与标签在视线范围内进行通信，因为 UWB 信号能够穿透墙壁和其他物体。不同的材料和厚度导致不同程序的信号衰减。例如，射频信号根本不能穿透金属。由于这个原因，在系统设计前有必要进行现场环境的射频性能测量。Ubisense 传感器通过以太网实现相互间的通信，也可以通过以太网将接收它们的固件程序连接起来。Ubisense 传感器可以选择交换机 POE（Power Over Ethernet）供电，也可以选择外部直流电源供电。根据需要，其能够被置于特制的防雨外壳中并工作于户外环境。

（2）Ubisense 标签。

Ubisense 7000 定位系统提供两种定位标签，即紧凑型标签（Ubisense Compact Tag）和细长型标签（Ubisense Slim Tag）。它们应用于实时交互定位系统中，针对不同的应用而设计，具有不同的性能。这两种标签均能够达到 15cm 的 3D 定位精度，并且提供达每秒 20 次的位置数据刷新率。标签带有数据存储器，能够用来存储诸如识别码的数据。

所有的标签均有 UWB 信号发射器，以及一个 2.4GHz ISM 频段的双向射频传输设备。双向射频设备用来传输传感器与标签之间的控制信息。传感器可以控制标签只发射 UWB 信号，而 UWB 信号的发射以及标签数据的刷新率均由传感器来驱动。这种动态的数据刷新方式，使得标签可根据其速度和应用的要求，仅在需要时发射信号，节省了电池的能量。如果标签是固定的，它将以较低的速率进行数据刷新，直到传感器检测到标签的移动，并立即激活标签进行信号的发射。标签以低于 1mW 的极低功率发射 UWB 脉冲，从而降低了 UWB 系统对其他 RF 系统的干扰，能够延长电池的使用寿命。例如，在以 5 秒每次的持续数据刷新状态下，电池能够使用 5 年。

（3）Ubisense 软件平台。

Ubisense 软件平台分为 3 部分，即运行组件（最基本的是定位引擎）、定位平台和上层开发平台。可视化的终端、交互单元、应用设计等都将在.NET 集成环境中实现。Ubisense 软件平台结构如图 6-9 所示。

.NET 2.0 API 提供所有的配置功能，获取标签带有时间戳的 X、Y、Z 坐标信息，驱动平台与标签之间的双向通信。

定位引擎是最基本的运行组件，运行在一个或多个标准的处理器上。借助于定位引擎，系统能够建立并校准 Ubisense 传感器和标签，并通过图形化界面配置定位单元和对象。定位引擎软件设计用于简化从 Ubisense 传感器和标签传回的坐标数据，并集成到第三方软件中。

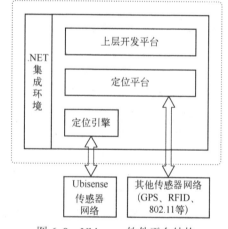

图 6-9　Ubisense 软件平台结构

定位平台是一个完整的 RTLS（Real-Time Location System）软件平台，它能同时从 Ubisense 传感器和标签以及其他 RTLS 传感器系统获取数据，如常规的有源、无源 RFID 系统，温度、震动检测器等非位置传感器设备。许多工具可以用于描述、定义 2D 或 3D 的物理环境与对象关系。

空间关系可以按照移动、固定的对象来定义，并分成区域。交互过程始终被监控并用于触发事件，最终被应用软件获取。如当可视对象小车进入制造设备的死角时，小车能够被突出显示。数据能够通过 API 发布到其他信息系统中，或持久存储于关系型数据库中，也可以保存为其他格式供以后分析之用。权限控制功能确保敏感数据受到保护，而安全性数据仅供授权人员查看或修改。定位平台的设计贯穿整个应用过程，它能在微软.NET 2.0 中实现，并且客户端能够在包括 PDA 在内的多种设备上运行。此外，包含可视化 API 在内的所有 API 也能够在浏览器中运行。

上层开发平台集成了一系列的开发工具，允许定位平台数据模型扩展为新类型的对象和关系。它同时有一个模拟器，使用和定位平台相同定义的几何关系及对象来实现，无须安装任何传感器即可实现标签的移动[18]。

（4）基于 Ubisense 7000 的仓储物流系统。

传统仓储物流操作所采用的设备和技术比较落后，其操作和管理过程中存在很多缺点，如入库验收时间长，在库盘点乱且数量不准，出库拣货时间长且经常拣错货，有些货物会因为不正确的拣货顺序而导致保质期到期不能再用等。仓储公司和物流公司希望有一套系统能够自动定位货物的存放位置、记录货物出入仓库的时间，节省搜索货品所花费的人力成本，也能有效地解决一些货物损坏、丢失或过期等索赔问题。

在仓储物流业中使用 Ubisense 7000 定位系统，能很好地解决以上问题。Ubisense 7000 定位系统采用 UWB 技术，构建了革命性的实时定位系统，该系统在典型的应用环境中能达到 15cm 的 3D 定位精度，并具有很好的稳定性。借助该系统，仓储物流企业能够完成货物的进出管理，准确快捷地盘点仓库物品，方便迅速地查询仓库物品，高效精确地找出货物位置，同时还能解决防盗等货物安全问题。

基于 UWB 技术的仓储物流系统以 Ubisense 7000 定位系统为底层硬件平台，结合了 UWB 技术和 RFID 技术，利用以太网为骨干传输网，将仓库等仓储物流场所划分为多个监控单元，其网络结构如图 6-10 所示。

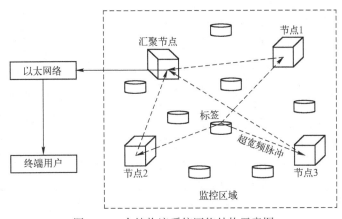

图 6-10　仓储物流系统网络结构示意图

该系统的具体工作流程是：每件货物都附加了 RFID 标签，提供货物的 ID 号，相应地在仓库各入口的通道处设置 RFID 阅读器。货物在进出仓库通过阅读器时，阅读器即可读取标签，获得货物的 ID 号、进出时间和运送该货物的叉车 ID 号等相关信息，并通过无线局域网连接，利用 UWB 信号将货物信息发送到后端 Ubisense 7000 定位平台。仓库内部根据具体环境布置一定数量的阅读器，每个阅读器同时也是一个传感器节点，节点通过 UWB 信号将标签的位置信息发送到传感器汇聚节点上。阅读器与一个振动传感器相互配合，通常节点处于睡眠状态，一旦振动传感器检测到振动信号时，节点被唤醒并开始发送 UWB 信号。传感器汇聚节点接收到 UWB 信号，即可获知哪个阅读器被使用，其读取到的货物信息也一并传入后台。在阅读器没有使用时，节点处于休眠状态，从而延长节点电池寿命。一般在货物进出仓库时都经过阅读器扫描，当货物转移地点时，阅读器也会再次扫描。在运载货物的叉车臂上也安装有标签，当叉车安放货物时，通过标签向节点发送信号，便可记录下该货物存放的位置。

在仓储物流领域应用的 Ubisense 7000 定位系统具有以下基本功能：
① 支持 2D/3D 定位，在 3D 模式下，定位精度达到 15cm；
② 能对货物的出入库信息、摆放位置、运输路线等进行查询和追踪；
③ 能够实时查询货位、动态分配货位、实现随机存储，从而最大限度地利用存储空间；
④ 能够自动精确地更新各种信息，实现系统综合盘点、随机抽查盘点；
⑤ 实时监控人员工作情况，分析货物调度管理数据，动态综合分配人力与物力资源；
⑥ 实时统计报表，汇总各类信息，满足关联客户内部数据查询[19]。

2. 基于 TDOA 测距技术的超宽带标签定位系统

本系统采用一个独立时差计数器统一记录标签信号到达各基站的时间差，故基站间无须严格同步的参考时钟，避免了因参考时钟起点不同步带来的测量误差，从而在有效提高定位精度的同时降低了系统实现复杂度。

系统中某个标签的定位由该标签和多个基站的单向通信来实现，系统中的时差计数单元完成 TDOA 值估计，定位处理器综合多个 TDOA 值实现三维坐标求解[20]。

如图 6-11 所示，标签是待定位对象，其位置（x, y）待定。基站 BS_i 的位置（x_i, y_i）（$i = 1, 2, 3$）为已知的固定值，基站与时差计数器通过电缆相连，BS_i 到时差计数器的电缆传输时间 τ_i（$i = 1, 2, 3$）也是已知的固定值。标签每隔一定的时间发送一帧由导频头和 ID 组成的信息，令标签到基站 BS_i 的无线传输时间为 ω_i（$i = 1, 2, 3$）。导频头的长度确保 BS_i 能在导频部分实现接收同步，BS_i 在检测导频头结束后立即将

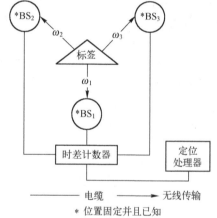

图 6-11　直接时差计数的 TDOA 定位系统

标签的 ID 和 BS_i 的编号通过电缆发送给时差计数器（以下统称为基站信号），这种处理方式可以确保各基站的信号接收处理时延是一致的。时差计数器记录最先到达时差计数器的基站信号与后续到达基站信号之间的时间差计数值，即为所需的 TDOA 值，然后通过 RS-232 接口向定位处理器传输时差计数结果。由定位处理器进行数据处理，最终求出标签的坐标。

显然，由于标签的位置待定，所以 BS_i 接收到标签信号的先后顺序也是未知的，基站信号到达时差计数器的顺序也无法事先确定。为了简化时差计数器的工作量，通过改变基站与时差计数器的电缆连接长度使 BS_1 的信号总是先于其他基站到达时差计数器，这样时差计数器的计数工作简化为两个计数器，分别用于记录 BS_1 和 BS_2 间的 TDOA 以及 BS_1 和 BS_3 间的 TDOA。为此基站 BS_i（$i = 1, 2, 3$）与时差计数器之间的电缆连接 τ_i（$i = 1, 2, 3$）需遵循以下关系：

$$\begin{cases} \omega_1 + \tau_1 < \omega_2 + \tau_2 \\ \omega_1 + \tau_1 < \omega_3 + \tau_3 \end{cases} \tag{6-60}$$

同时，由于定位范围确定，在视距传输情况下，标签到基站 BS_i 的无线传输时间 ω_i（$i = 1, 2, 3$）满足

$$0 \leqslant \omega_i \leqslant d_{\max}/c \tag{6-61}$$

其中，$d_{\max}$ 是视距传输情况下定位范围内点对点的最大距离，c 为电磁波传播速度。

联立式（6-60）和式（6-61）可知，当

$$\begin{cases} \tau_2 > \tau_1 + d_{\max}/c \\ \tau_3 > \tau_1 + d_{\max}/c \end{cases} \tag{6-62}$$

成立时，就可以保证 BS_1 的信号总是先于其他基站信号到达时差计数器。

直接时差计数定位系统的工作流程见图 6-12，具体处理步骤如下：

① 定位服务器向时差计数器发出开机指令，时差计数器开机并驱动各基站开机。

② 各 BS 在检测标签导频头结束后立即将标签的 ID 和 BS 的编号通过电缆转发给时差计数器。

③ 时差计数器以 BS_1 基站信号到达时刻为基准启动内部计数器，收到来自 BS_2 和 BS_3 的信号后分别停止计数。下一组来自 BS_i（$i = 1, 2, 3$）的信号到达后，计数器更新一次，设计数器数值更新频率为 f_s，则 $1/f_s$ 等于标签发送帧的重复周期。若同一组的基站信号为完全达到，则某个基站信号本次监测标签信号失败，本次计数器的数值不予更新。

④ 时差计数器通过 RS-232 接口将本次计数结果值传送至定位处理器。

⑤ 定位处理器首先对计数数据进行处理得到 TDOA 估计值，然后依据 TDOA 估计值对标签位置进行估计。

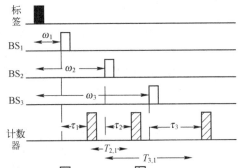

ω_i（$i = 1,2,3$）标签到第 i 个基站的无线传输延时

τ_i（$i = 1,2,3$）第 i 个基站到时差计数器的延时

$T_{i,1}$（$i = 2,3$）基站 1 与第 i 个基站到时差计数器的时间差

图 6-12　TDOA 估计流程时序图

由图 6-12 可知，定位处理器所接收到的标签到 BS_i 和 BS_1 之间的到达时间差 $T_{i,1}$ 为：

$$T_{i,1} = (\omega_i + \tau_i) - (\omega_1 + \tau_1) \tag{6-63}$$

电缆传输时间 τ_i 是已知的，由此可得标签到 BS_i 和 BS_1 的 TDOA 值 $t_{i,1}$ 为：

$$t_{i,1} = \omega_i - \omega_1 = T_{i,1} - \tau_i + \tau_1 \tag{6-64}$$

理想情况下，$t_{i,1}$ 就是标签与 BS_i 和 BS_1 之间的 TDOA 真实值。由于传输信道和传输系统的误差等多种因素的影响，实际上所得为 TDOA 的估计值。

将 TDOA 估计值 $t_{i,1}$（$i=2,3$）代入 TDOA 双曲线方程组得：

$$\begin{cases} d_{2,1} = [(x_2-x)^2+(y_2-y)^2]^{1/2} - [(x_1-x)^2+(y_1-y)^2]^{1/2} \\ d_{3,1} = [(x_3-x)^2+(y_3-y)^2]^{1/2} - [(x_1-x)^2+(y_1-y)^2]^{1/2} \end{cases} \tag{6-65}$$

其中，$d_{i,1}=ct_{i,1}$，选择合适的定位算法求解 TDOA 双曲线方程组，最终得到标签坐标（x，y）。

6.3.3　UWB 定位应用进一步研究方向

近十多年来，由于探测、导航跟踪、目标识别等众多领域对精确定位的需求，使得 UWB 定位再次成为广受关注的前沿课题，目前 UWB 定位研究还在不断发展，在无线定位系统的定位精度和准确度、目标节点定位信息的获取和处理、无线定位应用等方面还在进行着研究和探索[21]。下面对 UWB 定位中值得进一步探讨的方向进行介绍。

1．UWB 定位的精确性和实时性

精度是室内定位系统的主要竞争力，精度越高就越具生存价值。室外卫星定位系统的精度为 10m 左右，而室内定位系统的精度通常在厘米级。但实际中，定位精度并不是判断定位系统优劣的唯一标准，如在跟踪等应用场合中定位实时性往往也是非常重要的指标，这体现了定位系统中精确性与实时性的矛盾。一般来说，获得更多的测量数据来进行后处理能改善定位精度。当然，数据处理时间的相应增加，无法满足快速定位的需求。因此未来的 UWB 定位系统应当同时满足精确性和实时性的要求，这对 UWB 定位系统设计和高速数据处理是一个巨大挑战。

2．高精度定位时的压缩感知

UWB 信号可以达到纳秒级的时间分辨率，信号带宽在吉赫兹（GHz）级别，要获得高精度定位的优势依赖于宽带信号检测，因此需要高采样率的模数转换器（ADC，Analog to Digital Converter）。对于一些对定位精度要求更高的场合来说，则需要吉赫兹（GHz）甚至更高的采样率，尽管 10GHz 以上的 ADC 器件已经出现，但由于成本很高，功耗也非常大，难以应用到 UWB 定位系统中。

高采样率的 ADC 在实际应用时的困难将会限制 UWB 的定位精度，压缩感知（CS，Compressed Sensing）理论是解决该问题的一种可行方案。CS 方法通过寻找合适的基函数来进行信号重构，能在表示信号的同时去除冗余性。CS 框架重构的条件是信号在某个"域"中表现出稀疏性，如光滑信号和分片光滑（piecewise smooth）信号能在 Fourier 域（频域）和 Wavelet 域稀疏表示，UWB 信号多径分量具备时域稀疏性，并且定位应用中信息速率较低，这为 CS 在 UWB 定位应用中提供了有利的前提。理论上，基于感知压缩的 UWB 多径分量检测算法可以在保证定位精度的同时，降低 ADC 采样速率。

3．复杂场景下的 UWB 定位与通信功能集成

有学者提出这样一种 UWB 定位跟踪系统，在突发事件中（如大楼火灾），无法利用现有的设施了解现场情况来组织救援，此时可通过 UWB 设备快速组网，进行低速通信和定位跟踪，完成搜索、引导和监控等。这反映出 UWB 定位、通信和网络协议一体化是未来发展的趋势，欧洲的 EUROPCOM 计划已经着手制定复杂突发场景中 UWB 应用的规范。

4. 认知 UWB 定位与无缝定位

UWB 信号在一定程度上具备了认知无线电（CR, Cognitive Radio）的特性：IR-UWB 方式利用脉冲成形，MB-OFDM-UWB 通过选择子带，两种信号体制都能有效使用频谱空洞，最大化频谱利用率。更为重要的是，不同的定位场合要求不同的定位精度，而定位系统中所占用的带宽是影响精度的关键因素。若将 CR-UWB 用于定位，则可根据探测到的频谱空洞来调节不同级别的定位精度，这种利用 CR 的思想来构建 UWB 定位精度的自适应机制，将是一个极具吸引力的研究方向。

无缝定位（Seamless Positioning）是未来通信导航定位系统的首要目标之一，与大范围的定位系统相比，如 GPS、无线蜂窝定位等，UWB 作为局部范围内的精确定位技术具有其独特的优势，是无缝定位中的重要环节。此外，UWB 与惯性器件等的结合使用也将有助于支持系统的运动估计。而 UWB 频谱共存、定位机制和空中接口等是需要研究的关键问题。

6.4　本章小结

UWB 技术是一种使用 1GHz 以上带宽且无须载波的最先进的无线通信技术，其关键技术包括脉冲信号的产生、信号调制、信道模型、天线设计和收发信机设计等。相对于 IEEE 802.11a、蓝牙、ZigBee 等其他无线通信技术，UWB 技术具有传输速度快、安全性高、系统结构简单等优点，也因此得到了越来越多的应用。

根据测量参数的不同，UWB 技术的定位方法可分为基于接收信号强度法、基于到达角度法和基于接收信号时间法，其中基于接收信号时间法凭借其高定位精度等优势而成为 UWB 定位技术中采用最广泛的定位方法。基于时间的 UWB 定位方法在定位过程中需要测量的参数为接收信号时间，进而计算出参考节点到目标节点的距离，最终确定目标节点的具体坐标。基于时间的 UWB 测距技术根据节点间是否有公共时钟可分为双程测距和单程测距，但易受到时钟同步精度、多径传播、非视距传播、多址干扰等因素的影响。为了最大限度地减小测距误差，需要采用合适的方法进行时延估计，如相关函数法、三阶累积量法、四阶累积量法、MUSIC 方法等。在获得信号的传输时间后，接下来便可根据参考节点的坐标和接收信号时间来联立方程组，以计算目标节点的具体坐标，可采用的计算方法有几何法、最小二乘法、DFP 法、泰勒级数展开法等。

由于 UWB 具有高速率、低功耗和低成本的特点，因此它非常适合于无线个域网，可方便地应用于高精度定位导航和智能交通系统中。近几年来，UWB 技术正在受到越来越多的关注，一些基于 UWB 技术的定位系统也已面世，如英国 Ubisense 公司利用 UWB 技术构建的 Ubisense 7000 精确实时无线定位系统、美国 AETHER WIRE&LOCATION 开发的 Localizers 系统等。但不可否认，UWB 定位技术还存在着很大的发展空间，人们还在无线定位系统的定位精度和准确度、目标节点定位信息的获取和处理、无线定位应用等方面进行着研究和探索，其中的问题需要进一步探讨。

习　　题

1. 什么是超宽带？它有什么特点？

2．设现检测到一个信号，其功率较峰值功率下降 10dB 时所对应的高端频率和低端频率分别为 72.5MHz 和 48.5MHz，试求该信号的相对带宽，判断其是否为 UWB 信号。

3．超宽带的关键技术有哪些？

4．除了超宽带无线技术外，还有哪些近距离无线通信技术？超宽带与它们相比，优势在什么地方？

5．设在理想情况下，二维平面中 3 个接收机的坐标分别为 A(0,0)、B(3,6)、C(6,0)，目标节点发射信号到达 A、B、C 所需的时间分别为 10ns、20ns、10ns，试求目标节点的坐标。

6．设在理想情况下，二维平面中 3 个接收机的坐标分别为 A(0,0)、B(0,9)、C(9,3)，已测得从目标节点发射的信号到达接收机 A 和 B 的时间差为 10ns，到接收机 B 和 C 的时间差为 10ns，到接收机 A 和 C 的时间差为 20ns，试求目标节点的坐标。

7．TOA 测距易受哪些因素的影响？

8．UWB 信号时延估计方法包括哪几种？

9．UWB 定位算法实现过程中，利用 TOA 法进行三维定位的计算原理是什么？列出求解目标节点坐标所需建立的非线性方程组，并解释其中各参数的含义。

10．根据 TOA 法的计算模型进行定位计算有哪些求解方法？

11．UWB 的主要应用领域包括哪些方面？

参 考 文 献

[1] 周正．UWB 无线通信技术标准的最新进展．世界电子元器件，2005（11）：24-25.

[2] 梁菁，刘玮，赵成林．超宽带（UWB）无线技术的应用及其市场化分析．2005 年全国超宽带无线通信技术学术会议论文集，2005 年.

[3] 张在琛，毕光国．超宽带关键技术分析及发展策略的思考．电气电子教学学报，2004，26（3）：6-16.

[4] 陈如明．UWB 技术的发展前景及其频率规划．移动通信，2009 年 5 月（上）：71-74.

[5] 陈传红，吕然．值得关注的一种新兴近距离无线通信技术——超宽带 UWB．移动通信，2008 年 9 月（上）：24-29.

[6] 张跃辉，毕光国．当前超宽带研究有五大重点．http://tech.sina.com.cn/t/2007-08-21/11341689011.shtml，2007-08-21.

[7] 魏崇毓．无线通信基础及应用．西安：西安电子科技大学出版社，2009.

[8] 唐春玲．UWB 定位系统研究．重庆：西南大学，2008.

[9] 王秀贞．超宽带无线通信及其定位技术研究．上海：华东师范大学，2009.

[10] Maria-Gabriella Di Benedetto，Guerino Giancola.Understanding Ultra Wide Band Radio Fundamentals．葛利嘉，朱林，袁晓芳，陈帮富，译．北京：电子工业出版社，2005.

[11] 李凡．基于超宽带（UWB）技术的测距方法研究．武汉：华中师范大学，2007.

[12] 丁锐．基于 UWB 信号时延估计的无线定位技术研究．长春：吉林大学，2009.

[13] 胡正伟，王喆．超宽带信号时延估计法研究．无线通信技术，2010（4）：1-5.

[14] 谢亚琴．超宽带无线定位算法研究．南京：南京邮电大学，2007.

[15] 肖竹，王勇超，田斌，于全，易克初．超宽带定位研究与应用：回顾和展望．电子学报，2011，39（1）：133-140.

[16] 付俊.一种精密实时无线定位系统——Ubisense 7000 定位系统.仪器仪表标准化与计量,2008(4):28-30.

[17] 李孝辉,刘娅,张丽荣.超宽带室内定位系统.测控技术,2007,26(7):1-2.

[18] 付俊.UWB 技术在无线定位中的应用.舰船电子工程,2009,29(1):76-78.

[19] 付俊.仓储物流中 UWB 技术的应用.商品储运与养护,2008,30(7):9-10.

[20] 黄冬艳,林基明,王波.直接时差计数超宽带定位系统.西安电子科技大学学报(自然科学版),2010,37(1):163-168.

[21] Zafer Sahinoglu,Sinan Gezici,Ismail Guvenc.Ultra-wideband Positioning Systems. London:Cambridge University Press,2008.

第 7 章

CSS 定位

7.1 CSS 技术概述

7.1.1 Chirp 信号与脉冲压缩理论

1. Chirp 信号

Chirp（啁啾）信号是一种扩频信号，在一个 Chirp 信号周期内会表现出线性调频的特性，信号频率随着时间的变化而线性变化。因为 Chirp 信号的频率在一个信号周期内会"扫过"一定的带宽，所以 Chirp 信号又被形象地称为"扫频信号"。Chirp 信号的扫频特性可以应用在通信领域，表达数据符号，达到扩频的效果。这种用 Chirp 信号进行扩频的通信方式被称为 Chirp 扩频（Chirp Spread Spectrum）。

典型的 Chirp 信号数学表达式为：

$$s(t) = \begin{cases} \cos[2\pi(f_0 t \pm \dfrac{kt^2}{2})], & -\dfrac{T}{2} \leqslant t \leqslant \dfrac{T}{2} \\ 0, \text{其他} \end{cases} \tag{7-1}$$

其中，f_0 表示 Chirp 信号的中心频率，T 是 Chirp 信号的持续时间，$k(k \neq 0)$ 是调频因子（Chirp Rate/Frequency Sweep Rate），单位是 Hz/s，它控制着 Chirp 信号瞬时频率的变化速率，当 k 是一个常数时，Chirp 信号的瞬时频率呈线性变化，故被称为线调频率信号；当 $k>0$ 时，$s(t)$ 是 Up-chirp 信号；当 $k<0$ 时，$s(t)$ 是 Down-chirp 信号。由上式可知，$s(t)$ 的瞬时频率为：

$$f\_ck(t) = f\_c + kt \tag{7-2}$$

图 7-1 和图 7-2 分别给出了上、下扫频信号的时域波形图和扫频示意图，并且它们是一对匹配信号。可以看出此信号波形与基本正弦信号相似，但其频率不是恒定不变的，其频率随时间呈线性变化。

以一个上扫频的 Chirp 信号为例，将其进行一次连续傅里叶变换，可以得到如下的信号频谱表达式：

$$\begin{aligned} Y(\omega) &= \int_{-T/2}^{T/2} \cos[2\pi(f_0\tau + \frac{k\tau^2}{2})]\exp(-j\omega t)dt \\ &= \frac{1}{2}\int_{-T/2}^{T/2} \exp[j(2\pi f_0 - \omega)t + j\pi kt^2]dt \\ &\quad + \frac{1}{2}\int_{-T/2}^{T/2} \exp[-j(2\pi f_0 + \omega)t - j\pi kt^2]dt \\ &\approx \frac{1}{2}\int_{-T/2}^{T/2} \exp[j(2\pi f_0 - \omega)t + j\pi kt^2]dt \end{aligned} \tag{7-3}$$

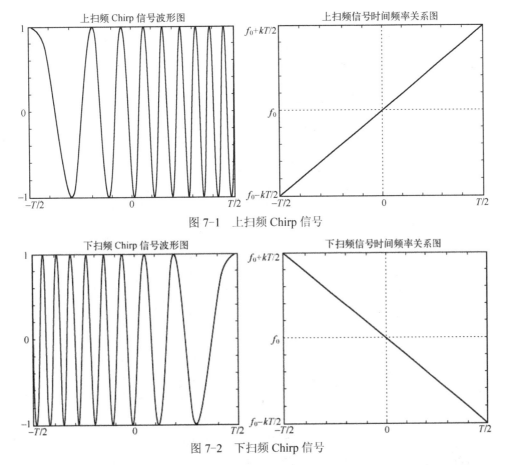

图 7-1 上扫频 Chirp 信号

图 7-2 下扫频 Chirp 信号

第一项表示正频率部分的频谱，后面一项为负频率部分的频谱。由于高频信号的特点，中心频率可以相当大，其带宽与之相比就很小了，所以第二项积分相对于前者较小，其值可以忽略不计。在通常的工程应用时，本处的假设一般情况下也是满足的。这样就有了上式的近似结果，再将上式近似结果进行积分变量的变换，可得到以下公式：

$$Y(\omega) = \frac{1}{2}\sqrt{\frac{1}{2k}}\exp[-\mathrm{j}\frac{(\omega-2\pi f_0)^2}{4\pi k}]\int_a^b \exp(\mathrm{j}\frac{\pi m^2}{2})\mathrm{d}m \qquad (7\text{-}4)$$

其中代换后的积分表达式的上、下限（a,b）为：

$$a = \frac{\pi kT + (\omega - 2\pi f_0)}{\pi\sqrt{2k}}, b = -\frac{\pi kT - (\omega - 2\pi f_0)}{\pi\sqrt{2k}} \qquad (7\text{-}5)$$

上式积分的结果不能表示成普通公式，此时引入了菲涅尔积分表达式：

$$C(x) = \int_0^\pi \cos\frac{\pi m^2}{2}\mathrm{d}m \qquad (7\text{-}6)$$

$$S(x) = \int_0^\pi \sin\frac{\pi m^2}{2}\mathrm{d}m \qquad (7\text{-}7)$$

从上式容易看出，这两个积分表达式是两个奇函数，满足如下关系：

$$C(-x) = -C(x), S(-x) = -S(x) \qquad (7\text{-}8)$$

现在将菲涅尔积分用于式（7-4），经过以上变换可得到如下的最终结果：

$$Y(\omega) = \frac{1}{2}\sqrt{\frac{1}{2k}}\exp[-j\frac{(w-2\pi f_0)^2}{4\pi k}][C(a)+jS(a)+C(-b)+jS(-b)] \qquad (7-9)$$

对以上的频域表达式进行分析可得到其幅度响应：

$$|Y(\omega)| = \frac{1}{2}\sqrt{\frac{1}{2k}}\left\{[C(a)+C(-b)]^2+[S(a)+S(-b)]^2\right\}^{\frac{1}{2}} \qquad (7-10)$$

$$\Phi(\omega) = -\frac{(\omega-2\pi f_0)^2}{4\pi k}+\arctan\left[\frac{S(a)+S(-b)}{C(a)+C(-b)}\right] \qquad (7-11)$$

当 BT=6000（B 为信号带宽，T 为信号持续时间）时，可得到如图 7-3 所示的结果。

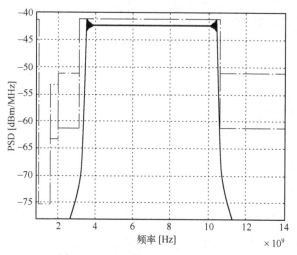

图 7-3   Chirp 信号频谱的幅度响应

2．脉冲压缩理论

上述 Chirp 信号对应的匹配信号表达式如下：

$$h(t) = \begin{cases} a\cos[2\pi(f_0 t \mp \frac{kt^2}{2})], -\frac{T}{2} \leqslant t \leqslant \frac{T}{2} \\ 0,\text{其他} \end{cases} \qquad (7-12)$$

其中，匹配滤波器增益 $a=2\sqrt{k}$ 是为了保证匹配滤波后输出信号在中心频率处的增益值为 1。现在，一个上扫频 Chirp 信号通过其对应的匹配滤波器，得到如下结果：

$$
\begin{aligned}
y(t) &= a\int_{-T/2}^{T/2}\cos[2\pi(f_0\tau+\frac{k\tau^2}{2})]\cos\{2\pi[f_0(t-\tau)-\frac{k(t-\tau)^2}{2}]\}\mathrm{d}\tau \\
&= \frac{a}{2}\int_{-T/2}^{T/2}\cos[2\pi(f_0 t+kt\tau-\frac{kt^2}{2})]\mathrm{d}\tau \\
&\quad + \frac{a}{2}\int_{-T/2}^{T/2}\cos[2\pi(2f_0\tau-f_0 t+k\tau^2-kt\tau+\frac{kt^2}{2})]\mathrm{d}\tau \\
&\approx \frac{a}{2}\int_{-T/2}^{T/2}\cos[2\pi(f_0 t+kt\tau-\frac{kt^2}{2})]\mathrm{d}\tau
\end{aligned}
\qquad (7-13)
$$

直接将两信号卷积表达式积化和差，得到两个积分项。其中第二个积分项包含高频分量，在实际的工程应用中可以将其忽略，因此只将第一项的计算结果作为匹配滤波器的输出。将第一个积分项的计算分为 $t>0$ 和 $t<0$ 两种情况进行讨论，但是得出的结果可以只用一个公式表示如下：

$$y(t) = a \frac{\sin[\pi kt(T - |t|)]}{2\pi kt} \cos 2\pi f_0 t, -T < t < T \tag{7-14}$$

将 $a = 2\sqrt{k}$ 和 $k = B/T$ 带入上式，可以得到最终的结果，表达式如下：

$$y(t) = \sqrt{BT} \frac{\sin[\pi Bt(1 - \frac{|t|}{T})]}{\pi Bt} \cos 2\pi f_0 t, -T < t < T \tag{7-15}$$

上式所示的经过匹配滤波后的输出信号波形如图 7-4 所示。

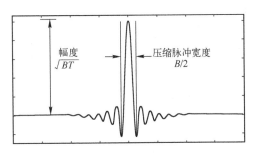

图 7-4　脉冲压缩示意图

从中可以看到输出波形包络近似为一个 sinc 函数，具有十分尖锐的时域特性。幅度为 1 的 Chirp 信号输出压缩脉冲的包络幅度放大为原来的 $\sqrt{BT}$ 倍，其持续时间 T 压缩为 4dB、主瓣时间为 $2/B$ 的脉冲。这就是 Chirp 信号十分重要的脉冲压缩特性。相对于输出信号，持续时间在时域上就被压缩了 $0.5BT$ 倍，符号宽度减小，多径叠加的效应被减弱。可以利用这一特性在多径信道环境中进行距离测量和定位处理。由持续时间压缩易知，两条多径之间的最小分辨率为 $1/B$。而上、下扫频 Chirp 信号作互相关后，其峰值与自相关相比就很小，与自相关旁瓣相当。

对于 Chirp 信号而言，它的一个重要指标就是时间带宽积（BT）的大小。根据上述分析可知，随着 BT 积的增大，匹配滤波后的时域脉冲压缩就越厉害，其峰值就越高，冲击时间就越短。BT 积越大，其幅度响应就越接近一个理想的带通滤波器。对于持续时间较长的 Chirp 信号，其能量在频域上能扩展到一个很大的带宽。

7.1.2　CSS 的发展及技术特点

1. CSS 技术的发展

CSS 技术是 Chirp Spread Spectrum 的简称，即线性调频扩频技术。Chirp 信号及与其相关的脉冲压缩技术长期以来被广泛应用于雷达领域，能够很好地解决冲击雷达系统测距长度和测距精度不能同时优化的矛盾。冲击雷达采用冲击脉冲作为检测信号，要增加测量距离，则必须牺牲测量精度；要增加测量精度，则必须牺牲测量距离。而脉冲压缩技术使用具有线性调频特性的 Chirp 信号代替冲击脉冲，可以同时增加测量距离和测量精度。随着技术的发展，目前 Chirp 超宽带信号不仅被应用到了精确测距和车载雷达，而且还被应用于扩频通信。而随着 2005 年由 Nanotron 技术公司提交的 Chirp 扩频技术被 IEEE 802.15.4a 列为物理层的可选标准之一，其相关理论与应用正得到学术界以及工业界越来越多的关注。此外，声表面波器件（SAW, Surface Acoustic Wave）技术的发展使得低成本的 SAW Chirp 延迟线（SAW chirp delay lines）技术被进一步应用于 Chirp 信号的产生和匹配滤波器 / 相关器的实现。

CSS 技术应用于通信领域开始于 1962 年。Winkler 首先提出把 Chirp 信号应用到通信领域的想法，但这仅仅是想法，并没有给出完整的系统实现方案。1966 年，Hata 和 Gott 独立地提出基于 CSS 的 HF 传输系统，利用了 CSS 技术对多普勒频移免疫的特性。需要注意的是，当时没有使用声表面波滤波器（SAW）来产生 Chirp 信号，直到 1973 年，Bush 首次提出了使用 SAW 产生 Chirp 信号的方法。因为 SAW 是模拟设备，成本低廉，因此被 CSS 通信的研究者们广泛采用。

1975 年以后，限于 SAW 制作工艺的发展，CSS 研究进入了低谷。直到 20 世纪 90 年代初人们开始关注室内无线通信的时候，CSS 被 Tsai 和 Chang 再度提起。因为 CSS 的频带较宽，特别适合在室内多径信道中使用。1998 年，Pinkley 和奥地利的一个小组发表了关于 CSS 的两篇文章，提出了适用于室内通信的两种新的系统方案。

CSS 技术的一些优良特点已经引起一些组织和厂商的关注。在工业界，Nanotron 公司提出了基于 CSS 的无线个人区域网络（WPAN）应用方案，并在 IEEE 802.15.4a 的标准化进程中起到了主导作用。在 2005 年 3 月，致力于低速率 WPAN 标准化工作的 IEEE 802.15 TG4a 工作组通过投票，以 100% 的赞成，把基于 IR 的超宽带和基于 Chirp 的 CSS 宽带技术作为 IEEE 802.15.4a PHY 的最后两个备选方案。在 2006 年 10 月，IEEE 委员会在 802.15.4a 的物理层草案中把 CSS 技术列为标准。

2．CSS 技术优点

由于 Chirp 信号在时域和频域上的特点，CSS 技术在应用于无线定位上有着许多独特的优点，结合上文对 Chirp 信号分析，主要介绍以下 4 点。

（1）具有很强的多径分辨能力。

由前文分析可知，对于匹配滤波后的 Chirp 信号输出压缩脉冲，在纵轴上的幅度被放大的同时，横轴上的持续时间被急剧压缩。由一个持续时间为 T 的信号被压缩为一个 4dB 主瓣时间为 $2/B$ 的脉冲。从而在多径信道中，两条多径之间的最小分辨率为 $1/B$。从理论上说，只要提高信号的带宽就能够获得足够的分辨率。Chirp 信号的这个特性不但对通信而言有很大好处，而且对无线定位更具有非凡的意义。在多径分辨率提高的情况下，由多径叠加带来的测量误差就有可能加以消除。信号的到达时间就可以尽量避免峰值偏移带来的影响。不论是基于 TOA 还是基于 TDOA 的定位算法都能获得较为准确的时间信息。

（2）具有很强的抗噪声能力。

由上述讨论可知，滤波后 Chirp 信号的输出压缩脉冲的包络幅度放大为原来的 $\sqrt{BT}$，信号与其他信号间的互相关很弱，匹配滤波就不会使噪声等信号获得增益。即使在 Chirp 信号中叠加的高斯白噪声很大，甚至比信号功率大的情况下，匹配滤波后得到的压缩脉冲峰值仍然较大。BT 积越大，抗噪声的能力就越强。如图 7-5 所示，当一个时间带宽积等于 100 的 Chirp 信号附加 SNR＝-5 的高斯白噪声后，仍然能够通过匹配滤波的办法将信号和噪声进行分离。从这个仿真中可以看出 Chirp 信号具备很强的抗干扰能力。

（3）受频率偏移影响小。

对于一个上扫频信号 $s_1(t)$，由于各种原因，其中心频率 f_0 产生了 Δf 的频率偏移，具体表达式为：

$$s_1(t) = \cos[2\pi((f_0 + \Delta f)t + \frac{kt^2}{2})], -\frac{T}{2} \leqslant t \leqslant \frac{T}{2} \tag{7-16}$$

现将其通过匹配滤波器 $h(t)=\cos[2\pi(f_0(t)-kt^2/2)]$，其持续时间与 $s_1(t)$ 相同，得到滤波后的信号 $y_1(t)$：

172

$$y_1(t) = \int_{-\infty}^{+\infty} s(\tau)h(t-\tau)\mathrm{d}\tau$$

$$= 2\sqrt{k}\,\frac{\sin[\pi(\Delta f + kt)(T-|t|)]}{2\pi(\Delta f + kt)}\left(\cos 2\pi\left(f_0 + \frac{\Delta f}{2}\right)t\right)$$

(7-17)

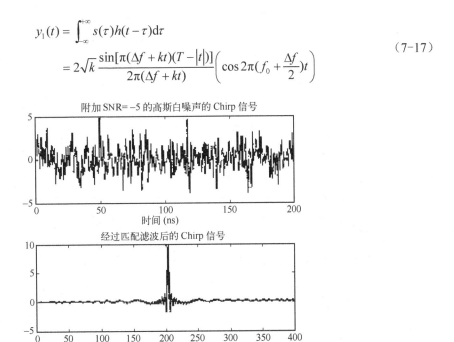

图 7-5　低信噪比下 Chirp 信号及其匹配滤波信号

与式 $y(t) = a\dfrac{\sin[\pi kt(T-|t|)]}{2\pi kt}\cos 2\pi f_0 t, -T < t < T$ 比较可得，两种波形大体相同，都产生了脉冲压缩的效果，它们的包络也都是 sinc 函数。频偏 Δf 将使脉冲主瓣峰值幅度减小为原来的 $1-|\delta|$，其中 $\delta = \Delta f / B$；同时脉冲主瓣中心点还会发生 δT 的时移。由于信号 B 通常很大，而 Δf 通常比之小若干个数量级，因此相比较后得到的 δ 相应就小，因此脉冲主瓣的峰值幅度减小十分有限，时移也不大。

在无线定位中，由于被测物体与基站之间存在相对运动，所以存在多普勒频移现象。但是这一现象往往给信号的时延测量带来很大影响，导致定位精度急剧下降。根据 Chirp 信号的这一性质，通过加大信号的带宽，有可能将此影响降至可以容忍的程度。

（4）发射的瞬时功率低

当 Chirp 信号的平均功率与高斯脉冲等普通超宽带信号相当的情况下，其瞬时功率一般要小许多。因为 Chirp 信号将能量分散在了整个持续时间内，而不是集中在一个很短的脉冲内发射。在工程应用中，这个特点就降低了对器件的要求，极大地降低了成本。

此外 CSS 技术还具有发生器件成本低、传输距离比较远等优点。这一系列特性都说明了其在无线定位方面具有广泛的应用前景。

3. CSS 与其他扩频技术的比较

无线扩频手段包括直接序列扩频（DS，如 ZigBee）、跳频（FH）、跳时（TH）以及线性调频（CSS）。这 4 种技术中，最常用的是前 3 种，以及其混合系统；第 4 种技术广泛应用于雷达系统中。有时第 4 种 CSS 手段也会作为前 3 种系统的补充应用，用于抵抗这些系统的频移特性。

CSS 技术的基本原理是采用 Chirp 信号来承载数据符号，因为 Chirp 信号本身是宽带信号，所以使用 Chirp 信号来表示数据符号可以达到扩展带宽的目的。CSS 和直序列扩频（DSSS）、跳频扩频（FHSS）都有类似的地方，DSSS 和 CSS 都是采用一段特定的具有一定扩展带宽效果的信号来表示原始数据符号。不同的是前者采用 PN 序列，后者采用 Chirp 信号。FHSS 和 CSS 的瞬时频率都会随着时间的变化而变化，但是前者的变化规律由 PN 序列决定，后者的变化规律由 Chirp 信号本身的特性相关，而且是连续的变化。CSS 扩频的频谱示意图如图 7-6 所示。

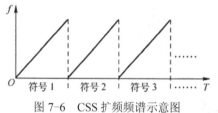

图 7-6　CSS 扩频频谱示意图

CSS 的解扩原理和 DSSS、FHSS 也很相似，DSSS 和 FHSS 是利用本地生成的与发送端相同的 PN 序列和接收信号进行相关运算从而进行解扩并恢复出原始信号的，因为 PN 序列具有与随机二进制序列相同的统计特性，其自相关远远大于互相关，所以可以通过求自相关的方法把数据符号提取出来，达到最终的解扩效果。而 CSS 在接收端应用了脉冲压缩原理，匹配滤波过程在很短的时间内获得很大的能量，接收机可以通过对能量的捕获把数据符号提取出来，因匹配滤波在一定程度上可以看做自相关运算，所以 CSS 和 DSSS、FHSS 在解扩方式上可以认为是一致的，即通过对扩频序列（信号）求自相关来获取符号信息。

直接序列扩频、跳频、跳时系统的缺点如下。

（1）DS 扩频：处理增益容易受到 PN 码速率限制；时间同步要求高；捕获时间相对长，也受到 PN 码长度的影响。

（2）FH 扩频：获取高处理增益的同时，容易受到脉冲和全频带干扰影响；快速跳频系统设计复杂、频率合成难度高；慢速跳频时隐蔽性差。

（3）TH 扩频：连续波干扰严重；需要峰值功率高，时间同步难。

容易看出，DS 系统由于同步时间的问题，以及 PN 码的限制，在定位与测距系统中很难获得较好的测量结果；FH 系统容易受到干扰，不易应用于恶劣环境；TH 系统则在功耗和干扰问题上难以适用于现代的低功耗健壮系统；由 CSS 系统的特性不难看出，CSS 系统由于采用了脉冲压缩的处理机制，在避免使用 PN 码的同时，有效实现了脉冲捕获时间精准的需求；而对于脉冲和连续波干扰信号，脉冲压缩处理过程也进行了过滤以及能量分散，同时有用脉冲能量压缩加大，避免了电磁信号的干扰；在解扩过程获取高增益、脉冲压缩能量集中的特性，使得发射机并不需要通过增加 Chirp 线性脉冲能量来获取射频功率，大大降低了峰值功率的需求。

因此总体来说，CSS 技术除了具有传统扩频技术如直序列扩频（DSSS）、跳频扩频（FHSS）共同的优点，即抗衰减能力强、保密性好、处理增益大等，还具有功率谱密度低、抗频率偏移能力强、传输距离远、射频功耗低等特点。这些特点使得 CSS 技术从脉冲压缩雷达的特殊应用，到构建现代室内外通信系统成为可能：较低的发射功率、较好的保密性、通信稳定性以及抗干扰、低功耗等特点，使 CSS 能够应用于大多数具有挑战性的环境。

7.1.3　CSS 无线定位技术与其他技术方案的比较

CSS 技术用于无线定位的一些系统特征定义如下：

（1）CSS 通信是一种载波通信技术，但和通常的正弦信号载波不同，该信号是脉冲载波；

（2）CSS 脉冲信号与 UWB 冲击脉冲信号不同，UWB 冲击脉冲可直接携带信息；CSS 运用一串脉冲携带信息，并在发送端进行调制后发出，接收端经过滤波压缩后提取信息；

（3）CSS 信号的最大技术特征是利用脉冲压缩技术，该技术使得接收脉冲能量非常集中，极容易检测出来，提高了抗干扰和多路径效应能力；

（4）由于上述技术而使得接收机端可以直接捕获脉冲压缩，从而利用锁相环电路进行时间同

174

步；且由于脉冲压缩技术有很好的抗频率偏移特性，并不需要进行频率同步；

（5）由于 CSS 信号在时域和频域上同时被扩展，使得信号频谱密度降低；又因为采用脉冲压缩技术，信号通过匹配滤波器获得较大的处理增益，使得整体功耗很低；

（6）CSS 脉冲信号的产生过程，可以同时运用调频、调幅、调相等技术手段；

（7）CSS 作为有载波的通信手段，能够运用于载波 UWB 系统的开发，从而与目前基于冲击脉冲的 UWB 系统形成互补。

1. CSS 定位与 ZigBee 定位方案的比较

IEEE 802.15.4a 标准作为 802.15.4 标准的修正版，增加了 UWB 和 CSS 的物理层标准，一个很重要的方面便是添加了测距功能，这也是无线定位的关键。然而由于 ZigBee 技术的广泛应用和先发优势，目前对于 ZigBee 定位的研究和开发很多，下面从测量原理、精度、测量范围、功率控制、适配协议、抗干扰性和安全性等方面对 CSS 与 ZigBee 在定位上的特点进行一些比较。

（1）测量原理。

从原理上说，任何定位系统首先需要获取邻节点之间的距离。CSS 采用 SDS-TW 的测量方法，获取双向传输的时间，进而获取节点距离；ZigBee 采用测算节点之间连接信号强度（RSSI）的方法，利用无线信号的空间传输衰减模型估算出节点间的传输距离。

CSS 进行了精确的双向到达时间测量以及内部反应时间测量。由于采用了高质量的时钟电路，精确度可以达到 1ns，因而实际测量精度可以达到 1m 以下。

ZigBee 进行 RSSI 测量估算的原理。这种测量是区域性的，和节点前端的低噪声处理电路有很大关系。空间自由传输模型的 RSSI 衰减估算公式如下：

$$\text{Loss} = 32.44 + 10k \lg d + 10k \lg f \tag{7-18}$$

其中，d 为节点距离（单位为 km）；f 为频率，单位为 MHz；k 为路径衰减因子。在实际应用环境中，由于多径、绕射、障碍物等因素，无线电传播路径损耗与理论值相比有较大变化。而由于在不同的空间环境中，上述干扰因素是不确定的，k 因子具有较大的不确定性。有研究人员对环境干扰进行了进一步的处理，期望获取更接近于实际空间传输特性的模型，如用对数-常态分布模型。进一步用对数-常态分布模型绘制 RSSI 曲线图并观察，得到如下的明显结论：

① 节点到信号源的距离越近，由 RSSI 值的偏差产生的绝对距离误差越小；

② 当距离大于 80m 时，由于环境的影响，由 RSSI 波动造成的绝对距离误差将会很大。

（2）测量精度。

在实际的野外应用中，精度的要求并没有室内定位系统高。假设实际的需求是 5m，那么 CSS 系统肯定可以满足需求；根据 ZigBee 的衰减模型，ZigBee 系统在 30m 以内能够进行大约 5m 级的距离分辨，80m 以内能够进行 10m 级的分辨，而 80m 以外对信号波动已经无法识别。实际应用中这些值都将有所降低。

（3）测量范围。

CSS 系统：测量范围将达到节点双向通信所覆盖的范围，也就是说只要节点之间能够通信，系统就能够进行实际的距离测量，因此采用功率放大器后，800～2000m 的应用不会存在问题，其测量特性也不会因为增加功率放大器这一环节而有所变化。

ZigBee 系统：出于分辨率的考虑，0dBm 理想最大测量距离为 80m，实际测量距离将在 30m 以内。这将使得普通的传感器网络应用所部署的点十分密集。如果大范围应用，只能利用其他概率估算方法进行粗略定位，而此时的误差将可能达到网络覆盖半径的 30%。

175

如果采用功率放大器，测量范围将进一步扩展，但是仍然存在以下问题：

① 功率放大器的差异性将影响测量距离，需要用户进行逐一校准；

② 根据衰减曲线，在通信距离末端的 30%范围内，将仍然因为 RSSI 的波动而难以识别。

（4）功率控制。

CSS 系统和 ZigBee 系统都有着很好的功率控制特性：休眠、唤醒、常态收发。从能量消耗上来看，ZigBee 为 25mA@3.3V，CSS 为 33mA@2.5V，功耗相当。CSS 系统一个更优越的地方在于，由于采用 Chirp 信号，使得射频前端容易设计，能够快速地增加功率模块，进一步增大测量范围。ZigBee 则难以做到这一点，且做起来有相当大的校准难度。

（5）适配协议。

目前支持 ZigBee 的芯片以及 CSS 虽然物理层不同，但是网络协议层均可以一致。采用这两种解决方案，并不存在太大的区别与难度。

（6）抗干扰性。

带宽：CSS 系统由于采用了 80MHz 的带宽（属宽带系统），获得了相对较低的频谱密度；而处理信号时又能够获取较大的处理增益以及较好的到达脉冲分辨率，能够很好地抵御环境干扰；ZigBee 系统只有几 MHz 带宽的窄带系统，所以频谱密度高，极易受到外界干扰。

天线：利用 ZigBee 定位，需要对天线进行良好的处理，避免由于天线以及部署位置的不同而导致原先的校准失效。举个例子，如果一个 ZigBee 节点的定位校准工作是在地面 1.5m 高度进行的，那么当放在地上且天线方向也变了的时候，前面的一切校准工作已经失效，甚至测不出数据。CSS 系统在这种情况下只会缩短测量范围，但仍然能够保证测量精度。

环境：在雨天、雾天、丛林中使用该系统时，由于 ZigBee 的信号强度基本上被吸收，因此会严重偏离运算模型，而 CSS 因为信号的吸收问题，只会缩短距离。

（7）安全性。

如上所述，CSS 系统由于采用了 80m 的带宽，属于宽带系统，有着较低的频率密度，再加上 CSS 本身的线性调频特性，具有较好的低截获特性；由于支持 128 位加密，整个系统将具有较好的安全性。

ZigBee 系统采用 DSSS 调制，虽然也同样具有较好的保密性，但是相对于 CSS 而言频谱密度仍然相对较高，易于受到外界施加的干扰。

2．CSS 定位与 UWB 定位方案的比较

选用 UWB 窄脉冲进行定位根本上是基于以下的考虑：

① 脉冲系统具有精准的到达时间计算能力，系统带宽越宽、脉冲分辨率越高、越容易检测，则实现精确定位越容易；

② 脉冲系统具有良好的抗干扰性以及抗多路径效应的能力；

③ 由于较小能量传输较远距离，类似噪声的 UWB 信号具有良好的隐蔽性，并且不易对其他通信系统产生干扰。

对比以上 UWB 脉冲定位系统的特征，CSS 系统的特性如下：

① 采用脉冲压缩定位技术，事实上在进行扩频宽带通信的同时，进行了窄脉冲的提取工作，这个脉冲的检测提取过程能够做到非常精确，因此也能够实现精确的时间检测；

② 由于脉冲压缩通信过程，匹配滤波器分散了干扰信号、多路径信号的能量，但叠加了有用脉冲的能量，使系统获得较高的信噪比；脉冲容易检测，从而体现了系统的良好抗干扰能力；

176

③ CSS 信号由于利用线性调频，将能量均匀分布在一定带宽上，使得脉冲发射功率很低；经过脉冲压缩后，又能获取较大的处理增益并很容易检测出来。因此这个过程降低了射频功率，同样具有低截获特性，满足隐蔽通信的需求，并且不会对其他系统产生干扰。

CSS 系统虽然能够满足上述特性，但是由于频率低、带宽窄，以及载波调制上的特性，测距分辨率、功耗上肯定不如宽频带的 UWB。例如，UWB 在 7GHz 的高频下，利用 6～8GHz 带宽进行最大距离为 40m 的定位，精确度可以达到 0.1m，功率仅在-41dBm 左右，不足 0.1μW/MHz。利用 CSS 信号进行 40m 长度的定位，精度达到 0.6m，功率在-9dBm 左右，大概为 1.5μW/MHz。

在系统的环境适应性方面，由于 UWB 定位信号频率达到 6～8GHz，其多路径效应方面好于CSS 系统；在介质吸收方面，UWB、CSS 信号都会被含水物质部分吸收，但也都能够抵抗人体的"电子烟雾"，这也是 ZigBee 等信号所不具有的特征。

然而在实际应用中，考虑系统的实现难度，实际的 UWB 系统一般在-25dBm 左右难以提高，且复杂性增加，难以小型化，造价也随之升高。考虑到 UWB 信号对其他系统的影响，冲击脉冲也会造成更大的通信干扰。一般的商业应用只能维持在 10～20m 内。

因此综合来说，CSS 系统是 UWB 系统性能的折中版本，运用 CSS 系统能够实现比 UWB 略差的定位性能，而性价比却大大提高。CSS 系统在一般的定位场合，可以替代 UWB 系统。

7.2 CSS 信号时延估计

7.2.1 基于匹配滤波器的时延估计

如前文所述，基于匹配滤波器的脉冲压缩技术可用于 CSS 信号的时延估计。具体测量方法如图 7-7 所示。

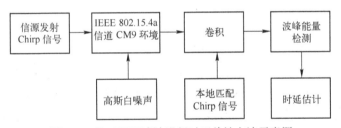

图 7-7 基于匹配滤波进行时延估计方法示意图

接收到的 Chirp 信号受到多径和高斯白噪声等噪声的干扰。对接收信号匹配滤波后的波形直接进行峰值检测就能获得时延估计。

图 7-8 为使用匹配滤波器的时延估计仿真，相关参数设置为：起始频率 f=2.45GHz，信号周期 T=1000ns。仿真信道模型采用 IEEE 802.15.4a 所述的信道，信道种类选择 CM9（代表乡村，雪地等开阔户外 NLOS 环境），多径信道能量归一化后的冲击响应见第一个子图。信道上附加 SNR=0dB 的加性高斯白噪声。若 Chirp 信号带宽 B=0.5GHz，相应的多径分辨率能够达到 2ns。虽然信号受到多径和很大的高斯白噪声的干扰，但是第二个子图的仿真结果可以说明多径分辨的效果很好。压缩脉冲的峰值明显，并且每一条多径在对应的位置都有峰值存在，时延估计精度也相当高。如果加大 Chirp 信号的持续时间，还能进一步提高脉冲峰值。当 Chirp 信号的带宽 B=0.030Hz 时，相应的多径分辨率只有 33.33ns，大于第一条多径 52.83ns 和第二条多径 80.23ns 间的间隔。

不但在理论上不能分辨实际信道的冲击响应中的第一条和第二条多径，而且还有很大的高斯白噪声干扰，因此在第三个子图中，前面较大的两条多径对应时间轴上的两个压缩脉冲已经合并为一个，后面脉冲的压缩程度也很不理想，扩展的区域较大。由于时间带宽积的减小，与 *B*=0.5GHz 时相比，脉冲的峰值也有十分明显的减小。

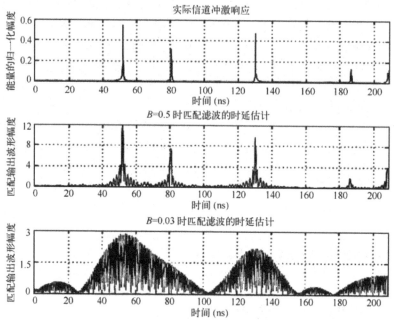

图 7-8　匹配滤波时延估计仿真

上例说明，增大 Chirp 信号的带宽有助于提高时延估计的分辨率。如果同时延长 Chirp 信号的持续时间，则能进一步增大脉冲峰值。

7.2.2　基于高阶累积量的时延估计

前文讨论了基于脉冲压缩的线性调频信号时延估计，此方法可以用于 Chirp 信号的多径时延的估计。然而这一方法在多径时延分辨率的精度方面受到了其与生俱来的限制，两条多径间隔必须小于 Chirp 信号带宽的倒数。在实际的工程应用过程中，Chirp 信号带宽由于声表面波器件的影响，不可能无限制增大。当实际信道环境中经常出现较密集的多径时，这样一对矛盾就不可避免地降低了时延估计的准确性。为此，各种超分辨率算法被提出，用于解决多径时延估计问题。下面以基于子空间的超分辨率算法为例，介绍多径间隔较小时的时延估计。

1. 高阶统计量理论

在信号分析和处理的过程中，不可避免地要受到信道噪声的干扰和影响，特别是在无线通信系统中。对于信道噪声，通常可以认为是高斯白噪声。白噪声自相关程度相当高，一般情况下可以用相关函数或者功率谱函数进行处理。然而高斯色噪声是一种分布更为广泛的噪声，高斯白噪声只是其中的一个特例。在 τ 为非 0 的情况下，色噪声的自相关函数 $R(\tau)$ 也存在相当大的值，与 $R(\tau)$ 相比不能忽略不计。这就需要用三阶甚至更高阶的统计量来进行处理，以消除信道中包含的高斯色噪声。

178

对于一个 n 维随机变量 $x=[x_1, x_2, \cdots, x_n]$，其第一和第二联合特征函数分别如下：

$$\Phi(\omega_1, \omega_2, \cdots, \omega_n) = E\{\exp[j(\omega_1 x_1 + \omega_2 x_2 + \cdots + \omega_n x_n)]\} \qquad (7\text{-}19)$$

$$\Psi(\omega_1, \omega_2, \cdots, \omega_n) = \ln[\Phi(\omega_1, \omega_2, \cdots, \omega_n)] \qquad (7\text{-}20)$$

对此 n 维随机变量 x，它的 $r=k_1+k_2+\cdots+k_n$ 的高阶联合高阶矩和联合高阶累积量的定义如下：

$$
\begin{aligned}
m_{k_1,k_2,\cdots,k_n} &= E\{x_1^{k_1} x_2^{k_2} \cdots x_n^{k_n}\} \\
&= (-\mathrm{j})^r \left. \frac{\partial^r \Phi(\omega_1, \omega_2, \cdots, \omega_n)}{\partial \omega_1^{k_1} \partial \omega_2^{k_2} \cdots \partial \omega_n^{k_n}} \right|_{\omega_1=\omega_2=\cdots=\omega_n=0}
\end{aligned}
\qquad (7\text{-}21)
$$

$$
\begin{aligned}
c_{k_1,k_2,\cdots,k_n} &= (-\mathrm{j})^r \left. \frac{\partial^r \Psi(\omega_1, \omega_2, \cdots, \omega_n)}{\partial \omega_1^{k_1} \partial \omega_2^{k_2} \cdots \partial \omega_n^{k_n}} \right|_{\omega_1=\omega_2=\cdots=\omega_n=0} \\
&= (-\mathrm{j})^r \left. \frac{\partial^r \ln[\Phi(\omega_1, \omega_2, \cdots, \omega_n)]}{\partial \omega_1^{k_1} \partial \omega_2^{k_2} \cdots \partial \omega_n^{k_n}} \right|_{\omega_1=\omega_2=\cdots=\omega_n=0}
\end{aligned}
\qquad (7\text{-}22)
$$

在实际工程应用中，通常取 $k_1=k_2=\cdots=k_n=1$，这样就得到新的高阶矩 $\mathrm{mom}(x_1, x_2, \cdots, x_n)$ 和高阶累积量 $\mathrm{cum}(x_1, x_2, \cdots, x_n)$，定义如下：

$$
\begin{aligned}
m_{1,1,\ldots,1} &= \mathrm{mom}(x_1 x_2 \cdots x_n\} \\
&= (-\mathrm{j})^n \left. \frac{\partial^n \Phi(\omega_1, \omega_2, \cdots, \omega_n)}{\partial \omega_1 \partial \omega_2 \cdots \partial \omega_n} \right|_{\omega_1=\omega_2=\cdots=\omega_n=0}
\end{aligned}
\qquad (7\text{-}23)
$$

$$
\begin{aligned}
c_{1,1,\ldots,1} &= \mathrm{cum}(x_1 x_2 \cdots x_n\} \\
&= (-\mathrm{j})^n \left. \frac{\partial^n \ln[\Phi(\omega_1, \omega_2, \cdots, \omega_n)]}{\partial \omega_1 \partial \omega_2 \cdots \partial \omega_n} \right|_{\omega_1=\omega_2=\ldots=\omega_n=0}
\end{aligned}
\qquad (7\text{-}24)
$$

这时再考查连续随机信号 $x(t)$ 的 n 阶矩和 n 阶高阶累积量。令上两个公式中的 $x_1=x(t)$，$x_2=x(t+t_1)$，$\cdots$，$x_n=x(t+t_{n-1})$，从而得到下式：

$$m_{nx}(\tau_1, \tau_2, \cdots, \tau_{n-1}) = E[x(t)x(t+\tau_1) \cdots x(t+\tau_{n-1})] \qquad (7\text{-}25)$$

$$c_{nx}(\tau_1, \tau_2, \cdots, \tau_{n-1}) = \mathrm{cum}[x(t), x(t+\tau_1), \cdots, x(t+\tau_{n-1})] \qquad (7\text{-}26)$$

上式中只给出了高阶累积量的定义式，对于具体的计算需要对联合特征函数求导，计算比较复杂。但是可以利用高阶累积量和高阶矩的互相关系来计算，具体公式见下。其中 I_p 表示 $(x_1, x_2, \cdots, x_n)$ 的一个非空子集合，各子集合之间不包含共同元素，且形成的 q 个子集合并集为全集 $(x_1, x_2, \cdots, x_n)$。这样就将随机向量做了一个无交连的非空分割。

$$m_x(I) = \sum_{\bigcup_{p=1}^{q} I_p = I} \prod_{p=1}^{q} c_x(I_p) \qquad (7\text{-}27)$$

$$c_x(I) = \sum_{\bigcup_{p=1}^{q} I_p = I} (-1)^{q-1}(q-1)! \prod_{p=1}^{q} m_x(I_p) \qquad (7\text{-}28)$$

根据上式可以得到二阶到四阶累积量，其中 $x(t)$ 为平稳随机信号。为了便于化简表达式，现在假设其均值为 0，具体表达式归纳如下：

$$c_{2,x}(\tau) = E[x(t)x(t+\tau)] = R(\tau) \tag{7-29}$$

$$c_{3,x}(\tau_1, \tau_2) = E[x(t)x(t+\tau_1)x(t+\tau_2)] \tag{7-30}$$

$$c_{4,x}(\tau_1, \tau_2, \tau_3) = E[x(t)x(t+\tau_1)x(t+\tau_2)x(t+\tau_3)] - c_{2,x}(\tau_1)c_{2,x}(\tau_2 - \tau_3) \tag{7-31}$$
$$- c_{2,x}(\tau_2)c_{2,x}(\tau_3 - \tau_1) - c_{2,x}(\tau_3)c_{2,x}(\tau_1 - \tau_2)$$

2. Chirp 信号的高阶累积量

信源发射信号的离散表达式如下：

$$x(n) = s_x(n) + \varepsilon_x(n) + \eta_x(n)$$
$$= Ae^{j2\pi[f_0 nT_s + \frac{1}{2}k_0 (nT_s)^2]} + \varepsilon_x(n) + \eta_x(n) \tag{7-32}$$

其中，$s_x(n)$表示离散化的 Chirp 信号，初始频率f_0和调频斜率k_0在计算信号时延时是已知的。$\varepsilon_x(n)$和$\eta_x(n)$分别表示两种互不相关的零均值噪声，且与$s_x(n)$统计独立。T_s为 Chirp 信号的采样周期。

接收端收集的信号可以表示如下：

$$y(n) = s_x(n)h(n)$$
$$= \sum \beta_i Ae^{j2\pi[f_0(nT_s - \tau_i) + \frac{1}{2}k_0 (nT_s - \tau_i)^2]} + \varepsilon_x(n) + \varepsilon_y(n) \tag{7-33}$$

其中，β_i表示信道各条多径的衰减幅度，τ_i表示每条多径的时间延迟，$\varepsilon_x(n)$和$\eta_x(n)$是互不相关的零均值噪声。$\varepsilon_x(n)$和$\varepsilon_y(n)$为不相关噪声，$\eta_x(n)$和$\eta_y(n)$为相关的高斯噪声。所有噪声均与信号独立。

对 Chirp 信号的复表达式取互四阶累积量切片并表示如下：

$$c_{xxyy}(n; k, 0, k) = \text{cum}\{x^*(n), x(n+k), y(n), y^*(n+k)\} \tag{7-34}$$

其中*表示对复信号取共轭。

将$x(n)$和$y(n)$的具体表达式代入上式，且发射和接收信号的 3 部分都是统计独立的。结果展开如下：

$$c_{xxyy}(n; k, 0, k) = \text{cum}\{s_x^*(n), s_x(n+k), s_y(n), s_y^*(n+k)\}$$
$$+ \text{cum}\{\varepsilon_x^*(n), \varepsilon_x(n+k), \varepsilon_y(n), \varepsilon_y^*(n+k)\} \tag{7-35}$$
$$+ \text{cum}\{\eta_x^*(n), \eta_x(n+k), \eta_y(n), \eta_y^*(n+k)\}$$

由于各种噪声均为零均值，可将上式第二项展开如下：

$$\text{cum}\{\varepsilon_x^*(n), \varepsilon_x(n+k), \varepsilon_y(n), \varepsilon_y^*(n+k)\}$$
$$= E\{\varepsilon_x^*(n)\varepsilon_x(n+k)\varepsilon_y(n)\varepsilon_y^*(n+k)\} - E\{\varepsilon_x^*(n)\varepsilon_x(n+k)\}E\{\varepsilon_y(n)\varepsilon_y^*(n+k)\} \tag{7-36}$$
$$- E\{\varepsilon_x^*(n)\varepsilon_y(n)\}E\{\varepsilon_x(n+k)\varepsilon_y^*(n+k)\} - E\{\varepsilon_x^*(n)\varepsilon_y^*(n+k)\}E\{\varepsilon_x(n+k)\varepsilon_y(n)\}$$

因为此前假设$\varepsilon_x(n)$和$\varepsilon_y(n)$为统计上互不相关的噪声，因此容易推导出下述 3 个结果：

$$E\{\varepsilon_x^*(n)\varepsilon_x(n+k)\varepsilon_y(n)\varepsilon_y^*(n+k)\} = E\{\varepsilon_x^*(n)\varepsilon_x(n+k)\}E\{\varepsilon_y(n)\varepsilon_y^*(n+k)\} \tag{7-37}$$

$$E\{\varepsilon_x^*(n)\varepsilon_y(n)\} = E\{\varepsilon_x(n+k)\varepsilon_y^*(n+k)\} = 0 \tag{7-38}$$

$$E\{\varepsilon_x^*(n)\varepsilon_y^*(n+k)\} = E\{\varepsilon_x(n+k)\varepsilon_y(n)\} = 0 \tag{7-39}$$

由此可得：

$$\text{cum}\{\varepsilon_x^*(n), \varepsilon_x(n+k), \varepsilon_y(n), \varepsilon_y^*(n+k)\} = 0 \tag{7-40}$$

又由于$\eta_x(n)$和$\eta_y(n)$为高斯白噪声或高斯色噪声，可知任何高斯噪声的非二阶累积量都为 0，因此得到另一个结论：

$$\text{cum}\{\eta_x^*(n), \eta_x(n+k), \eta_y(n), \eta_y^*(n+k)\} = 0 \tag{7-41}$$

后两项可以消去，只保留一项，得到：

$$c_{xxyy}(n; k, 0, k) = \text{cum}\{s_x^*(n), s_x(n+k), s_y(n), s_y^*(n+k)\} \tag{7-42}$$

根据四阶累积量的定义可知，它的具体计算式十分复杂，展开项众多。为了简化运算，下面考查连续 Chirp 信号$s(t)$的均值。取$Z=T+f_0/k_0$，f_0为初始频率，k_0为调频斜率。根据随机信号的时间平均定义式得出下式：

$$\begin{aligned}
\langle s(t)\rangle &= \lim_{T\to\infty}\frac{1}{T}\int_0^T A\mathrm{e}^{\mathrm{j}2\pi(f_0 t+\frac{1}{2}k_0 t^2)}\mathrm{d}t \\
&= A\mathrm{e}^{-\mathrm{j}\pi\frac{f_0^2}{k_0}}\lim_{T\to\infty}\frac{1}{T}\int_0^T \mathrm{e}^{\mathrm{j}\pi k_0(t+\frac{f_0}{k_0})^2}\mathrm{d}t \\
&= A\mathrm{e}^{-\mathrm{j}\pi\frac{f_0^2}{k_0}}\lim_{T\to\infty}\frac{1}{T}\int_{\frac{f_0}{k_0}}^{T+\frac{f_0}{k_0}} \mathrm{e}^{\mathrm{j}\pi k_0 z^2}\mathrm{d}z \\
&= A\mathrm{e}^{-\mathrm{j}\pi\frac{f_0^2}{k_0}}\left(\lim_{T\to\infty}\frac{1}{T}\int_0^{T+\frac{f_0}{k_0}} \mathrm{e}^{\mathrm{j}\pi k_0 z^2}\mathrm{d}z - \lim_{T\to\infty}\frac{1}{T}\int_0^{\frac{f_0}{k_0}} \mathrm{e}^{\mathrm{j}\pi k_0 z^2}\mathrm{d}z\right)
\end{aligned} \tag{7-43}$$

由于下面的积分式取值有限，而T的取值为无限，故第一项的取值为 0。

$$\int_0^\infty \mathrm{e}^{\mathrm{j}z^2}\mathrm{d}z = \frac{1}{2}\sqrt{\frac{\pi}{2}} + \frac{\mathrm{j}}{2}\sqrt{\frac{\pi}{2}} \tag{7-44}$$

对于第二项，根据下面的放缩变换易知，此项也是有限项。

$$\left|\int_0^{\frac{f_0}{k_0}} \mathrm{e}^{\mathrm{j}\pi k_0 z^2}\mathrm{d}z\right| \leqslant \left|\int_0^{\frac{f_0}{k_0}} \left|\mathrm{e}^{\mathrm{j}\pi k_0 z^2}\right|\mathrm{d}z\right| = \left|\int_0^{\frac{f_0}{k_0}} 1\mathrm{d}z\right| \leqslant \left|\frac{f_0}{k_0}\right| \tag{7-45}$$

因此公式的最终结果为 0，则 Chirp 信号为零均值。

$$\langle s(t)\rangle = A\mathrm{e}^{-\mathrm{j}\pi\frac{f_0^2}{k_0}}(0-0) = 0 \tag{7-46}$$

$$\begin{aligned}
c_{xxyy}(n; k, 0, k) =\ &E\{s_x^*(n)s_x(n+k)s_y(n)s_y^*(n+k)\} \\
&- E\{s_x^*(n)s_x(n+k)\}E\{s_y(n)s_y^*(n+k)\} \\
&- E\{s_x^*(n)s_y(n)\}E\{s_x(n+k)s_y^*(n+k)\} \\
&- E\{s_x^*(n)s_y^*(n+k)\}E\{s_x(n+k)s_y(n)\}
\end{aligned} \tag{7-47}$$

现在将 Chirp 信号的复信号表达式代入上式，得到 Chirp 信源的四阶累积量表达式。通过对 Chirp 信号求时变互四阶累积量，一个非平稳的二阶相位的线性调频信号转化为一组平稳的一阶相位谐波信号，因此信道的时延估计转化成为一组谐波信号的相位估计。同时，由于高阶累积量的特性，高斯白（色）噪声都被去除，从而提高了参数估计的精度。

$$c_{xxyy}(n;k,0,k) = \sum_{i=1}^{q} |\alpha_i|^2 \exp(\mathrm{j}2\pi k_0 T_s \tau_i k) \tag{7-48}$$

7.3 非视距传播问题

对于基于时间或角度测量的无线电定位技术，非视距传播是一个关键问题。基于时间测量的无线定位技术，通过测量无线信号的传播时间进而测得节点间的距离，该距离通常假设为直线距离，即假设两个节点间的信号传播是通过直射径（DP，Direct Path）传播的，也称为视距传播（LOS），这也是可以利用 TOA/TDOA 等信息进行定位的基本假设之一。同样，基于角度测量的无线定位技术，通过测量无线信号的发射角度或者到达角度，进而确定节点间的相对位置，这同样需要假设节点间的信号传播为视距传播。然而，节点间的视距传播路径有可能被阻断，尤其是在障碍物较多的环境中，如高楼林立的市区或者室内环境。当视距传播路径不存在时，无线信号仍可以通过衍射、反射等方式进行传播，称为非视距传播（NLOS）。NLOS 环境下，已经不满足节点间信号通过直射径传播的假设，必然给基于时间或角度测量的无线定位带来较大误差。

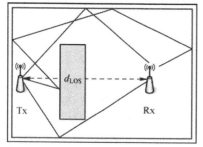

图 7-9 非视距传播示意图

本节将主要以 TOA 定位为例，分别讲述 NLOS 误差产生的原因，NLOS 识别、NLOS 误差抑制，同时也简要讲述到达角度、发射角度等角度信息用于 NLOS 识别的方法。

如图 7-9 所示，在 NLOS 环境中，发送节点发出的无线信号经过反射等方式到达接收节点，信号传播经过的路径要比直射径长，因此测得的 TOA 值包含正值偏差，与实际值相比偏大，从而导致两节点间的距离测量值偏大，以 CSS 无线网络为例，CSS 节点在 LOS 环境与 NLOS 环境的 TOA 测距结果如图 7-10 所示。

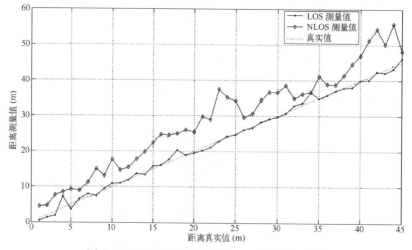

图 7-10 LOS/NLOS 环境下 CSS 节点测距结果

从图 7-10 所示的 CSS 节点测距结果可以看出，NLOS 环境下，测距结果要明显偏大，这也会给 NLOS 环境下的节点定位带来不可忽视的误差。为了解决这个问题，目前已研究了多种方法用于 NLOS 传播的识别以及抑制由于 NLOS 传播带来的测距与定位误差，其分类如图 7-11 所示，下面将分别从 NLOS 识别与 NLOS 误差抑制两方面进行讲述。

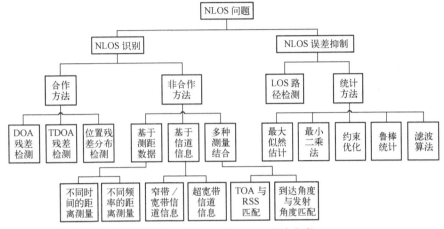

图 7-11　解决 NLOS 问题方法分类

7.3.1　非视距识别

为减少 NLOS 环境下测量带来的误差，可以通过各种不同的方法来识别 NLOS 环境，并将其测量信息予以排除或降低权重，从而可以减少 NLOS 测量对定位精度的影响。除了可以用于定位之外，NLOS 识别技术还可以提供 LOS 链接质量信息，这些信息可以用于一些复杂的 TOA 测量算法、数据率自适应调节等方面。本小节中，我们将回顾各种 NLOS 识别方法，它们可以大致分为合作方法与非合作方法，合作方法通过多个网络节点的配合来识别 NLOS，非合作方法则仅依靠两个节点间的测量结果来识别 NLOS。

1．合作方法识别 NLOS

当有多个位置已知的锚节点可用于对移动节点定位时，与移动节点间为 LOS 传播的这些锚节点可以获得较为一致的位置信息，而与移动节点间为 NLOS 传播的锚节点获得的位置信息则不一致。由于 NLOS 下获得的测量信息不一致且会有较大的残差，因此残差检测可以作为识别 NLOS 的有效方法。这些残差测试方法大致可以分为 DOA 残差检测、TDOA 残差检测、位置残差分布检测 3 类。

（1）DOA 残差检测。

假设各位置已知的锚节点都可以进行 DOA 测量，则可以根据所有的 DOA 测量值对移动节点位置进行最大似然估计。根据估计位置可计算每一个锚节点的 DOA 残差（即 DOA 测量值与根据估计位置计算的 DOA 二者之差），然后可以应用相应的残差检测算法估计每个锚节点与移动节点间的链路状态。比如，可以计算 DOA 残差的均方根，并定义 DOA 残差大于残差序列均方根 1.5 倍时为 NLOS 状态。在对 NLOS 状态判定完成后，可将处于 NLOS 位置的锚节点排除，仅利用 LOS 位置的锚节点重新对移动节点的位置进行最大似然估计，从而提高定位精度。

（2）TDOA 残差检测。

类似于 DOA 残差检测方法，首先，移动节点与每个位置已知的锚节点进行 TDOA 测量，并使用所有 TDOA 测量值对移动节点进行位置估计，然后根据估计位置再次计算各 TDOA 值，并将两次 TDOA 值进行残差检测，判断各锚节点与移动节点间的链路状态。仿真实验表明，在共有 6 个锚节点且其中一个处于 NLOS 位置时，NLOS 识别的准确度为 79%，当锚节点数量减少或者处于 NLOS 位置锚节点数量增加时，NLOS 识别的准确度快速下降。

（3）位置残差分布检测。

位置残差分布检测算法可以用于找出所有处于 LOS 位置的锚节点集合。假设共有 N 个位置已知的锚节点可用，则可进行定位的不同锚节点组合个数为 $S = \sum_{i=3}^{N} C_N^i$（平面二维定位）。此外，还可以利用所有锚节点的 TOA 测量值得到移动节点的估计位置 $(\hat{x}, \hat{y})$ 以及由第 k 个锚节点组合的 TOA 测量值确定的估计位置 $(\hat{x}(k), \hat{y}(k))$，因此可定义归一化的位置残差如下：

$$
\begin{cases}
X_x^2 = \dfrac{[\hat{x}(k) - \hat{x}]^2}{B_x(k)} \\[3mm]
X_y^2 = \dfrac{[\hat{y}(k) - \hat{y}]^2}{B_y(k)}
\end{cases}
\tag{7-49}
$$

其中，$k=1$，2，3，$\cdots$，$S-1$，$B_x(k)$ 与 $B_y(k)$ 分别为 x、y 轴上定位误差的克拉美罗下界（CRLB）。此时，若假设 LOS 时的定位误差服从零均值的高斯分布，当锚节点都处于 LOS 位置时，上述定义的归一化位置残差服从中心卡方分布，而当有锚节点处于 NLOS 位置时，其对应的位置残差会受到 NLOS 误差的影响而偏大，位置残差序列服从非中心卡方分布。这样，我们便可以设置合适的置信度，利用检验算法检验位置残差的分布从而判定锚节点是否处于 NLOS 位置。

基于锚节点间合作的 NLOS 识别方法的优点显而易见，即可以较好地识别出处于 NLOS 位置的锚节点，能够减少由 NLOS 带来的误差，从而在很大程度上提高移动节点的定位精度。然而其缺点也很明显，主要有以下几点：

① 需要冗余的锚节点，至少为 4 个；

② 需要预先知道每个锚节点的具体位置；

③ 计算复杂度很高，且随着锚节点数目的增加，计算复杂度也不断增大。

由于上述缺点，使得合作方法识别 NLOS 在许多场合下不适用。下面将介绍非合作方法来识别 NLOS，不需要多个锚节点间合作，也不需要知道锚节点的位置，计算复杂度一般也不高。

2. 非合作方法识别 NLOS

不同于锚节点间合作来识别 NLOS 的方法，非合作的识别方法通过移动节点与锚节点间的通信与测量，每次只确定相应锚节点的当前状态。这可以归结为一个假设检验问题，检验相应锚节点处于 LOS 还是 NLOS 位置的假设，为完成这个假设检验，我们需要找到合适的衡量指标来区分二者。常用的方法主要有根据测距数据序列、信道统计信息、多种测量匹配度检测等，下面我们分别予以介绍。

（1）基于测距数据。

我们以 TOA 测距为例，移动节点与某一锚节点间进行测距时，其测距数据在 LOS 环境与 NLOS 环境下是有区别的，我们分别从不同时间得到的测距数据和不同频率得到的测距数据两个方面来观察它们的区别。

① 不同时间的测距数据：分别对应于 LOS 与 NLOS 情形，移动节点与第 i 个锚节点间的 TOA 测距可以按如下方式建模：

$$\begin{cases} r_i = d_i + n_i & （LOS） \\ r_i = d_i + n_i + e_i & （NLOS） \end{cases} \tag{7-50}$$

其中，$i=1$，2，$\cdots$，N，d_i 为真实的距离值，n_i 代表测量噪声，服从均值为 0、方差为 σ^2 的高斯分布，e_i 代表 NLOS 误差，通常认为服从指数分布或者服从均值为 μ_e、方差为 σ_e^2 的高斯分布。同时，一般认为 n_i 与 e_i 是互相独立的，且 $\mu_e > 0$，$\sigma_e^2 > \sigma^2$，而且 σ^2 一般是可知的，因此可以根据测量数据的方差 $\hat{\sigma}^2$ 作为假设检验的指标，即

$$\begin{cases} H_0: \ \hat{\sigma}^2 \leqslant \sigma^2 & （LOS） \\ H_1: \ \hat{\sigma}^2 > \sigma^2 & （NLOS） \end{cases} \tag{7-51}$$

此处，检验 $\hat{\sigma}^2$ 的阈值可以根据已知先验知识的多少而定，若仅知道测量噪声的方差，则阈值可为 σ^2；若已知 NLOS 误差的方差，则阈值可设为 $\sigma_e^2 / 2$。阈值也可以与移动节点的移动速度等信息相关。另外，还可以根据假设的 LOS 与 NLOS 误差概率模型进行似然度检测，也有若干不需要先验知识的非参数检验算法，这些算法都利用了不同时间的测距数据序列，根据其不同的分布判断是否为 NLOS 环境。

基于不同时间测距数据的 NLOS 识别方法实现简单，相关的研究工作已有很多，其最重要的缺点是有一定的时延，因为要取一段时间内的数据用于检测；还有一点就是当进行测距的两个网络节点的通信路径保持不变时，该算法就会失效，无法区别 NLOS 与 LOS 情形。

② 不同频率的测距数据：该方法基于这样一个事实，即使用不同频带进行测距时，在 LOS 情况下的测距数据基本一致，而在 NLOS 情况下则出现很大的变化。这可以由不同频率的无线信号传播特性的不同来解释。一般而言，频率越高的信号，其穿过障碍物的能力越差，相反，当低频信号遇到障碍物时，其有相对大的可能性穿过障碍物完成通信，即仍为 LOS 传播。因此，不同频率下的测距数据，其方差在 LOS 环境下要比在 NLOS 环境下小，据此可以检测某一位置不同频率下测距数据的方差，若大于门限值就认为相应的锚节点与移动节点间属于 NLOS 传播情形。该 NLOS 识别方法可以在正交频分复用（OFDM）系统中实现，其要求射频前端具有快速跳频的能力，因此成本和系统复杂度都相应较高。

（2）基于信道特征信息。

信道特征信息也可用于 NLOS 的识别，这些信道特征信息基本都提取自接收信号的功率延迟谱，而不同带宽的无线系统，其功率延迟谱具有明显区别，因此被分为窄带/宽带系统和 UWB 系统，下面分别讲述各自基于信道特征的 NLOS 识别算法。

窄带和宽带系统：在窄带和宽带系统中，主要使用接收信号的功率包络分布来识别 NLOS，因为通常认为第一条到达路径在 LOS 情形下为瑞森（Rician）衰落，在 NLOS 情形下为瑞利（Rayleigh）衰落。该方法的识别过程如下：

① 估计第一到达径功率的概率密度函数（PDF）。为准确估计该 PDF，需要事先设定衰落系数集合，假设各衰落系数间相互独立。

② 将估计的 PDF 与瑞森分布、瑞利分布等参考的 PDF 进行比较，比较方法可以采用皮尔逊检验（Pearson's test）或者柯尔莫诺夫–斯米尔诺夫检验（Kolmogorov – Smirnov test）等。

③ 根据比较结果给出 NLOS 的识别结果。

该方法有两个主要的问题，一是为比较精确地估计第一到达径的功率，需要足够长的观测时间间隔，典型的时间间隔为 1s；二是当第一个到达径中 LOS 部分远小于 NLOS 部分时，该算法无法分辨出 NLOS 与 LOS 的区别。

UWB 系统：UWB 系统通过短脉冲可以提供精确的测距和定位功能，是很有发展潜力的精确室内定位方案。UWB 系统可以有效地抑制多径效应对定位精度的影响，但仍受 NLOS 传播的影响，因此 NLOS 识别与抑制是 UWB 定位技术的一个相当重要的研究方面。另外，UWB 信道模型已内在刻画了 LOS 与 NLOS 情形下的信道特征，许多用以区分 LOS 与 NLOS 的信道参数指标也已经被研究，这些信道参数主要有接收信号强度（RSS）、平均超量时延（mean excess delay）、延迟扩展（delay spread）、峰态（kurtosis）、偏度（skewness）以及第一径强度与最强径的到达时间与强度等信息。

上述用以识别 UWB 系统 NLOS 的信道参数，都可以从接收的多径信号中提取到，因此不需要等待一定的观察时间，识别速度是相对较快的。这些信道参数可以单独使用，也可以进行组合，构造自定义的参数指标，然后对组合参数指标进行检验以用于 NLOS 识别。在对这些参数指标进行似然度检验时，需要知道各自的 PDF，然而在很多情况下，各个参数的 PDF 是无法事先获取的，此时可利用一些自学习方法，如支持向量机（SVM）、人工神经网络（neural network）等，先使用部分事先获取相应状态的数据集进行训练，然后再根据训练结果完成 NLOS 的匹配与识别过程。

（3）多种测量融合。

无论在 LOS 还是 NLOS 情形下，不同的信道参数指标均具有相关性。例如，在 LOS 情形下，随着 TOA 值的增大，RSS 也应按照 LOS 的路径衰落模型递减。因此，不同信道参数指标间的一致程度可以用于 NLOS 的识别。

以上述 TOA 与 RSS 间的关系为例，我们可以依据二者的一致程度来识别 NLOS。在测量 TOA 的同时也测量相应的 RSS 值。另外，以 TOA 测量的距离值分别计算在 LOS 与 NLOS 情形下的路径衰落，并将计算结果分别与真实测得的 RSS 值进行比较，依照它们之间的符合程度判断该次 TOA 测量属于 LOS 还是 NLOS 情形。用于表示比较结果的似然比可以定义如下：

$$\theta = \frac{f(\hat{L}_p \mid \hat{d}, H_n)}{f(\hat{L}_p \mid \hat{d}, H_l)} \tag{7-52}$$

$$\begin{cases} \theta > k; & H_n \\ \theta < k; & H_l \end{cases} \tag{7-53}$$

其中，H_n 与 H_l 分别为 NLOS 与 LOS 的假设，$\hat{d}$ 为根据 TOA 计算的距离估计值，$\hat{L}_p$ 为相应假设下的路径衰落值，阈值 k 则可根据给出的误报概率相应地进行确定。

当移动节点与锚节点都可以进行角度测量时，也可以根据发射角度（DOD）与到达角度（DOA）的匹配程度来识别 NLOS，在此不展开叙述。

7.3.2 非视距误差抑制

NLOS 误差的出现会严重影响定位的精度，假设可以获得足够多的定位所需信息，如 TOA、TDOA、DOA 等，且 LOS 测量的数量可以满足定位计算的要求，那就可以识别 NLOS 测量，NLOS 测量误差也可以得到抑制。上一小节中，我们回顾了 NLOS 识别的方法，本小节将关注定位过程中 NLOS 误差抑制的方法。

1．LOS 路径检测方法

NLOS 传播对定位性能的影响可以从其物理特性上来考虑。一般而言，NLOS 传播导致无线信号传播需要的时间较 LOS 传播要相对长一些，从而导致 TOA 测量值偏大，测得的距离值包含正值偏差，从而导致计算出的节点位置出现偏差。因此，我们可以检测最先到达的信号，以此计算 TOA，从而提高测距的精确度。此时，可以根据接收到的信号将测距过程分为两种情况，一是可检测到直射径（DDP，Detected Direct Path），另一种是无法检测到直射径（UDP，Undetected Direct Path）。在 DDP 情形下，我们可以将检测到的直射径用于计算 TOA，不包含 NLOS 误差，而 UDP 情形下无法检测到直射径，即 NLOS 情形，测距值包含 NLOS 误差，这样基于直射径检测的方法既可用于 NLOS 识别也可以用于 NLOS 误差抑制。此处，我们只关注抑制 NLOS 误差的方法，以 Heidari 等人提出的方法为例，可先将信道冲击响应（CIR）使用带通滤波器进行滤波，然后应用波峰检测算法检测第一条到达径。将第一条到达径的到达时间作为 TOA 测量值，该测量值再减去 TOA 统计误差，结果即为最终 TOA 估计值。

2．统计方法

利用 NLOS 传播的特性，也可以使用统计方法，在 LOS 与 NLOS 混合场合中抑制 NLOS 传播对定位的影响。例如，可以计算由 NLOS 正值偏差导致位置误差的条件概率，然后导出相应位置的最大似然估计。除此之外，还有的 NLOS 误差抑制算法将定位问题转化为超定方程，然后求其（加权）最小二乘解，基于最小二乘法的抑制算法可以进一步分为丢弃识别出的 NLOS 测量与 NLOS 测量参与位置计算两类。除了基于最大似然估计与最小二乘法两类 NLOS 误差抑制算法之外，还有基于约束优化、鲁棒统计、滤波算法等其他 NLOS 误差抑制方法，表 7-1 给出了这几种 NLOS 误差抑制方法的比较。

表 7-1　NLOS 误差抑制方法比较

NLOS 误差抑制方法	优　点	缺　点
最大似然估计	可提供渐进最优的定位方法	当观测数据与事先假定的概率模型不匹配时，性能下降得非常厉害
最小二乘法	计算复杂度低于最大似然估计方法，且一般不需要预先获得位置度量的统计信息	当位置解算方程欠定时，无法进行定位；通常未利用 NLOS 测量中包含的信息（RWLS 等算法除外）
约束优化方法	可以根据地理场景信息，灵活地向优化方程中添加相应的约束条件，从而提高定位精度	计算复杂度通常较高，且复杂度随着约束条件的增加而不断增大
基于鲁棒统计方法	计算复杂度最低，易于实现	算法实际效果依赖于目标函数的选择，实际的地理场景会影响算法性能；算法需要一定大小的统计窗口，会有相应的延时；当测量中包含不多于 50% 的 NLOS 测量时，算法可提供较为稳健的估计结果
位置滤波	可递归地给出位置估计结果；可灵活地选择合适的滤波算法以适应不同的应用场合	一些滤波算法计算复杂度较高；在滤波模型与实际系统不匹配时，性能会严重下降

7.4 CSS 定位应用实现

7.4.1 实验平台介绍

CSS 定位实验平台采用 Nanotron 公司 nanoLOC Development kit 2.0 开发套件。Nanotron 公司位于德国柏林，是世界一流的无线产品设计、制造与销售公司。Nanotron 成立于 1991 年，是 IEEE、ISO、EPC-Global 和 ZigBee 联盟的活跃成员。公司主要产品为工作在免授权许可的 ISM 2.4GHz 频段的 nanoLOC TRX，并且为蓬勃发展的 RTLS、传感器网络及工业控制市场制订了发展计划。

nanoLOC Development kit 2.0 开发平台基于 nanoLOC TRX 射频芯片，可用于开发基于 CSS 技术的通信、测距、定位等无线应用。其提供的软、硬件以及第三方工具可方便地应用于具有位置感知功能的无线应用嵌入式项目中。

1．硬件部分简介

图 7-12 为实验平台网络节点开发板的示意图，其硬件组成及其描述见表 7-2。

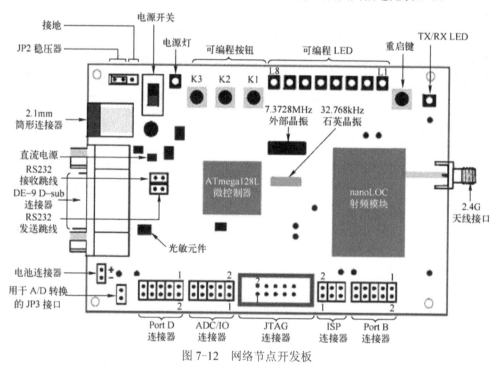

图 7-12 网络节点开发板

表 7-2 硬件组成及描述

组　件	描　述
nanoLOC 射频模块	包含 nanoLOC TRX 射频芯片及其工作所需要的外部电路。该模块提供基本的 RF 功能，包括发送（TX）、接收（RX）以及基本的数字信号处理等。另外，还在天线连接器中包含一个 ISM 带通滤波器用于对干扰信号滤波

组　件	描　述
ATmega128L 微控制器	基于 AVR 加强型 RISC 架构的低功耗 CMOS 8 位微控制器，提供 128Kb 的 Flash 和 4Kb 的 SRAM。微控制器通过 SPI 接口驱动 nanoLOC TRX 收发器。工作于 2.7V 或者 5.5V
光线传感器	将光信号转变为数字信号
电源接口	使用 2.1mm 的电源连接线，可接入最大 3.0V 的非平稳电源
电池盒接口	可接最大电压为 3.0V 的电池盒
电源开关	连接和断开电源连接线或者电池盒提供的电源，但不会断开 JTAG 连接的电源
电源指示灯	指示电源的通断状态
DC-DC 转换器	当电源提供 3.0V 或 3.0V 以下的电压时，转换器用于将其转换为稳定的 3.3V 电源提供给 ATmega128L 以及 nanoLOC 射频模块。（输入：1.0～3.0V，输出：3.3V）
收发器指示灯	灯亮时指示收发器处于活动状态
可编程 LED 灯	8 个用户可编程的 LED 灯，有红色、橘黄、金色 3 种颜色。这些 LED 灯正极通过 680Ω电阻接在 PORTC 口，负极接地
DE-9 串口接口	用于 RS-232 串行线接口
其他接口	引出其他未用的微控制器引脚，可用于测试和转接其他器件
复位按钮	用于对微控制器进行复位
可编程按键	开发板提供 3 个用户可编程按键，按键与微控制器 I/O 口相接，另一端接地
I/O 接口	ATmega128L 微控制器提供 6 个 I/O 口，每个 8 位，分别为 PORTA、PORTB、PORTC、PORTD、PORTE、PORTF，这些接口的引脚直连微控制器 PORTA 一部分引脚连接光线传感器，剩下的引脚连接 RS-232 接口 PORTB 用于普通 I/O 接口 PORTC 连接 8 个用户可编程 LED 灯 PORTD 用于普通 I/O 接口 PORTE 一部分引脚连接 ISP 接口，剩下的引脚连接 3 个可编程按键 PORTF 用于支援 ADC 输入和 ATmega128L 内建的 JTAG 接口
JTAG 接口	JTAG 接口用于程序调试和固件烧录
ISP（在线编程 In-System Programming）接口	SPI 接口用于支持片上在线编程（ISP），ISP 接口与 STK500 评估板兼容
32.768kHz 石英晶振	一个 32.768kHz 的石英晶振用于计数/计时
7.3728MHz 外部晶振	一个 7.3728MHz 的外部精密晶振可用

各部分间联系如图 7-13 所示。

（1）射频芯片特性。

nanoLOC 射频芯片是采用 Nanotron 独特线性调频扩频（CSS）通信技术的高集成度混合信号芯片。利用 nanoLOC 测距功能，能够精确测量两个连接节点之间的距离，因此芯片能够支持包括基于位置的服务（LBS）、增强型 RFID，以及资产跟踪（2D/3D RTLS）在内的应用。由于测距是嵌入在正常通信过程中的，因此并不需要增加额外的电路、功率以及带宽。

在提供较高无线通信性能的同时，该芯片也提供了精确测距功能，能够用于开发测距系统以及具有位置感知功能的无线传感器网络。

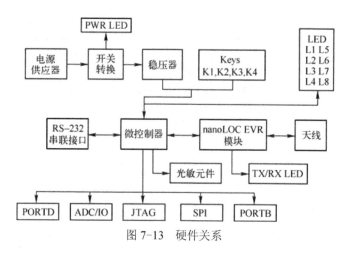

图 7-13 硬件关系

  nanoLOC 提供 3 个可自由调整中心频率的非重叠 2.4GHz ISM 频道，支持多个独立物理层网络，并能够提高与现有 2.4GHz 无线技术共存时的网络性能。

  芯片的数据通信速率为 125kbps～2Mbps 可选。由于芯片独特的线性调频脉冲特性，对于射频天线的调试并不严格，从而大大简化了系统的安装与维护工作（即拿即放）。

  芯片包含一个性能卓越的 MAC 控制器，提供对载波侦听多路访问/冲突避免（CSMA/CA）和时分多址接入（TDMA）协议的支持，并实现前向纠错（FEC）和 128 位硬件加密。为了降低对微控制器和软件的要求，nanoLOC 射频芯片同时提供不规则的自动地址匹配及数据包重发功能。

  芯片引脚如图 7-14 所示。

  芯片主要功能特性如下：

  ◇ 单芯片 2.4 GHz 射频收发器，工作于 ISM 频段

  ◇ 集成 MAC 控制器，带 FEC 和 CRC 功能

  ◇ 自动重传和确认功能，同时进行自动地址匹配

  ◇ 仅需很少的外部元件

  ◇ 内置连接距离估算功能，同时支持独特测距能力

  高测距精度：室内 2 m/室外 1 m

  ◇ 低电流消耗：

   · 接收状态电流 33 mA

   · 发送状态电流 30 mA @ 0 dBm

   · 待机电流（RTC 激活）1.2 μA

   · 低供电电压 2.3～2.7 V

  ◇ 调制方式：线性调频扩频（CSS）

  ◇ 媒体访问技术

   · FDMA3 个非重叠信道

   · CSMA/CA TDMA

  ◇ 可编程数据速率 125 kbps～2 Mbps

  ◇ 可对外部 MCU 输出时钟 32.768 kHz

  ◇ 集成高速 SPI 接口 32 Mbps

  ◇ 可编程输出功率-33 dBm～0 dBm

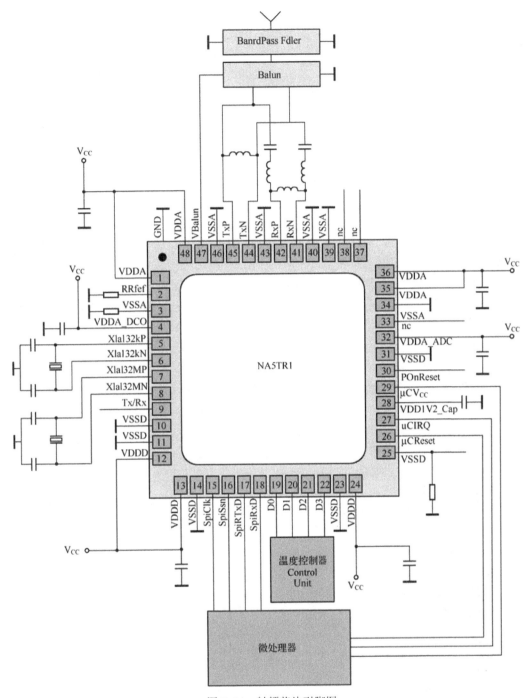

图 7-14　射频芯片引脚图

◇ 支持外部功率放大器（PA）

◇ 接收灵敏度最高达-97 dBm

◇ RSSI 灵敏度-95 dBm

◇ 带内载波干扰比 3 dB @ 250 kbps & C =-80 dBm

◇ 工业级温度范围-40℃～+85℃

（2）供电及稳压。

开发板及射频模块都需要在 3.3V 电压下工作。开发板使用了向上变换器，因此电源电压在 1.0～3.0V 之间都是可以的，但不要超过 3.3V。供电可选择板载的电源模块，也可使用电池盒进行供电。

开发板提供的单片微功耗上行直流转换器，启动时需 0.8V 电压，工作于 0.3V 以下，在输入为 2.0V 情况下可输出 3.3V 电压和 200mA 的电流。

（3）通信接口及 I/O 口。

开发板提供的通信接口有与 PC 通信的异步串行口、用于编程与调试的 JTAG 口与 ISP 接口。同时，开发板还提供了可编程按键、LED 灯、数字 I/O 口、LCD 屏幕等接口。

2．nanoLOC nTRX 芯片驱动模型

应用程序通过射频芯片的驱动 API 来调用射频芯片的功能。上层（包括应用层等）都是通过与下层收发消息来达到上下层之间通信的目的的。通过使用芯片驱动的 API，应用层可以以非常简单的方式来配置芯片和调用射频芯片的功能，比如地址匹配功能的开关、错误检测、调制方法、数据传输速率等。应用层的数据要通过硬件适配层发送给射频芯片，硬件适配层通过 SPI 通信接口与射频芯片进行通信。

nanoLOC 射频芯片的驱动中应包含的一些关键设置如下：
- ❖ 读/写收发器的寄存器值
- ❖ 设置逻辑网络地址
- ❖ 开/关地址匹配功能
- ❖ 开/关广播或时基信号数据包
- ❖ 开/关接收机 CRC2 校验功能
- ❖ 设置 CRC2 校验方式来检测比特错误
- ❖ 设置 CSMA/CA 协议
- ❖ 开/关回避方案来避免冲突
- ❖ 开/关接收器的自动重传请求功能
- ❖ 设置传输功率
- ❖ 校准收发器晶振频率
- ❖ 设置信号频带宽度
- ❖ 选择信号频道（窄带传输）
- ❖ 读取测距值
- ❖ 手动启动/停止包传输
- ❖ 设置数据传输速率
- ❖ 开/关向前纠错功能

图 7-15 所示为一个芯片驱动模型结构。

（1）命名规则。

nanoLOC nTRX Driver API 使用了与 IEEE 802.15.4 相同的命名规则。处理下行消息为 LayernameSAP 和 LayernameMESAP；处理上行消息为 LayernameCallback。每层的初始化函数为 LayernameInit。见图 7-16。

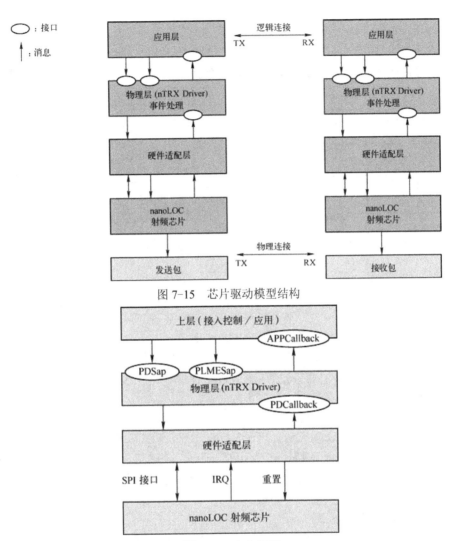

图 7-15　芯片驱动模型结构

图 7-16　命名规则

（2）通用消息。

除了上面提到的通用服务接口外，还定义了一个通用的结构体，用于层间传递消息。而各个层自身的配置信息由各层自己定义的结构体进行操作与保存。通用结构体定义如下：

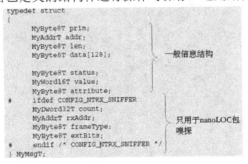

（3）硬件适配层。

依赖于微控制器和硬件实现，用于与射频芯片进行交互。基于 AVR 的硬件适配层使用了 4 个函数通过 SPI 总线以及常规的中断服务来与射频芯片通信。见图 7-17。

（4）PHY 层。

提供两个下行 SAP，一个上行的回调函数。PDSAP 用于向下发送通用消息，PLMESAP 用于发送配置芯片所需的参数；上行回调函数用于读取接收到的数据包，并发送到应用层。见图 7-18。

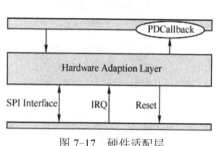

图 7-17　硬件适配层

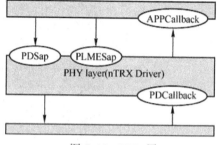

图 7-18　PHY 层

（5）芯片配置。

使用 PHY 层 PLMESAP 向下层传递配置参数，函数原型为 void PLMESap （MyMsgT *msg)，配置消息结构体定义如下：

```
typedef struct
{
    MyByte8T prim;
    MyAddrT addr;          }
    MyByte8T len;          } 未使用
    MyByte8T data[128];
    MyByte8T status;
    MyWord16T value;
    MyByte8T attribute
} MyMsgT;
```

其中原语为 PLME_GET_REQUEST，PLME_SET_REQUEST，PLME_SET_CONFIRM 3 种，分别表示查询、设置 attribute 指明的属性和查询前一请求状态。可设置的属性值有逻辑信道、中心频率、自动重传次数、FEC 功能开关、发送信号输出功率、开/关地址匹配、访问实时时钟、配置芯片模式、开/关周期校验、设置 MAC 地址。

（6）带宽和信号持续时间配置。

通信占用带宽和信号的持续时间是对定位有重要影响的两个量，它们的配置信息位于头文件 congfig.h 中，如下所示：

```
/* All available trx modes */
#define CONFIG_NTRX_22MHZ_500NS 1
#define CONFIG_NTRX_22MHZ_1000NS 1
#define CONFIG_NTRX_22MHZ_2000NS 1
#define CONFIG_NTRX_22MHZ_4000NS 1
#define CONFIG_NTRX_22MHZ_8000NS 1              备选模式
#define CONFIG_NTRX_22MHZ_16000NS 1
#define CONFIG_NTRX_80MHZ_500NS 1
#define CONFIG_NTRX_80MHZ_1000NS 1
#define CONFIG_NTRX_80MHZ_2000NS 1
#define CONFIG_NTRX_80MHZ_4000NS 1
#define CONFIG_NTRX_22MHZ_HR_4000NS 1
// #define CONFIG_DEFAULT_TRX_22MHZ_500NS 1
// #define CONFIG_DEFAULT_TRX_22MHZ_1000NS 1
// #define CONFIG_DEFAULT_TRX_22MHZ_2000NS 1
// #define CONFIG_DEFAULT_TRX_22MHZ_4000NS 1
// #define CONFIG_DEFAULT_TRX_22MHZ_8000NS 1
// #define CONFIG_DEFAULT_TRX_22MHZ_16000NS 1
// #define CONFIG_DEFAULT_TRX_80MHZ_500NS 1    初始模式
#define CONFIG_DEFAULT_TRX_80MHZ_1000NS 1      选择
// #define CONFIG_DEFAULT_TRX_80MHZ_2000NS 1
// #define CONFIG_DEFAULT_TRX_80MHZ_4000NS 1
// #define CONFIG_DEFAULT_TRX_22MHZ_HR_4000NS 1
```

（7）应用层。

调用处理下行数据的两个 SAPs，并提供给下层以用于处理上行数据的回调函数的实现。如图 7-19 所示。

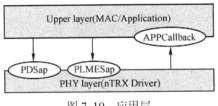

图 7-19　应用层

7.4.2　CSS 测距实验

CSS 测距实验通过计算两个节点间通信的时延从而计算两个节点间的距离，两个节点间的测距也是使用 CSS 进行定位的基础。测距实验整体结构如图 7-20 所示。

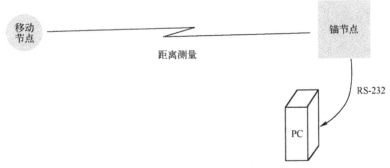

图 7-20　测距实验整体结构

1．时延处理与测距方法

（1）时延处理。

CSS 测距是基于无线电传输时间与无线电传播速度来求得距离值的，在给定的介质中，无线电的传播速度是已知的，因此关键是得到无线电传播的时间值。nanoLOC 芯片使用测距数据包与硬件确认两种传输类型来获取以下两个时间度量值。

① 发射传播时延。

数据包和硬件确认数据包从一个节点发送到另外一个节点所需要的传播时间，在这个时间中，信号以已知的速度在空气中传播（光速）。测得这个时间延迟，便可根据已知的传播速度求得两个节点间的距离。

② 处理时延。

在接收到数据包以后，硬件需要对数据包进行分析和处理，并生成确认数据包发送给对方节点，这些过程产生的时间延迟也需要进行测量，并用于节点间距离的计算。

以上两个时间值确定后便可使用确定的测距公式来求出两个 nanoLOC 节点的距离值了。

（2）测距方法。

IEEE 802.15.4a 标准中给出了两种测量距离的方法，一种称为双边对等两次测距法（SDS-TWR），测距原理如图 7-21 所示。

如图 7-21 所示，该算法"对等"是指测距过程是对等的，本地 nanoLOC 节点向远程节点测

195

距时，远程节点也在向本地节点测距；"双边"是指在一次测距中需要两个节点参与，一个本地节点，一个远程节点；"两次"是指节点发送数据包后，对方节点接收到数据包并自动进行硬件确认，并将确认包发送给原节点。见图 7-22。

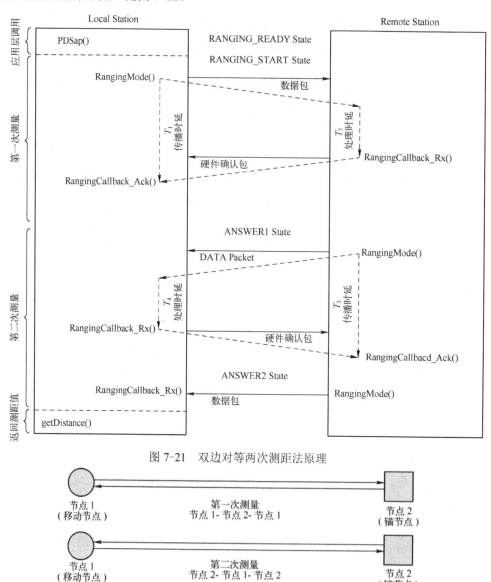

图 7-21 双边对等两次测距法原理

图 7-22 "对等"原理

另外一种称为非对等单次测距法（Half SDS-TWR），使用该方法测距时，仅进行一次测量，即双边对等两次测距方法的第一次测量，而第二次测量则省略，直接采用第一次测量的数据作为第二次测量值。具体过程如图 7-23 所示。

（3）测距公式。

在双边对等两次测距法中，两个节点间距离由以下公式求得：

$$距离 = ((T_1 - T_2) + (T_3 - T_4))/4 \times c$$

其中，T_1 为本地节点到远程节点的来回时延；T_2 为远程节点的处理时延；T_3 为远程节点到本地节点的来回时延；T_4 为本地节点的处理时延；c 为信号的传播速度。

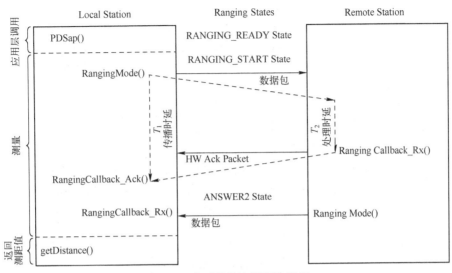

图 7-23 非对等单次测距法原理

在非对等单次测距法中，两个节点间距离由以下公式求得：

$$距离 =(T_1 - T_2)/\,2 \times c$$

其中，T_1 为本地节点到远程节点的来回时延；T_2 为远程节点的处理时延；c 为信号的传播速度。

2．请求测距服务与汇报测量结果

（1）请求测距服务。

使用 nanoLOC 射频芯片进行测距的具体过程依赖于芯片驱动的具体实现，下面以前文提到的参考实现为例进行阐述。

芯片驱动模型的参考实现中，所有调用芯片功能的 API 位于物理层。具体到嵌入式应用代码中，所有功能接口定义位于 phy.c 文件中，物理层所提供的用于处理下行消息的函数会自动根据所请求的服务调用相应的功能实现。测距功能的具体实现位于 ntrxranging.c 文件中。

当应用需要进行测距时，需要向物理层发送消息，在消息体中的服务请求原语中注明请求测距的方法（双边对等测距还是单边测距），并告诉物理层进行测距的远程节点的 MAC 地址。向物理层发送消息使用物理层提供的 SAP，方法名为 void　PDSap (MyMsgT　*msg)。

进行双边对等测距时，相关消息体变量设置见表 7-3。

表 7-3　双边对等测距的变量设置

变　　量	描　　述
MyByte8T prim;	PD_RANGING_REQUEST
MyAddrT addr;	测距目标的 MAC 地址

使用单边测距时，相关消息体变量设置见表 7-4。

表 7-4　单边测距的变量设置

变　　量	描　　述
MyByte8T prim;	PD_RANGING_FAST_REQUEST
MyAddrT addr;	测距目标的 MAC 地址

（2）获取测量值。

为了计算两节点间的距离，需要从本地节点获得 T_1、T_2、T_3、T_4（双边对等两次测距）或者 T_1、T_2（非对等单边测距）的测量值。由前文测距方法的原理可知，双边对等两次测距方法中需要进行两次测距，即 ANSWER1 和 ANSWER2 这两个测量过程；而非对等单边测距方法中仅进行第一次 ANSWER1 的测量过程。下面分别对两次测量过程和相应测量值的获取进行说明。

① 第一次测量过程——ANSWER1。

第一次测量过程涉及的测量值有 T_1、T_2。

应用层调用物理层 Sap 并发送测距服务请求后，物理层便调用 rangingmode（）方法，向给定的 MAC 地址所指的远程节点进行测距。Rangingmode（）方法从本地节点向远程节点发送测距数据包，远程节点接收数据后自动进行硬件确认，向本地节点发送确认包。整个过程耗时为 T_1，包括信号来回的传播时间和远程节点的处理时延。获取 T_1 值的过程如图 7-24 所示。

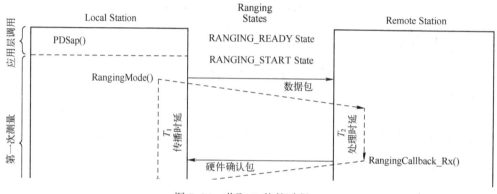

图 7-24　获取 T_1 值的过程

T_2 为第一次测量过程中远程节点的处理时延，需要远程节点发送给本地节点。函数 rangingmode() 将 T_2 的值通过数据包发送给本地节点。

通过发送数据包，本地节点获得了 T_2 的测量值，这是第一次测量过程的结束，同时本地节点向远程节点发送硬件确认包，也开始了第二次测量过程（仅对于双边对等两次测量法）。T_2 测量值的获取过程如图 7-25 所示。

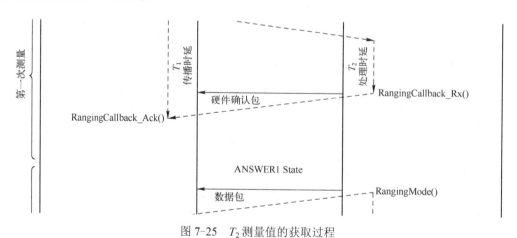

图 7-25　T_2 测量值的获取过程

② 第二次测量过程——ANSWER2。

远程节点向本地节点发送包含 T_2 测量值的数据包，本地节点接收后向远程节点发送硬件确认包，整个时延为 T_3。T_3 的值包括数据包的传播时延、远程节点的处理时延及硬件确认包的传播时延。最后，包含 T_3 测量值的数据包由远程节点发送给本地节点，本地节点向远程节点发送硬件确认包（被远程节点忽略）。T_3 测量值的获得过程如图 7-26 所示。

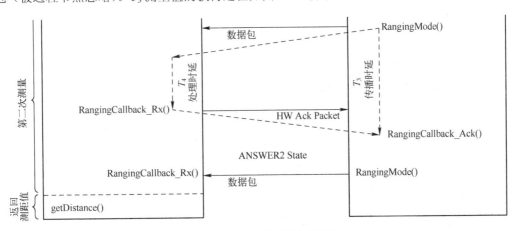

图 7-26　T_3 测量值的获得过程

T_4 为本地节点接收到包含 T_3 测量值数据包的处理时延，可由本地节点获得。T_4 获得过程如图 7-27 所示。

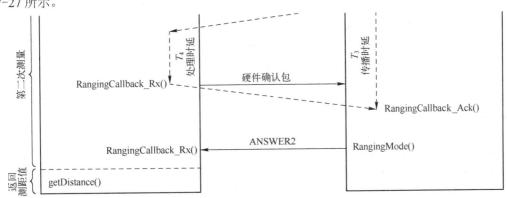

图 7-27　T_4 测量值的获得过程

获得 T_1、T_2、T_3、T_4 这 4 个测量值后，便可由公式计算出本地节点与远程节点之间的距离，最后的距离由函数 getDistance() 给出。

（3）测距结果的成功与错误信息。

一次测距结束后，物理层会收到表明测距成功或者失败的消息。若测距成功，物理层便向上层提交测距结果，测距失败则向上层提交错误信息。

双边对等测距成功消息体相关变量如表 7-5 所示。

表 7-5　双边对等测距成功消息体相关变量

变　　量	描　　述
MyByte8T prim	PD_RANGING_INDICATION
MyAddrT addr	测距目标的 MAC 地址

变　　量	描　　述
MyByte8T len	数据变量的数据长度
MyByte8T data[128]	距离值（从 getDistance（）得到）和错误状态
MyByte8T status	不要求 PD_RANGING_ INDICATION
MyWord16T value	不要求 PD_RANGING_ INDICATION
MyByte8T attribute	不要求 PD_RANGING_ INDICATION

非对等单边测距成功消息体相关变量如表 7-6 所示。

表7-6　非对等单边测距成功消息体相关变量

变　　量	描　　述
MyByte8T prim	PD_RANGING_FAST_INDICATION
MyAddrT addr	测距目标的 MAC 地址
MyByte8T len	数据变量的数据长度
MyByte8T data[128]	距离值（从 getDistance（）得到）和错误状态
MyByte8T status	不要求 PD_RANGING_FAST_INDICATION
MyWord16T value	不要求 PD_RANGING_FAST_INDICATION
MyByte8T attribute	不要求 PD_RANGING_FAST_INDICATION

双边对等测距失败消息体相关变量如表 7-7 所示。

表7-7　双边对等测距失败消息体相关变量

变　　量	描　　述
MyByte8T prim	PD_RANGING_ INDICATION
MyAddrT addr	测距目标的 MAC 地址
MyByte8T len	数据变量的数据长度
MyByte8T data[128]	距离值（从 getDistance（）得到）和错误状态
MyByte8T status	不要求 PD_RANGING_FAST_INDICATION
MyWord16T value	不要求 PD_RANGING_FAST_INDICATION
MyByte8T attribute	不要求 PD_RANGING_FAST_INDICATION

非对等单边测距失败消息体相关变量如表 7-8 所示。

表7-8　非对等单边测距失败消息体相关变量

变　　量	描　　述
MyByte8T prim	PD_RANGING_FAST_ INDICATION
MyAddrT addr	测距目标的 MAC 地址
MyByte8T len	数据变量的数据长度
MyByte8T data[128]	距离值（从 getDistance（）函数得到）和错误状态
MyByte8T status	不要求 PD_RANGING_FAST_INDICATION
MyWord16T value	不要求 PD_RANGING_FAST_INDICATION
MyByte8T attribute	不要求 PD_RANGING_FAST_INDICATION

可能的错误消息包括以下几种。

- STAT_NO_ERROR：测距成功。
- STAT_NO_REMOTE_STATION：未收到硬件确认包。
- STAT_NO_ANSWER1：未收到 ANSWER1 测量请求。
- STAT_NO_ANSWER2：未收到 ANSWER2 测量请求。
- STAT_PACKET_ERROR_TX：未收到远程节点的硬件确认包。
- STAT_PACKET_ERROR_RX1：未收到远程节点的 ANSWER1 测量数据包。
- STAT_PACKET_ERROR_RX2：未收到远程节点的 ANSWER2 测量数据包。
- STAT_RANGING_VALUE_ERROR：测距结果不合法（value＜0）。

Nanotron 提供的测距例程开发板按键及 LED 灯的作用如图 7-28 和图 7-29 所示。

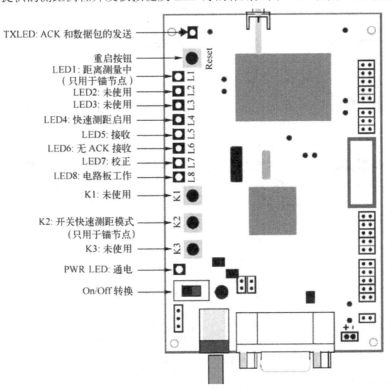

图 7-28　测距例程开发板按键

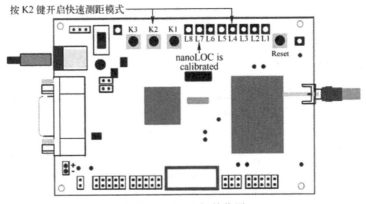

图 7-29　LED 灯的作用

Nanotron 提供的测距例程上位机程序界面如图 7-30 和图 7-31 所示。

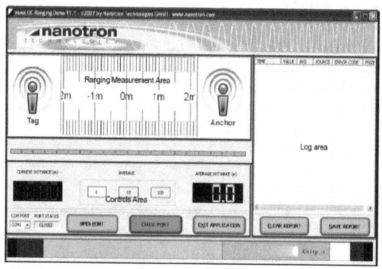

图 7-30 测距例程上位机程序界面 1

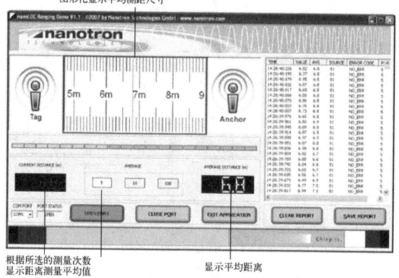

图 7-31 测距例程上位机程序界面 2

7.4.3 CSS 定位实验

nanoLOC CSS 实验平台可设置若干已知位置坐标的锚节点，根据锚节点的坐标可在二维平面计算确定出目标节点的位置。此处以前文提到的射频芯片驱动模型的参考实现为例，结合相应的嵌入式应用程序和上位机程序讲述 CSS 实验平台的定位实验。

定位实验中使用 4 个锚节点，定位一个目标节点，因此实验中需要 5 个 nanoLOC 节点，以及一个负责连通 CSS 无线网络与 PC 的 USB Base Station 节点。涉及的程序主要有：运行于锚节点与目标节点的相应嵌入式应用程序、运行于 PC 的定位服务程序和定位客户程序。整体结构如图 7-32 所示。

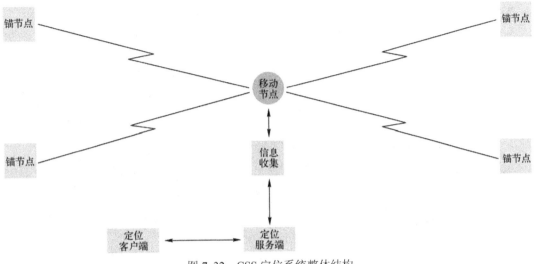

图 7-32　CSS 定位系统整体结构

1. 网络初始化和配置

实验中 nanoLOC CSS 无线网络是自配置的，网络最多可支持 16 个目标节点，目标节点的添加和删除无须手工配置。目标节点 MAC 地址的范围事先在定位服务程序中定义，在网络初始化时，与 PC 相连接的 Base Station 自动搜寻所有可能的目标节点。若搜寻到某一目标节点存在，便将其 MAC 地址加入到定位服务程序所维持的"活跃列表"中，该列表进行动态更新；当某一目标节点因为超出通信范围、关闭电源或者其他原因而导致其不能与 Base Station 通信时，定位服务程序便将其 MAC 地址从"活跃列表"中删除。目标节点的 MAC 地址范围为 0x11～0x20。

锚节点的 MAC 地址可以手工设置，并提供给定位服务程序，在网络初始化时，所有锚节点的 MAC 地址会发送给所有的在"活动列表"中的目标节点，在接下来的测距过程中，目标节点会向所有的锚节点进行测距，并搜集到各节点的距离且发送给定位服务程序，由此计算出各节点相对于锚节点的相对位置，再根据锚节点的坐标值计算出各目标节点的坐标。

锚节点可以通过定位客户端程序的用户界面进行增删设置，网络最多可支持 15 个锚节点，其 MAC 地址范围为 0x01～0x0F。设置界面如图 7-33 所示。

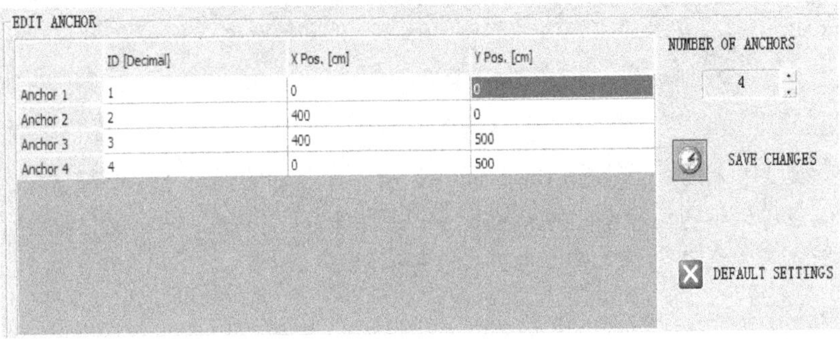

图 7-33　锚节点设置界面

各栏位的说明如下：

● 第一栏为自动递增的值，该值会在定位界面中显示，代表锚节点的名称，在增加或者删除锚节点时会自动增减。

- 第二栏为锚节点的 MAC 地址，可手动进行更改（不可为 0）。
- 第三、四栏为锚节点的 X 坐标值和 Y 坐标值，可根据实验中锚节点的实际位置进行手动编辑。

无线网络的带宽、频段、信号持续时间等也应在网络初始化前完成配置。在参考的驱动模型实现中，带宽与信号持续时间的设置位于 config.h 文件中，以宏定义形式声明了若干可选的配置模式，修改配置后应将项目工程重新编译并烧录至锚节点和目标节点中，可选的配置模式如下：

```
// #define CONFIG_DEFAULT_TRX_22MHZ_1000NS 1
// #define CONFIG_DEFAULT_TRX_22MHZ_2000NS 1
// #define CONFIG_DEFAULT_TRX_22MHZ_4000NS 1
// #define CONFIG_DEFAULT_TRX_80MHZ_500NS 1
#define CONFIG_DEFAULT_TRX_80MHZ_1000NS 1
// #define CONFIG_DEFAULT_TRX_80MHZ_2000NS 1
// #define CONFIG_DEFAULT_TRX_80MHZ_4000NS 1
```

综上，无线网络的初始化和配置过程如下：

（1）定位服务程序从定位客户端程序获得所有锚节点信息，然后经 USB Base Station 向所有可能的目标节点发送网络配置信息，发送的配置信息包括所有锚节点的 MAC 地址以及其他可选的特定消息，如图 7-34 所示。

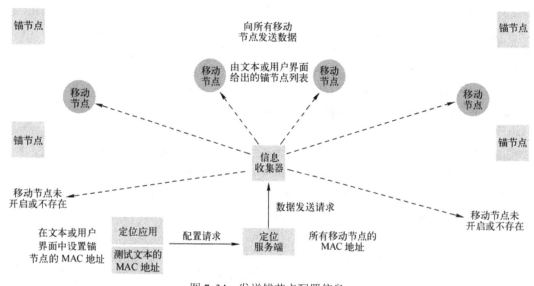

图 7-34　发送锚节点配置信息

（2）所有活跃的目标节点在收到 Base Station 信息后自动向其发送硬件确认包，定位服务程序根据所收到的硬件确认包可以确定哪些目标节点是活跃的，并将这些活跃目标节点的 MAC 地址加入到前文提到的"活跃列表"中，如图 7-35 所示。

2．请求测距服务

网络初始化完成以后，定位客户端可以向定位服务程序发送一个开始定位的请求，定位服务程序接收到该请求后便向所有的已知活跃的节点发送开始命令，如图 7-36 所示。

各个活跃节点接收到开始命令后，便根据定位服务程序所给出的锚节点 MAC 地址，向各个锚节点发送测距请求，开始测量其与各个锚节点之间的距离，如图 7-37 所示。

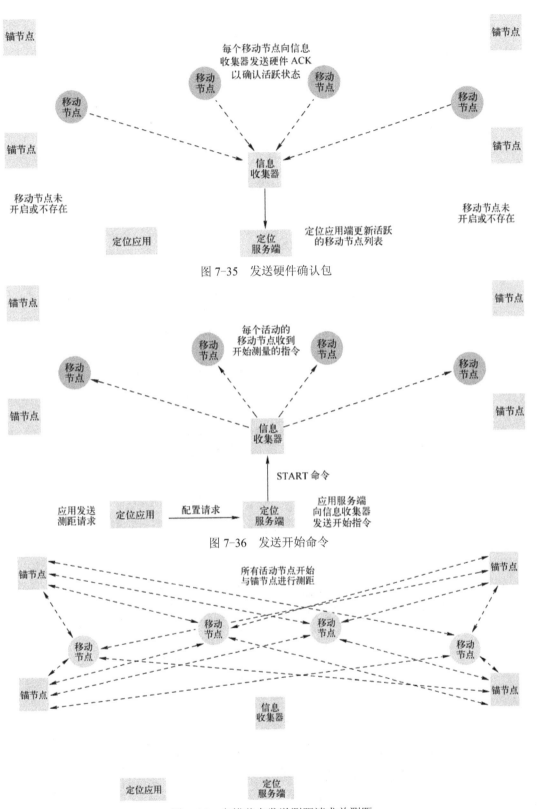

图 7-35　发送硬件确认包

图 7-36　发送开始命令

图 7-37　向锚节点发送测距请求并测距

3．计算与显示节点位置

当目标节点完成对各个锚节点的测距后，便通过 USB Base Station 将测距结果发送给定位服务程序，定位服务程序再将这些测量数据发送给定位客户端，如图 7-38 所示。

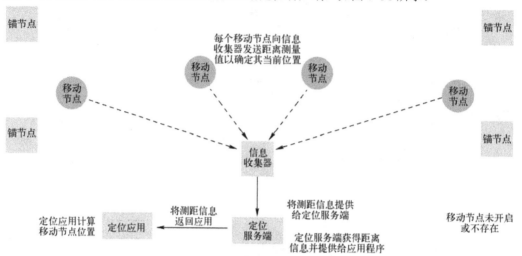

图 7-38　客户端获取信息

定位客户端程序根据接收到的各个目标节点与各个锚节点之间的距离，便可以计算各个目标节点相对于锚节点的位置。在本实验中，目标节点的位置可以在用户图形界面实时显示出来，如图 7-39 所示。

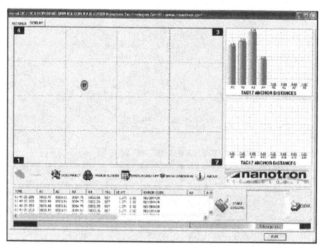

图 7-39　用户图形界面显示目标节点的位置

界面中各图标代表的含义见表 7-9。

表 7-9　图标代表的含义

■	表示在 Edit Anchors 区域设置一个坐标为 X/Y 的锚点
●	表示一个有效的位置标记，但没有基于 Setting 模块中平均计算的足够有效数据
●	表示一个有效的位置标记，它是标签的实时位置或者是标签的平均位置（在 Setting 中进行设置时）
●	表示一个无效的位置标记，超过 2 秒的数据对于定位是不可用的，相应的定位无效
No tag	如果有超过 30 秒的数据无效，则认为这个标签失踪（例如，当标签电量不足时），并且从屏幕上消失

206

各目标节点的位置数据可以保存为日志文件，日志文件的形式如下：

Time	A1	A2	A3	A4	TAG	LE X:Y	Error Code
11:53:44:416	0003.64	0003.95	0004.82	0002.43	017	1.40:2.26	NO ERROR
11:53:44:385	0003.43	0003.95	0004.82	0002.43	017	1.40:2.26	NO ERROR
11:53:44:369	0003.43	0003.95	0004.82	0002.43	017	1.40:2.26	NO ERROR
11:53:44:369	0003.43	0003.95	0004.82	0002.50	017	1.40:2.26	NO ERROR
11:53:44:369	0003.43	0003.95	0004.50	0002.50	017	1.40:2.26	NO ERROR
11:53:44:354	0003.43	0003.95	0004.50	0002.50	017	1.38:2.26	NO ERROR
11:53:44:323	0003.52	0003.95	0004.50	0002.50	017	1.38:2.26	NO ERROR
11:53:44:323	0003.52	0003.95	0004.50	0002.50	017	1.35:2.27	NO ERROR
11:53:44:307	0003.52	0003.95	0004.50	0002.31	017	1.35:2.27	NO ERROR
11:53:44:307	0003.52	0003.95	0004.70	0002.31	017	1.35:2.27	NO ERROR
11:53:44:307	0003.52	0003.72	0004.70	0002.31	017	1.37:2.27	NO ERROR
11:53:44:260	0003.37	0003.72	0004.70	0002.31	017	1.37:2.27	NO ERROR

该日志文件中保存的数据包括以下几部分。

- 时间戳：时间戳表示 Base Station 接收到该数据的时间，接收的时间间隔可以在定位客户端的用户界面进行设置；
- 锚节点编号（A1 到 A15）：该列数据表示目标节点到该编号的锚节点的距离值；
- 目标节点编号（16 个目标节点）：该列表示目标节点的编号；
- 目标节点位置坐标：该列数据表示目标节点的位置坐标，以 X/Y 分别表示横、纵坐标，中间以冒号间隔；
- 错误编码：该列表示在该次定位测量中有无发生错误。

习 题

1. 请尝试在 MatLab 中绘制中心频率为 2.45GHz、带宽为 80MHz 的 Chirp 信号。
2. 试阐述脉冲压缩原理及其对无线测距的意义。
3. 试给出下扫频 Chirp 信号匹配滤波结果表达式，并结合习题 1 中信号参数在 MatLab 中仿真。
4. 试阐述高阶累积量理论，并推导 Chirp 信号三阶和四阶的高阶累积量。
5. 试阐述 SDS-TWR 和 Half SDS-TWR 两种 TOA 测距方法的测量过程。
6. 实际测量中，不可避免地会产生时钟偏差，试推导存在钟差时，SDS-TWR 和 Half SDS-TWR 两种 TOA 测距方法的误差与钟差的关系表达式，并比较二者的优劣。

参 考 文 献

[1] H.Wang and M. Kaveh, "Coherent signal-subspace processing for the detection and estimation of angle of arrivals of multiple wide-band sources," IEEE Trans. Acoust., Speech, Signal Process., vol. ASSP-33,no. 4, pp. 823–831, Aug. 1985.

[2] B.Friedlander and A. J.Weiss, "Direction finding for wide-band signals using an interpolated array," IEEE Trans. Signal Process.,vol. 41, no. 4,pp. 1618–1634, Apr. 1993.

[3] Belouchrani and M. G. Amin, "Time-frequency MUSIC," IEEE Signal Process. Lett. vol. 6, no.5, May

1999.

[4] M. G. Amin, A. Belouchrani, and Y. Zhang, "The spatial ambiguity function and its applications," IEEE Signal Process. Lett. vol. 7, no. 6, Jun.2000.

[5] Bahl P, Padmanabhan VN. RADAR: an in-building RF-based user location and tracking system [C]. Iifocom 2000, TelA viv, Israel 2000, 7752784.

[6] Lorincz K, WelshW.Motetrack: a robust, decentralized approach to RF-based location tracking [C]. LoCA 2005, Munich, Germany, 2005, 63282.

[7] Priyantha NB, Chakraborty A, Balakrishnan H.The cricket location-support system [C]. MobiCom 2000, Boston, MA, USA,2000, 32243.

[8] Priyantha N, Chakraborty A, B alakrishnan H. The cricket location-support system [C]. MobiCOM 2000: Boston, MA, USA, 2000i.

[9] http://www.ieee802.org/15/pub/TG4a. html, March 2009.

[10] Sahinoglu Z, Gezici S. Ranging in the IEEE 802. 15. 4a standard[C]. WAM ICON 2006, Clear water Beach, FL , USA , 2006, 125.

[11] IEEE 802.15.4a channel modeling subgroup, "IEEE802.15.4a channel model—Final report," IEEE P802.15-04-0662-04-004a., Oct. 2005.

[12] Xinrong Li, Pahlavan, K., "Super-resolution TOA estimation with diversity for indoor geolocation," IEEE Trans. Wireless Commun., vol.3, pp. 224-234, Jan. 2004.

[13] John Lampe, Rainer Hach, et al., " DBO-CSS PHY Presentation for 802.15.4a " , IEEE P802.15-05-0126-01-004a., Mar. 2005.

[14] M.J.Hinich, G.1L Wilson.Time delay estimation using the cross bispectrum. IEEE Transactions on Signal Processing, 1992, 40(1): 106_113.

[15] J.K Tugnait. On time delay estimation with unknown spatially correlated gaussian noise using fourth order cumulants and CROSS eumulants.IEEE Transactions on Signal Processing,199 1,39(6): 1258-1267.

[16] A.M.Bmckstein, T.J.Shan,T.Kailath.Resolution of over lapping echoes. IEEE Transactions on Acoustics, Speech, and Signal Processing, 1985, 33(6): 1357-1367.

[17] T.Lo,J.Litva, H.Leung, A new approach for estimating indoor radio propagation characteristics. IEEE Transactions on Antennas and Propagation, 1994, 42(1 O): 1369-1376.

[18] G. Morrison, M. FaRouche. Super-resolution modeling of the indoor radio propagation channel. IEEE Transactions on Vehicular Technology,1998, 47(2): 649-657.

[19] M. Pallas, G. Jourdain. Active high resolution time delay estimation for large BT signals. IEEE Transactions on Signal Processing, 1991, 39(4): 781-788.

[20] L. Dumont, M. Fauouche, G. Morrison. Super-resolution of multipath channels in a spread spectrum location system. IEEE Electronics Letters, 1994, 30(19): 583-1584.

[21] H . Saamisaari . TLS-ESPRIT in a time delay estimation . IEEE Conference on Vehicular Technology. Phoenix: IEEE, 1997, 3, 1619-1623.

[22] Natasha Dharamdial, Raviraj Adve, Ramy Farha. Multipath delay estimations using matrix pencil. IEEE Wireless Communications and Networking Conference. New Orleans: IEEE, 2003, 1, 632-635.

[23] Xinrong Li , Kaveh Pahlavan . Super-resolution TOA estimation with diversity for indoor

geolocation.IEEE Transactions on Wireless Communications，2004，3(1)：224-234.

[24] 宋毅锋. 基于线性调频信号的超宽带无线定位研究. 2010.

[25] Zafer Sahinoglu. Improving Range Accuracy of IEEE 802.15.4a Radios In the Presence of Clock Frequency Offsets，IEEE COMMUNICATIONS LETTERS, VOL. 15, NO. 2, FEBRUARY 2011.

[26] Ning Ma. Ambiguity-Function-Based Techniques to Estimate DOA of Broadband Chirp Signals. IEEE TRANSACTIONS ON SIGNAL PROCESSING, VOL. 54, NO. 5, MAY 2006.

[27] L.Cong and W.Zhuang. Nonline-of-sight error mitigation in mobile location. IEEE Trans.Wireless Commun., vol. 4, no.2 , pp.560-573 , 2005.

[28] Y.-T.Chan,W.-Y.Tsui,H.-C.So, and P. C. Ching. Time-of-arrival based localization under NLOS conditions. IEEE Trans. Veh. Technol., vol. 55, no. 1, pp. 17-24,2006 .

[29] M. Wylie and J. Holtzman. The non-line of light problem in mobile location estimation. 5th IEEE International Conf.on Universal Personal Communications,pp. 827-831,September 1996.

[30] J.Schroeder,S.Galler,K.Kyamakya,and K.Jobmann. NLOS etection algorithms for ultra-wideband localization. 4th Workshop on Positioning, Navigation and Communication ,pp.159-166,March 2007.

[31] L.Mak and T. Furukawa. A time-of-arrival-based positioning technique with non-line-of-sight mitigation using low-frequency sound. Adv.Robot., vol.22 ,no. 5,pp.507-526, 2008.

[32] J.S.Al-Jazzar and J.Caffery. New algorithms for NLOS identification. IST Mobile and Wireless Communications Summit,Dresden, Germany, 2005 .

[33] K.W. Cheung, H.C.So, W.K.Ma,and Y.T.Chan. Least squares algorithms for time-of-arrival based mobile location. IEEE Trans. Signal Process., vol.52 ,no.4 , pp.1121-1128. 2004.

[34] Y.T.Chan,W.Y.Tsui,H.C.So, and P.C.Ching,Time-of-arrival based localizat ion under NLOS conditions. IEEE Trans. Veh. Technol., vol. 55, no.1,pp. 17-24, 2006.

[35] I.Gven,C.-C.Chong,F.Watanabe,and H.Inamura. NLOS identification and weighted least-squares localization for UWB systems using multipath channel statistics,EURASIP J. Adv. Signal Process.,2008 , pp. 1-14, 2008.

[36] S.Venkatraman and J.Caffery. A statistical approach to non-line-of-sight BS identification. International Symposium on WPMC,1,pp.296-300,October 2002.

[37] S.Gezici,H.Kobayashi,and H.V.Poor. Non-parametric non-line-of-sight identification. IEEE Vehicular Technology Conference,4, pp.2544-2548 ,October 2003.

[38] nanoNET Chirp Based Wireless Networks. 2007.

[39] nanoLOC TRX Transceiver (NA5 TR1) 用户手册.2006.

[40] John V. Lampe. Chirp Spread Spectrum for Real Time Locating Systems.2009.

[41] nanoNET Chirp Based Wireless Networks White Paper Version 1.04.2007.

[42] http://www.ieee802.org /15 /pub /TG4a.html, March 2009.

[43] Real Time Location Systems (RTLS) White Paper from Nanotron Technologies GmbH.2007.

[44] nanoLOC nTRX Driver Suite User Guide Version 2.2.2008.

[45] nanoLOC Development Kit User Guide Version 2.0.2008.